中国地质调查成果 CGS 2020－007
“大凉山区生态地质调查”项目资助（DD20190542）

西昌市生态地质特征与脆弱性评价

XICHANG SHI SHENGTAI DIZHI TEZHENG YU CUIRUOXING PINGJIA

张景华　欧阳渊　刘　洪　黄瀚霄
李　富　张腾蛟　刘小霞　段声义　编著
陈敏华　张　志　肖启亮　曾　建

中国地质大学出版社
ZHONGGUO DIZHI DAXUE CHUBANSHE

内容提要

本书以遥感动态监测和1∶5万生态地质调查为主要手段，通过典型地段生态地质剖面测制，建立了岩石-土壤-植被之间的相互作用关系，梳理了西昌市目前存在的主要生态地质问题；总结了西昌市的生态地质背景，提出建造构造是控制区域生态环境演变的重要驱动力。同时，基于西昌市的生态地质背景，对西昌市的主要生态地质问题开展了生态脆弱性评价和生态功能区划，并提出了建议。本书可对西昌市生态保护修护和国土空间规划与用途管制提供支撑，同时也可为中—高山区生态地质调查和评价工作提供参考。

图书在版编目(CIP)数据

西昌市生态地质特征与脆弱性评价/张景华等编著.—武汉：中国地质大学出版社，2020.9
ISBN 978-7-5625-4821-8

Ⅰ.①西…
Ⅱ.①张…
Ⅲ.①区域生态环境-地质特征-研究-西昌
Ⅳ.①P5

中国版本图书馆CIP数据核字(2020)第133093号

西昌市生态地质特征与脆弱性评价 张景华 **等编著**

责任编辑：唐然坤 选题策划：唐然坤 责任校对：徐蕾蕾

出版发行：中国地质大学出版社(武汉市洪山区鲁磨路388号) 邮编：430074
电 话：(027)67883511 传 真：(027)67883580 E-mail：cbb@cug.edu.cn
经 销：全国新华书店 http://cugp.cug.edu.cn

开本：880毫米×1 230毫米 1/16 字数：341千字 印张：10 插页：3
版次：2020年9月第1版 印次：2020年9月第1次印刷
印刷：武汉中远印务有限公司

ISBN 978-7-5625-4821-8 定价：158.00元

前 言

生态地质学是地质学的一个分支，是生态学和地质学之间的交叉学科，它的研究对象涉及岩石圈、土壤圈、水圈、大气圈和生物圈。生态地质调查工作的目的是查明区域生态地质条件，分析地质效应与生态系统的制约关系和控制作用，研究生态地质要素属性、成因及发展史，评价生态地质环境质量，预测发展演化趋势，从地球系统科学角度提出生态保护与修复规划建议，为区域资源开发、生态保护与修复提供科学依据。

当前，森林草地退化、湿地面积萎缩、水土流失、沙漠化、石漠化、盐碱化等生态问题严重威胁到国家的生态安全，迫切需要发挥地质工作的优势，开展地上、地下一体化的生态地质调查，为山水林田湖草整体保护与系统修复提供科学依据。为此，自然资源部中国地质调查局以"服务长江上游重要生态功能区生态保护修复"为宗旨，设立了"大凉山区生态地质调查"项目。项目以区域地质调查为基础，查明不同地质单元边界、地层、岩石、构造、第四系结构等地质条件要素；查明生态地质现状、主要生态地质问题及与地质条件的控制关系，实现生态地质动态评价。本书的主要内容正是由上述项目的主要成果提炼而成。

本书一共分为5章。第一章绪言，简要介绍了西昌市交通位置、自然地理情况和社会经济发展概况，由张景华、欧阳渊、刘洪、段声义执笔；第二章西昌市生态地质特征，系统分析了西昌市生态地质条件和主要的生态地质问题，由刘洪、黄瀚霄、张腾蛟、李富、张景华、陈敏华、肖启亮、曾建执笔；第三章生态地质脆弱性评价，从区域生态地质条件出发，选取控制生态环境变化的主要因素，完成了生态脆弱性评价，由张景华、欧阳渊、刘洪执笔；第四章生态功能区划，将生态地质特征作为一个因素引入生态功能区划过程中，考虑区域生态地质条件对区域生态环境的控制与制约，开展生态功能区划，由张景华、欧阳渊、刘小霞、张志执笔；第五章结论与建议，由张景华、欧阳渊、刘洪执笔。

本书在编写过程中得到中国地质调查局成都地质调查中心李建星、刘大文、齐先茂、王兆国、张建龙、郑万模、王永华、王东辉、唐业旗、邓国仕，中国地质调查局自然资源航空物探遥感中心聂洪峰、郭兆成、肖春雷，成都理工大学赵银兵、杨武年、万新南、刘登忠，四川省地质矿产勘查开发局攀西地质队谢恩顺、文登奎、侯谦、李雁龙，中国地质大学（北京）张振杰，中国地质大学（武汉）刘文浩等专家的悉心指导和大力支持，在此表示衷心的感谢！同时，也向为本项目实施和本书顺利出版提供帮助的领导与学者表示衷心的感谢！

生态地质学是一门新兴学科，生态地质调查工作也具有极强的探索性，加之时间仓促、作者水平有限，书中缺点和错误在所难免，敬请广大读者批评指正！

编著者

2020年4月

目　录

第一章 绪 言

第一节 交通位置与行政区划

一、交通位置

西昌市位于四川省西南部，地理位置为东经 101°46′—102°25′，北纬 27°32′—28°10′，南北最长约 70km，东西最宽约 43km，面积 2655km^2（不含西昌市代管的喜德县东河乡、昭觉县普诗乡和玛增依乌乡），东与喜德县、昭觉县接壤，西以雅砻江与盐源县隔江相望，南与德昌县、普格县交界，北接冕宁县（图 1-1）。西昌市北距成都市 557km，南距攀枝花市 284km，距昆明市 548km。

西昌市位于安宁河谷地带，该地带交通十分便利，G5 京昆高速、108 国道和成昆铁路沿安宁河谷自北向南贯穿全境，内连雅安、乐山、成都，外接攀枝花、昆明。距离西昌市区约 14km 的西昌青山机场为 4D 级民用机场区，为川西南支线机场中起降班次最多、开通航线最多、抵达城市最多的航空港，已开通前往成都、北京、重庆等的民航班机。域内各乡（镇）、街道均有公路相通，形成以西昌为中心的便利交通网络。

二、行政区划

西昌市是全国最大彝族聚居区——凉山彝族自治州的首府，现辖北城、西城、东城、长安、新村、海南和马道 7 个街道办事处，阿七、琅环、樟木箐、礼州、黄联关、佑君、安哈、巴汝、太和、安宁和川兴 11 个镇，开元、马鞍山、四合、经久和大兴 5 个乡，裕隆和高草 2 个回族自治乡，此外还托管喜德县东河乡、昭觉县普诗乡和玛增依乌乡。由于工作开展时间与数据收集等原因，本书的编写范围不包括西昌市托管的东河、普诗和玛增依乌 3 个乡。

第二节 自然地理与经济、社会发展概况

一、自然地理情况

西昌市域内沟谷深切，地形崎岖，总体北高南低，整体属东、西两侧的构造侵蚀剥蚀中山地貌和中部

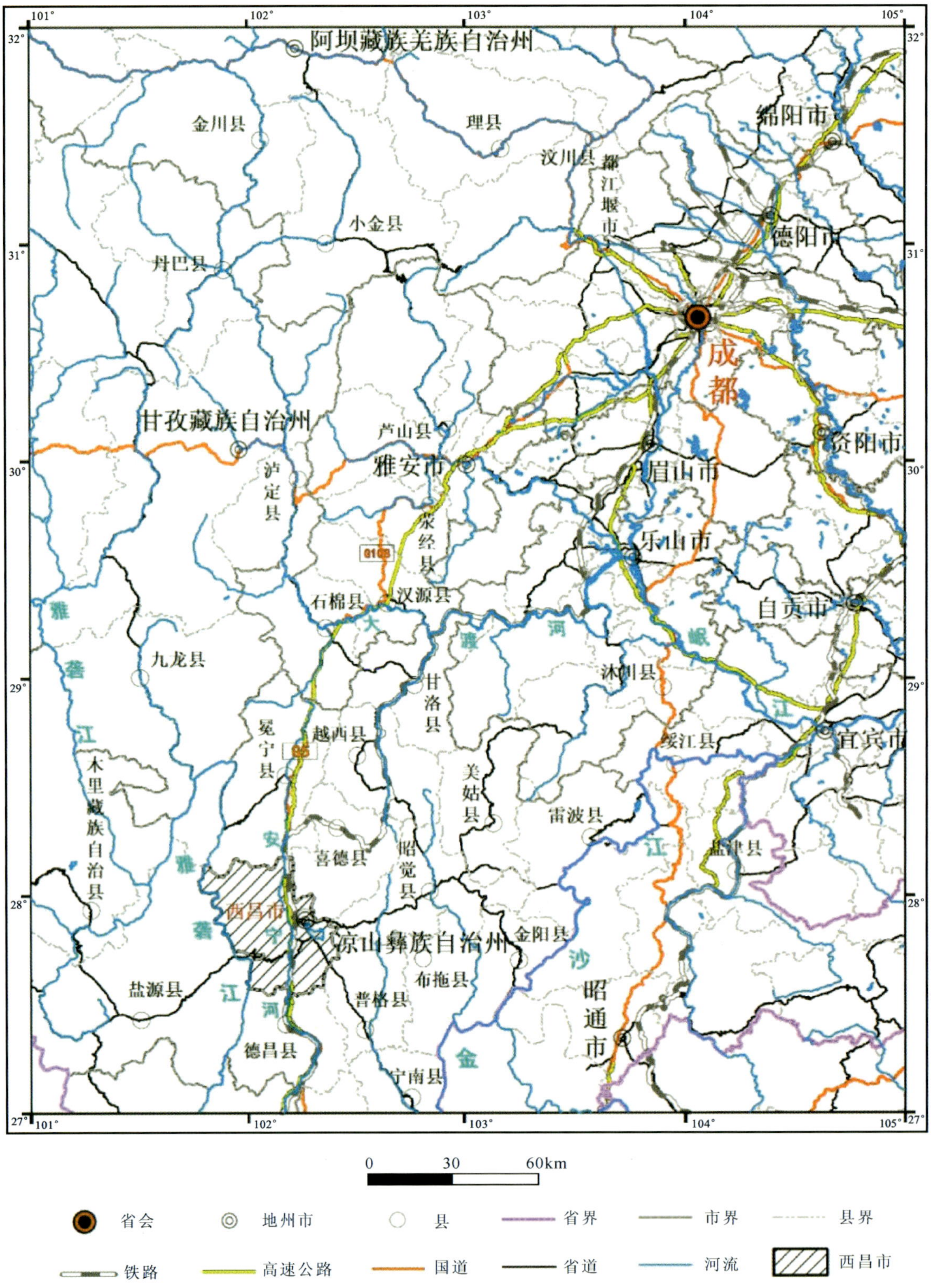

图 1-1 西昌市交通位置图

的中山宽谷平原，岭谷相对高差多为 500～1200m(图 1-2)。山脉走向和构造线一致，多呈南北向，山地分布在安宁河东、西两侧。安宁河西部的牦牛山是市境内山地的主体，占全市总面积的一半，自北向南纵贯西昌市全境，构成安宁河与雅砻江的分水岭，山岭海拔为 2600～3600m，由北向南海拔逐渐降低。

安宁河东侧属螺髻山山脉，山岭海拔为3000～4200m，构成黑水河与安宁河的分水岭，北段主脊线在喜德县境，南段主脊线在西昌与普格的分界线上。西昌市区位于安宁河谷腹地，坐落于安宁河东岸一级支流东河和西河的冲洪积扇上，四周群山环绕，海拔约1550m，东河和西河穿城而过。市区南面为四川省第二大湖泊——邛海，邛海四周园林绮丽，湖水碧波荡漾，景色宜人。

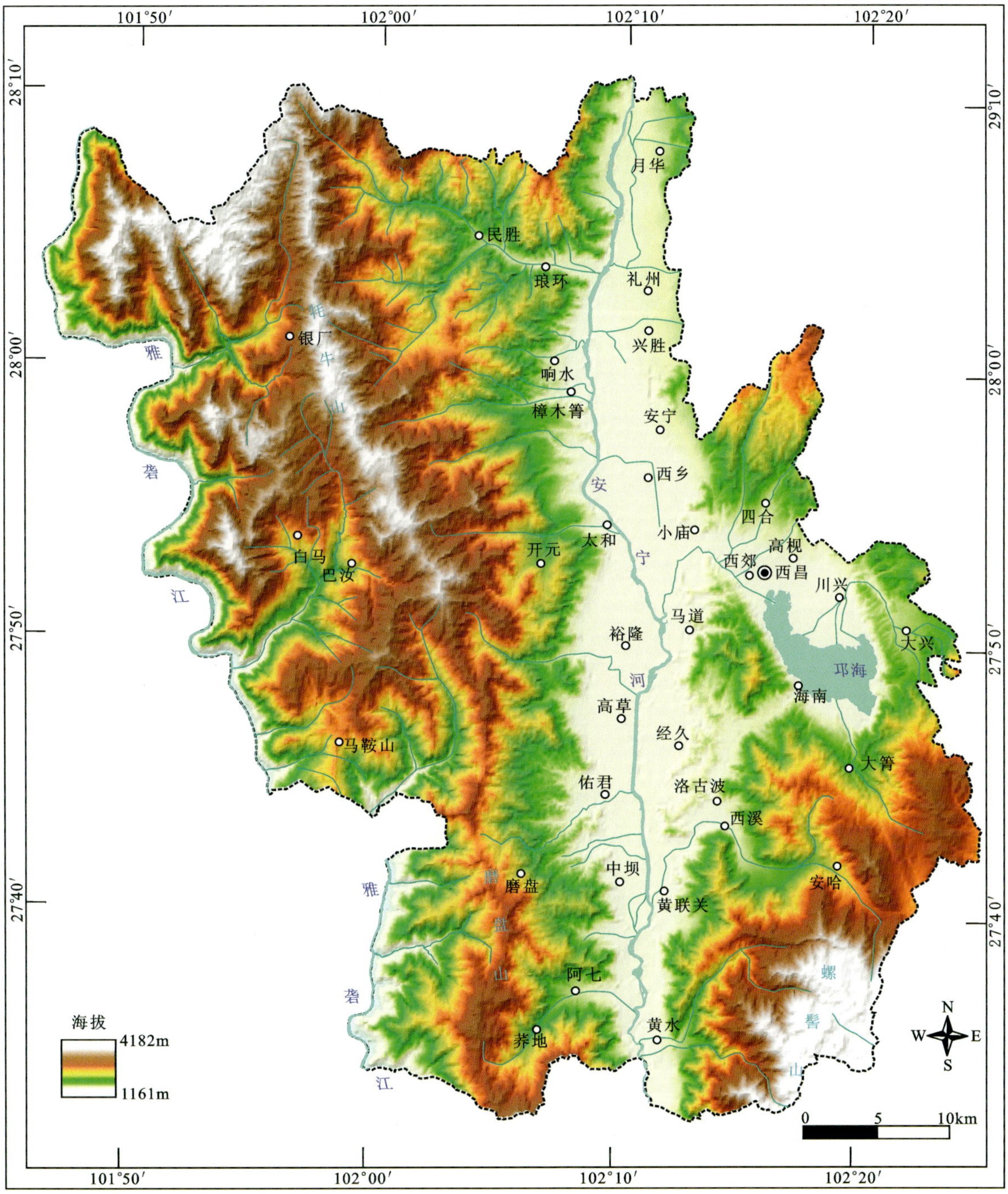

图1-2 西昌市地势图

西昌属于亚热带高原季风气候区，素有“小春城”之称，蕴藏着丰富的气候资源，具有冬暖夏凉、四季如春，雨量充沛、降水集中，日照充足、光热资源丰富等特点。西昌市所处的安宁河谷平原是四川省第二大平原，土地肥沃，自流灌溉便利，是国家农业综合开发的重点地区，出产多种名优农产品，四周群山环绕，立体气候特点突出，又孕育了种类繁多的植物资源，共有 233 科 532 属 2000 余种。其中，国家第一批保护珍稀植物有 30 余种，如攀枝花苏铁、棕背杜鹃、西康玉兰等，尤以中草药材和野生食用菌为特色。

西昌市旅游资源极为丰富，是中国优秀旅游城市、天府旅游名市(县)，是大香格里拉旅游环线、川滇旅游黄金线上的重要节点和中国攀西阳光度假旅游核心区，域内及周边地区有邛海-泸山 AAAA 级、螺髻山 AAAA 级风景名胜区。邛海梦里水乡、梦寻花海、梦回田园三大湿地群先后建成开放，邛海水域面积增加至 31km^2，邛海湿地面积达到 2 万余亩(1 亩≈666.67m^2)，成为全国最大城市生态保护湿地，获得“国家湿地旅游示范基地”“国家旅游度假区”“国家生态旅游示范区”“国家湿地公园”“国家生态文明教育基地”“国家环保科普基地”“中国最佳野生鸟类观赏地”等荣誉，是全国最富活力的乡村旅游城市。

二、经济、社会发展概况

近年来，西昌市经济社会发展迅速，人民生活水平不断提高。根据《2019 年西昌市国民经济和社会发展统计公报》(西昌市统计局，2020)，2019 年西昌市实现地区生产总值 5 673 521 万元，按可比价格计算，比上年增长 7.5%。其中，第一产业实现增加值 500 724 万元，增长 3.2%；第二产业实现增加值 2 356 333万元，增长 2.9%；第三产业实现增加值 2 816 464 万元，增长 12.5%。按常住人口计算，全市人均 GDP(国民生产总值)达到 69 063 元。2019 年 3 种产业占 GDP 的比重分别为 8.83%、41.53%和 49.64%。全年全社会固定资产投资额完成 3 301 857 万元，比上年增长 2%。消费品市场快速增长，全年社会消费品零售总额 3 098 439 万元，比上年增长 10.2%。全年全市完成财政一般公共预算收入 529 520万元，增长 20.54%。在一般公共预算收入中，税收收入完成 337 410 万元。财政支出合计 1 669 781万元，比上年下降－3.02%，其中公共财政支出 958 935 万元，比上年下降－3.47%。

2019 年末户籍总人口为 69.06 万人，男性人口为 34.89 万人，占全市总人口的 50.5%。少数民族人口为 17.84 万人，占全市总人口的 25.8%。2019 年末常住总人口为 82.5 万人，城镇化率为 61.94%。2019 年末城市建成区面积达到 47.71km^2。人均公园绿地面积为 9.29m^2，建成区绿化覆盖率 32.58%，建成区绿地率为 30.01%。2019 年城乡居民收入稳步增长，生活水平进一步提高，城镇居民人均可支配收入为 40 055 元，同比增长 8.79%，农村居民人均可支配收入为 19 656 元，同比增长 10.19%。城镇就业状况进一步改善，2019 年登记失业率为 3.3%。

2019 年全市辖区内现有小学 114 所(其中民办 6 所)，小学教学点 26 个，普通中学 36 所(其中高级中学 1 所，完全中学 8 所，初级中学 12 所，九年制学校 14 所，十二年一贯制学校 1 所，初级中学附设高中班 1 个)，特殊教育学校 1 所，工读学校 1 所，幼儿园 160 所，中等职业学校 6 所。专任教师：学前教育 2038 人，小学 2882 人，普通中学 4620 人，特殊教育 20 人，工读学校 22 人，中等职业学校 654 人。在校学生：小学 87 392 人，初中 38 145 人，普通高中 17 810 人，幼儿园 38 028 人，中等职业学校 12 036 人。高等教育：西昌学院是西昌市辖区内的一所综合高等院校，2019 年末在校学生 18 895 人，比上年增长 4.98%，专任教师 843 人。

2019 年全市共有医院、卫生院 67 个，医院、卫生院床位数 6680 张，全市卫生技术人员 8155 人，其中医生 1884 人。全市共有卫生防疫、防治机构 2 个，卫生防疫人员数 335 人。全市共有妇幼保健机构 2 个，卫生技术人员 388 人。全市乡镇卫生院 36 个，床位 517 张，乡镇卫生院卫生技术人员 647 人，乡村医生 419 人。2019 年底城乡居民养老保险参保人员 26.86 万人，职工养老保险参保人员 4.8 万人，机关事业单位养老保险参保人员 2.13 万人，城镇职工医疗保险参保人员 6.84 万人，城乡居民医疗保险参保人员 52.34 万人。

第二章　西昌市生态地质特征

西昌市位于上扬子陆块西缘的康滇断隆带(康滇地轴)中北段,西邻青藏高原造山系的松潘-甘孜陆块(图2-1)。在地质环境区划上,西昌市属于西南岩溶石山地质环境区西部的滇中-川西高原山地亚区(图2-2)。

西昌市构造线复杂,形成以南北向为主的断裂构造带,同时兼有近东西向和"歹"字形构造带。由于地质构造复杂、地质条件多样、现代构造活动强烈、岩石稳定性差、岩面风化强烈、疏松破碎、碎屑物质丰富,西昌市形成了易发生地震、崩塌、滑坡、泥石流、水土流失的生态地质背景。

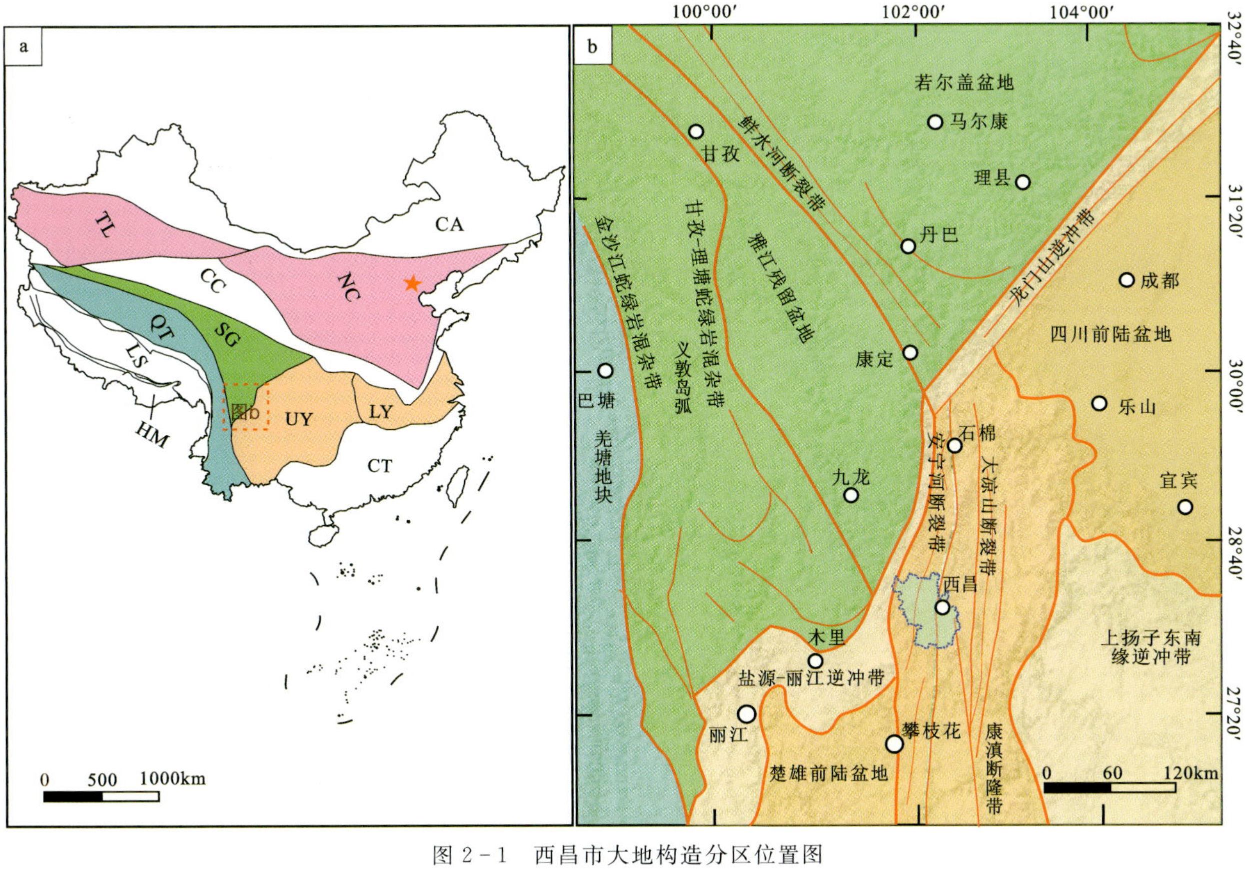

图2-1　西昌市大地构造分区位置图

a.工作区位置图;b.大地构造分区图

CA.中亚造山带;TL.塔里木陆块;NC.华北陆块;CC.中央造山带;SG.松潘-甘孜地区;QT.羌塘地块;LS.拉萨地块;HM.喜马拉雅地块;UY.上扬子陆块;LY.下扬子陆块;CT.华夏古陆

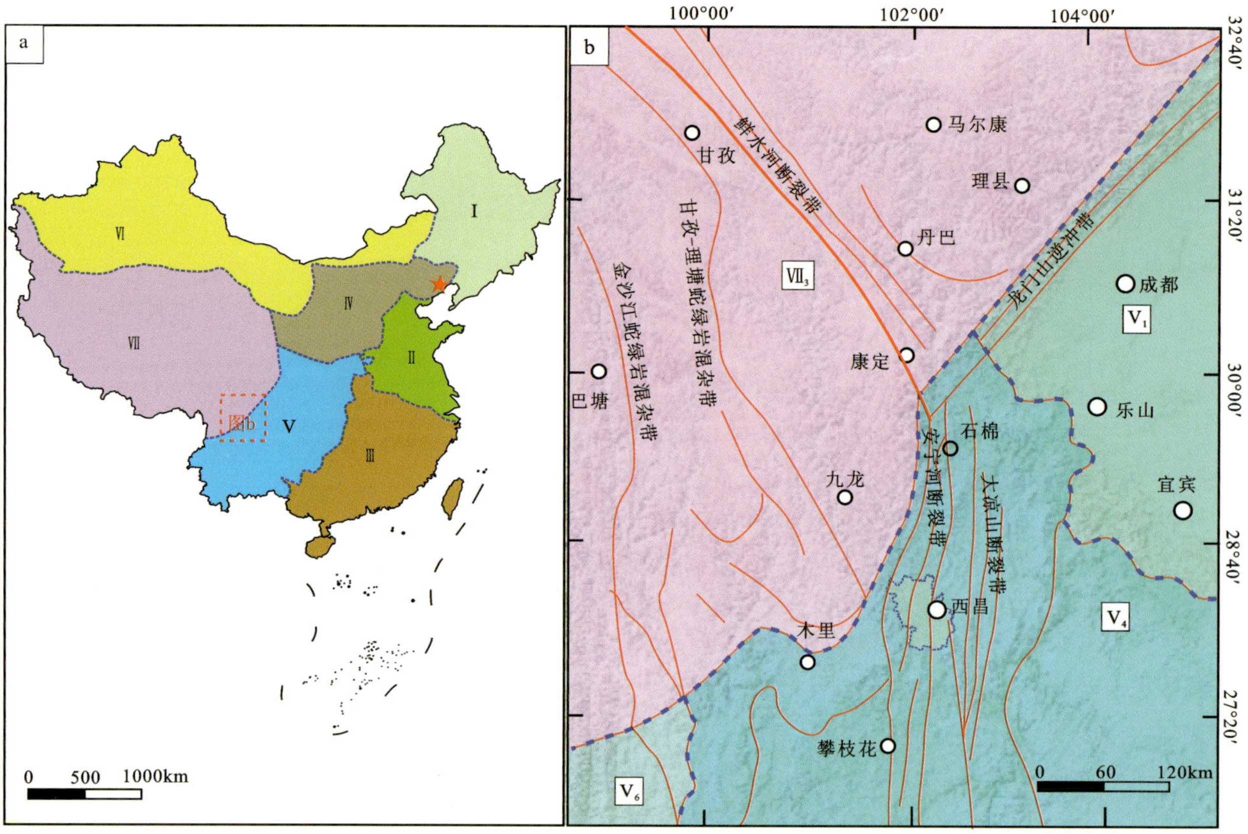

图 2-2　西昌市地质环境分区位置图

a.工作区位置图；b.大地构造分区图

图 a：Ⅰ.东北湿地生态区；Ⅱ.黄淮海-长江三角洲区；Ⅲ.华南基地低山丘陵区；Ⅳ.西北黄土高原区；Ⅴ.西南岩溶石山区；Ⅵ.西北干旱沙漠区；Ⅶ.青藏高原高寒冻土区

图 b：$Ⅴ_1$.四川盆地亚区；$Ⅴ_4$.滇中-川西高原山地亚区；$Ⅴ_6$.滇西高山山地高原亚区 C；$Ⅶ_3$.川西-藏东高原山地亚区

第一节　西昌市气象与水文特征

一、气象特征

西昌市属亚热带高原季风气候，由于地势高峻，山脉水系呈南北向延伸，北部被东西向群山所阻。这使东、西两个方向的冷空气不能长驱直入，而南部暖空气则可以直达西昌盆地，使西昌市呈现出既有高原干燥气候，又有充沛降水的特点。全年干湿季分明，具有冬暖夏凉、四季如春、日照充足等特点，素有“小春城”之称，多年平均气温为 16.9℃，多年平均日照为 2 445.4 小时，无霜期 273 天（表 2-1，图 2-3～图 2-6）。

西昌市多年平均降水量为 1 013.5mm，降水集中于 6—9 月，占全年的 76%，区内日最大降水量为 199.5mm，6 小时最大暴雨雨强为 73.8mm，1 小时最大暴雨雨强为 35.2mm，10 分钟最大暴雨雨强为 21.3mm。山区气候垂直分带十分明显，山区降水量大，河谷、盆地区较少，海拔每增高 100m 降水量增加约 30mm。迎风坡降水量大于背风坡，河谷、盆地区降水量一般在 1000mm。

西昌市光照资源丰富，光照与温度、降水量关系密切，为我们的生产和生活提供能量（图 2－5）。到达地球上的太阳辐射能量只有太阳总辐射能量的很小一部分，但它的作用却是相当大的，太阳辐射是地球表层能量的主要来源。直接的作用如岩石受到温度的变化影响而产生风化；间接作用如地球上的大气、水、生物是地理环境要素，它们本身的发展变化以及各要素之间的相互联系，大部分是在太阳的驱动过程中完成的。

地表蒸散发包括土壤和植物表面的水分蒸发，地表蒸散过程是土壤-植物-大气系统中水分运动的重要过程。以“一带一路”及其毗邻区域地表蒸散发数据集（贾立等，2015）为基础数据，制作西昌市年蒸散发总量图（图 2－6）。西昌市年蒸散发总量为 378～1212mm，在空间上分布极不均匀，总体而言，安宁河谷与邛海盆地年蒸散发总量较大，超过了 600mm，局部可达 1000mm；而牦牛山、磨盘山、螺髻山年蒸散发总量较小，大多不超过 500mm，表明这些地区的具有较好的水源涵养能力。

表 2－1　西昌市多年气候特征统计表

气候参数	数值	气候参数	数值
年平均气温（℃）	16.9	最多大风日数（天）	35
极端最高气温（℃）	36.6	平均积雪日数（天）	0.9
极端最低气温（℃）	－3.8	最多积雪日数（天）	4
年平均气压（hPa）	837.3	平均雾日数（天）	0.3
年平均水汽压（hPa）	12.2	最多雾日数（天）	2
年平均相对湿度（%）	62	平均霜日数（天）	39.4
年最小相对湿度（%）	0	最多霜日数（天）	61
年平均风速（m/s）	1.5	平均雷暴日数（天）	69.7
最大风速（m/s）	21.7	最多雷暴日数（天）	91
全年主导风向	北风、静风	平均冰雹日数（天）	1
日最大降水量（mm）	199.5	最多冰雹日数（天）	4
年平均降水量（mm）	1 013.5	平均降水日数（≥0.1mm，天）	125.2
最大积雪深度（cm）	13	最多降水日数（≥0.1mm，天）	151
平均大风日数（天）	10.8	年平均日照时数（小时）	2 445.4

二、水文特征

西昌市域内水系发达，属金沙江水系，主要河流为雅砻江及支流安宁河，水资源丰富（图 2－7）。

雅砻江为金沙江的最大支流，发源于青海省巴颜喀拉山南麓，自西北冕宁、盐源两县间进入西昌市，向南流入盐源与德昌县境，于攀枝花市注入金沙江。雅砻江全长 1187km，流域面积 $14.4\times10^4km^2$，流经西昌市西部境区长 78.5km，汇水面积为 $802.9km^2$。雅砻江因河床深切，两岸山高坡陡，具有丰富的水能资源，开发利用价值巨大。雅砻江从西昌市西部与盐源交界线流过，西昌市一侧较大的支流有呷榴沟、大桥河、大河沟、头道沟、二道沟等。

安宁河为雅砻江支流，发源于四川省冕宁县东小相岭记牌山，分东、西两源，东源柯别河源于拖乌乡拖乌伐木场东（小相岭中段，山峰海拔 4470m），西源中江河（又名北基河）源于九龙县万年雪山（海拔 5267m）。两源在拖乌汇合后称安宁河，与雅砻江干流几乎平行，向南流经冕宁、西昌、德昌三县后，于攀

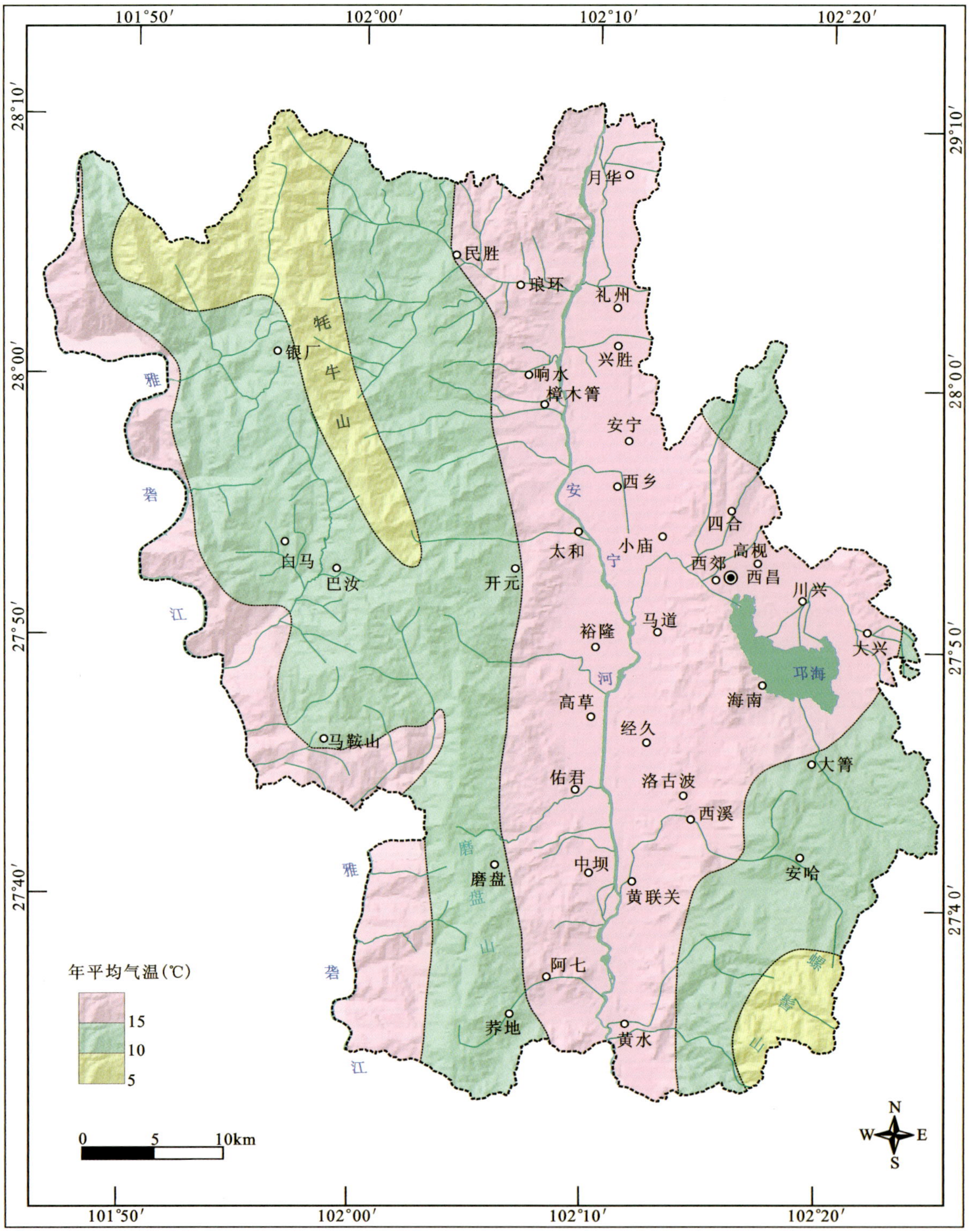

图2-3 西昌市多年平均气温分布图

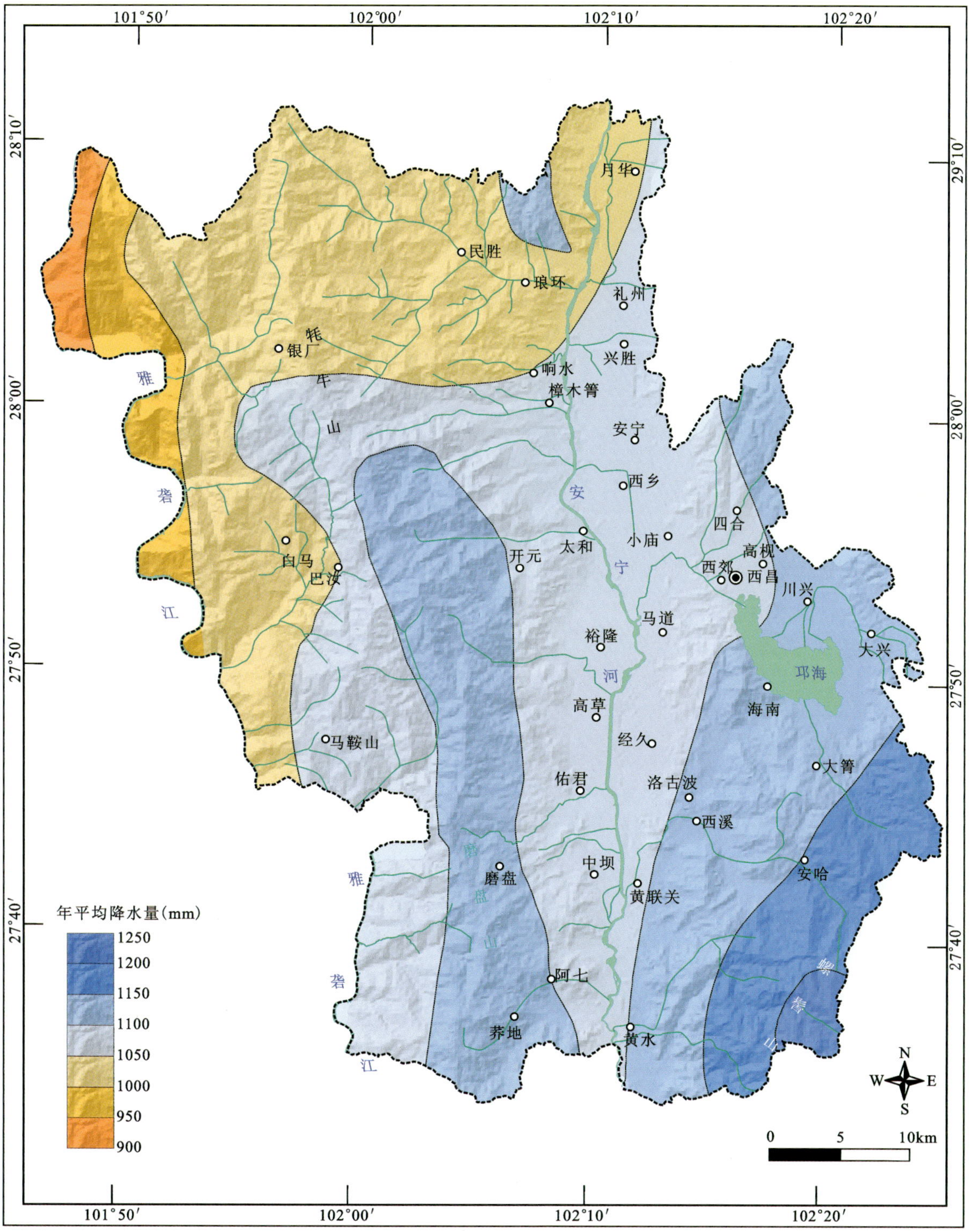

图 2-4 西昌市多年平均降水量分布图

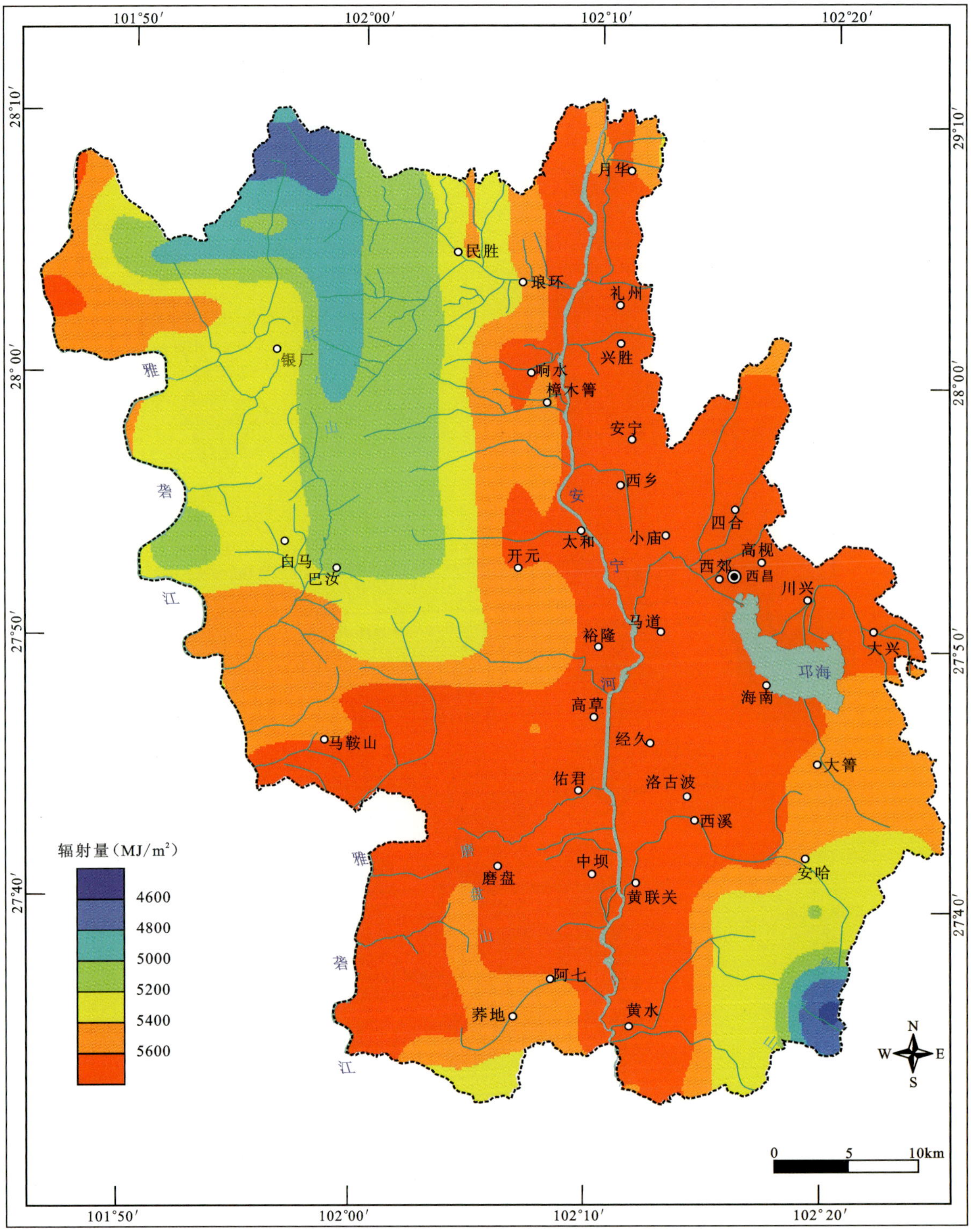

图 2-5　西昌市太阳总辐射量图

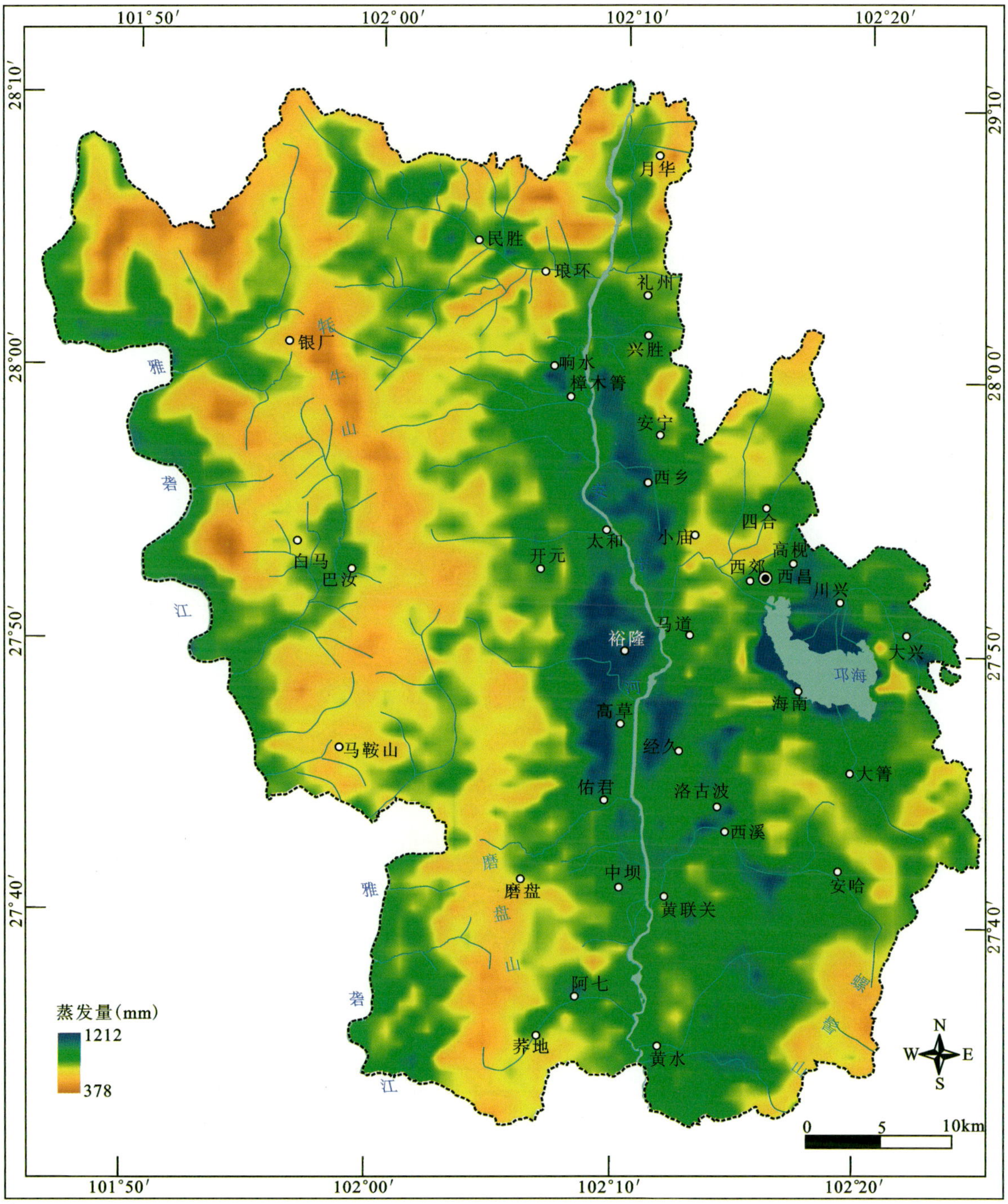
101°50′
102°00′
102°10′
102°20′
28°10′
28°00′
27°50′
27°40′
29°10′
28°0′0
27°50′
27°40′
月华
民胜
琅环
礼州
银厂
兴胜
响水
樟木箐
安宁
西乡
四合
太和
小庙
开元
高枧
白马
西郊
西昌
巴汝
川兴
马道
裕隆
大兴
邛海
海南
高草
经久
马鞍山
大箐
佑君
洛古波
西溪
中坝
安哈
磨盘
黄联关
阿七
荞地
黄水
雅
砻
江
牦
牛
山
磨
盘
山
蒸发量(mm)
1212
378
N
W
E
S
0
5
10km
图2-6 西昌市蒸发量图

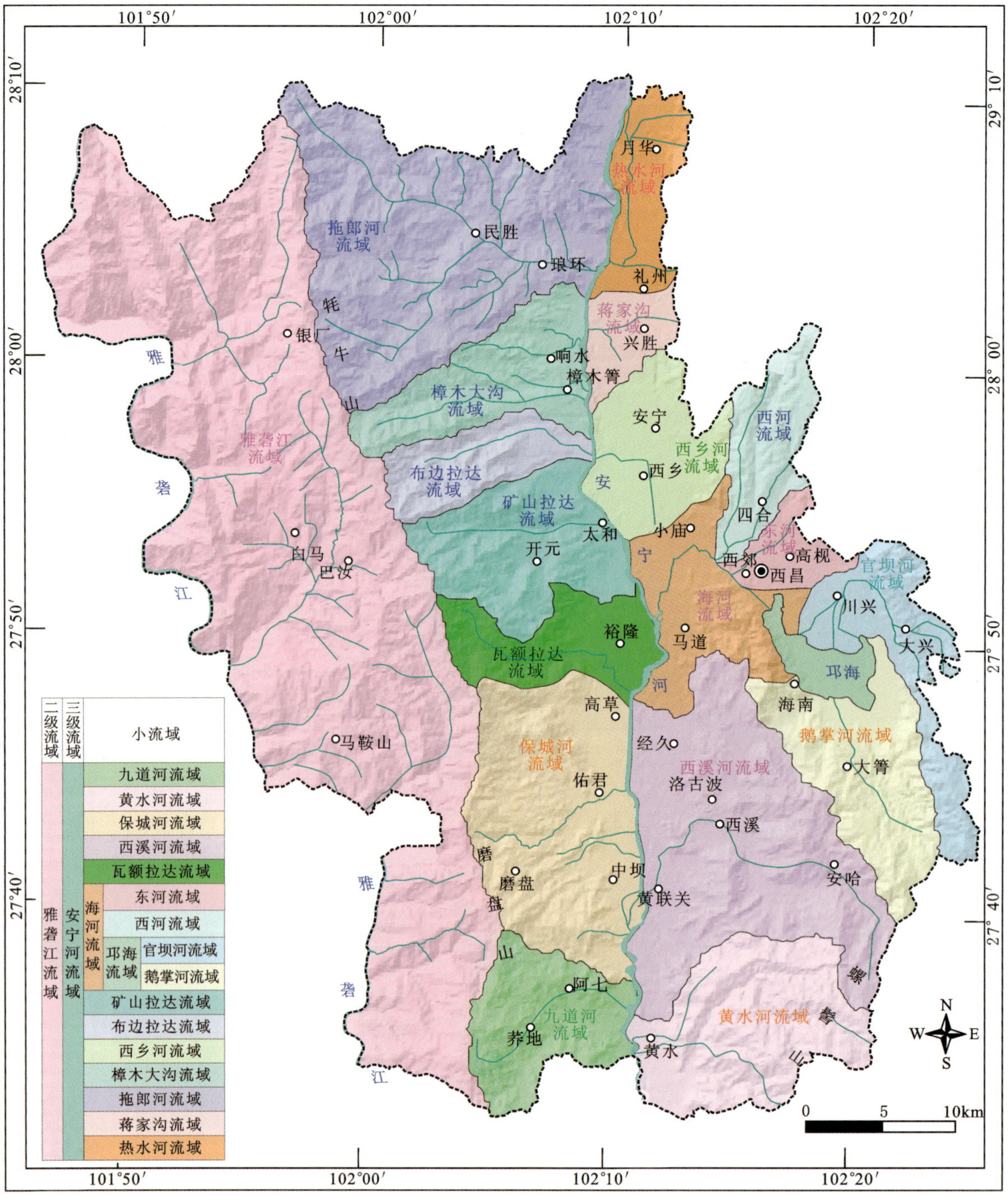

图 2-7　西昌市水系流域分布图

枝花市境内米易县得石镇汇入雅砻江，全长 326km，流域面积为 11 150km^2。安宁河在西昌市境内干流长 86.31km，流域面积为 1 852.3km^2，是西昌市工业、农业生产和生活用水的主要水源。境内干流总落差为 150.22m，平均坡降为 17‰；漫水湾流量站实测多年平均流量为 110m^3/s，多年平均径流量为 34.7×10^{8}m^3，多年平均洪峰流量为 1170m^3/s，多年平均最枯流量为 1.55 m^3/s(1969 年太和站数据)，最大流量为 1400m^3/s，最小流量为 7.95m^3/s。安宁河水能理论蕴藏量 24.83×10^{4}kW，可开发量为 2.65×10^{4}kW。安宁河西岸支流有樟木大沟、拖琅河、保城河、九道河等，东岸支流有黄水河、海河、东河、西河、鹅掌河、西溪河等。支流流量随季节而变化较大，雨季时山洪暴发，洪水、泥石流漫流，旱季时河床裸露甚至断流。

邛海是四川省第二大淡水湖，位于西昌市区东南约4km。邛海是由地质构造运动断陷而形成，南北长11.5km，东西宽5.5km，湖周长为35km，水面面积为31km^2，平均水深为14m，最大水深为34m，蓄水量3.2×10^8m^3，常年水面海拔高1 507.14m，水位变幅为0.41～1.69m。邛海周边支流如鸟爪状注入其中，以官坝河、鹅掌河为大，汇流面积为307km^2，多年平均径流量为1.2×10^8m^3。

西昌全市除安宁河、雅砻江、邛海外，还有大小河流131条，其中流域面积大于50km^{2}的有14条，主要分布在安宁河流域。西昌市区有南安河、西河、东河、洼琅河、官坝河、鹅掌河呈放射状汇入邛海和海河。

第二节　西昌市地质背景

西昌市基底为前震旦纪变质岩系，盖层以中生代陆源碎屑岩为主，出露地层较为齐全(表2-2)。

该地区岩浆活动受安宁河断裂带和磨盘山-昔格达断裂带控制，具有多期多阶段的特征，主要存在前震旦纪、早震旦世、晚二叠世、晚三叠世4个时期。侵入岩出露在磨盘山地区，主要岩石类型有石英斑岩、黑云母花岗岩、闪长岩和正长岩等；喷出岩主要分布在牦牛山及磨盘山地区，以晚二叠世峨眉山玄武岩组出露最广。

区内盖层构造线总体呈南北向，褶皱和断裂十分发育。褶皱主要有螺髻山背斜、磨盘山向斜等。断裂主要有金河-箐河断裂带、磨盘山-昔格达断裂带、安宁河断裂带和则木河断裂带等。其中，安宁河断裂带沿安宁河谷发育，呈近南北走向展布，断面以西倾为主，倾角约70°，长170km，总体表现出挤压、走滑特征，造成两侧断块差异升降，形成安宁河断陷盆地和断块山脉。

一、地质建造与构造演化

(一)地层系统

前寒武系至第四系在西昌市均有不同程度出露，古元古界至新生界仅有奥陶系缺失，并以中生界和新生界为主。这些地层单元与主体构造线一致，呈近南北向展布(图2-8)。

前寒武系以新元古界陆相火山岩和碳酸盐岩为主，包括开建桥组(Pt_3k)、列古六组(Pt_3lg)、观音崖组($Z_{1\text{-}2}g$)和灯影组($Z\in d$)等，且零星分布在螺髻山地区。

古生界(寒武系—二叠系)以海相碳酸盐岩、钙质碎屑岩和陆相玄武岩为主，主要分布在西部的雅砻江东岸地区，以及小面积分布在安宁河谷东岸的安哈地区，主要包括筇竹寺组($\in_2q$)、沧浪铺组($\in_2c$)、稗子田组(S_2b)、破脚组(D_1pj)、曲靖组(D_2q)、烂泥箐组(D_2ln)、干沟组(D_3gg)、黄龙组(C_2h)、阳新组(P_2y)和峨眉山玄武岩组(P_3em)等。

中生界(三叠系—白垩系)主要集中分布在安宁河谷东岸，以及安宁河谷西岸的牦牛山和磨盘山地区。其中，三叠系以陆相砂质碎屑岩为主，主要包括宝顶组(T_3bd)、白果湾组(T_3bg)、大荞地组(T_3dq)和丙南组(T_3bn)等；侏罗系—白垩系以陆相泥质碎屑岩为主，主要包括益门组($J_{1\text{-}2}y$)、新村组(J_2x)、牛滚凼组(J_3n)、官沟组(J_3g)、飞天山组(K_1f)、小坝组($K_{1\text{-}2}x$)和雷打树组(KEl)等。

新生界(古近系—第四系)主要分布在安宁河谷、邛海盆地及周边，主要包括昔格达组(N_2x)和第四系(Q)。其中，昔格达组(N_2x)以泥岩为主，分布在四合和经久地区；第四系(Q)为松散堆积物，主要分布在安宁河谷、西昌盆地以及周边的山麓区。

前震旦纪地层经历强烈的区域变质作用，变质程度可达角闪岩相。古生代地层与岩浆岩接触部位普遍发生接触热变质。

表 2－2　西昌市地层情况一览表

界	系	统	组	代号	主要岩性	沉积环境
新生界	第四系	全新统		Q	近代河流冲积、网纹红土、黏土，夹砾石层	河流-浅湖
		更新统				
	新近系	上新统	昔格达组	N_2x	粉砂岩	河流-浅湖
	古近系	古新统	雷打树组	KEl	长石石英砂岩、钙质石英粉砂岩、钙质泥岩	曲流河-湖泊
中生界	白垩系	上白垩统				
		中白垩统	小坝组	$K_{1-2}x$	长石石英砂岩、粉砂质泥岩、泥岩	冲积扇-河流-湖泊
		下白垩统				
			飞天山组	K_1f	长石石英砂岩、粉砂岩、泥岩	曲流河-湖泊
	侏罗系	上侏罗统	官沟组	J_3g	泥岩、粉砂岩	滨浅湖
			牛滚凼组	J_3n	泥岩、粉砂岩	滨浅湖
		中侏罗统	新村组	J_2x	泥岩	曲流河-滨浅湖
		下侏罗统	益门组	$J_{1-2}y$	暗紫色泥岩	滨浅湖
	三叠系	上三叠统	宝顶组 / 白果湾组	T_3bd / T_3bg	长石石英砂岩、泥岩	河流
			大荞地组	T_3dq	长石石英砂岩	河流
			丙南组	T_3bn	板岩、变砾岩	河流
古生界	二叠系	上二叠统	峨眉山玄武岩组	P_3em	玄武岩	陆相火山喷发
		中二叠统	阳新组	P_2y	浅灰色—深灰色灰岩	浅海碳酸盐岩台地
	石炭系	中石炭统	黄龙组	C_2h	灰岩、泥质灰岩、白云岩	开阔台地
	泥盆系	上泥盆统	干沟组	D_3gg	白云岩	开阔台地
		中泥盆统	烂泥箐组	D_2ln	灰岩	潮间带
			曲靖组	D_2q	白云岩	外陆棚
		下泥盆统	坡脚组	D_1pj	杂色泥岩、粉砂岩	滨海-浅海
			坡松冲组	D_1ps	黄灰色石英砂岩	海湾型滨滩沙坝
	志留系	中志留统	稗子田组	S_2b	灰岩	开阔台地
	寒武系	中寒武统	沧浪铺组	$\in_2c$	紫红色石英砂岩、泥岩	滨海-浅海
			筇竹寺组	$\in_2q$	深灰色、灰黑色泥岩	浅海陆棚
		下寒武统	灯影组	$Z\in d$	灰白色、灰色白云岩	潮坪
新元古界	震旦系	上震旦统				
		下震旦统	观音崖组	$Z_{1-2}g$	深灰色—紫红色灰岩、泥岩	滨海-浅海
			列古六组	Pt_3lg	紫灰色凝灰质砂岩	陆相冰川及冰水沉积
			开建桥组	Pt_3k	紫红色酸性火山碎屑岩	河流冲积扇及曲流河

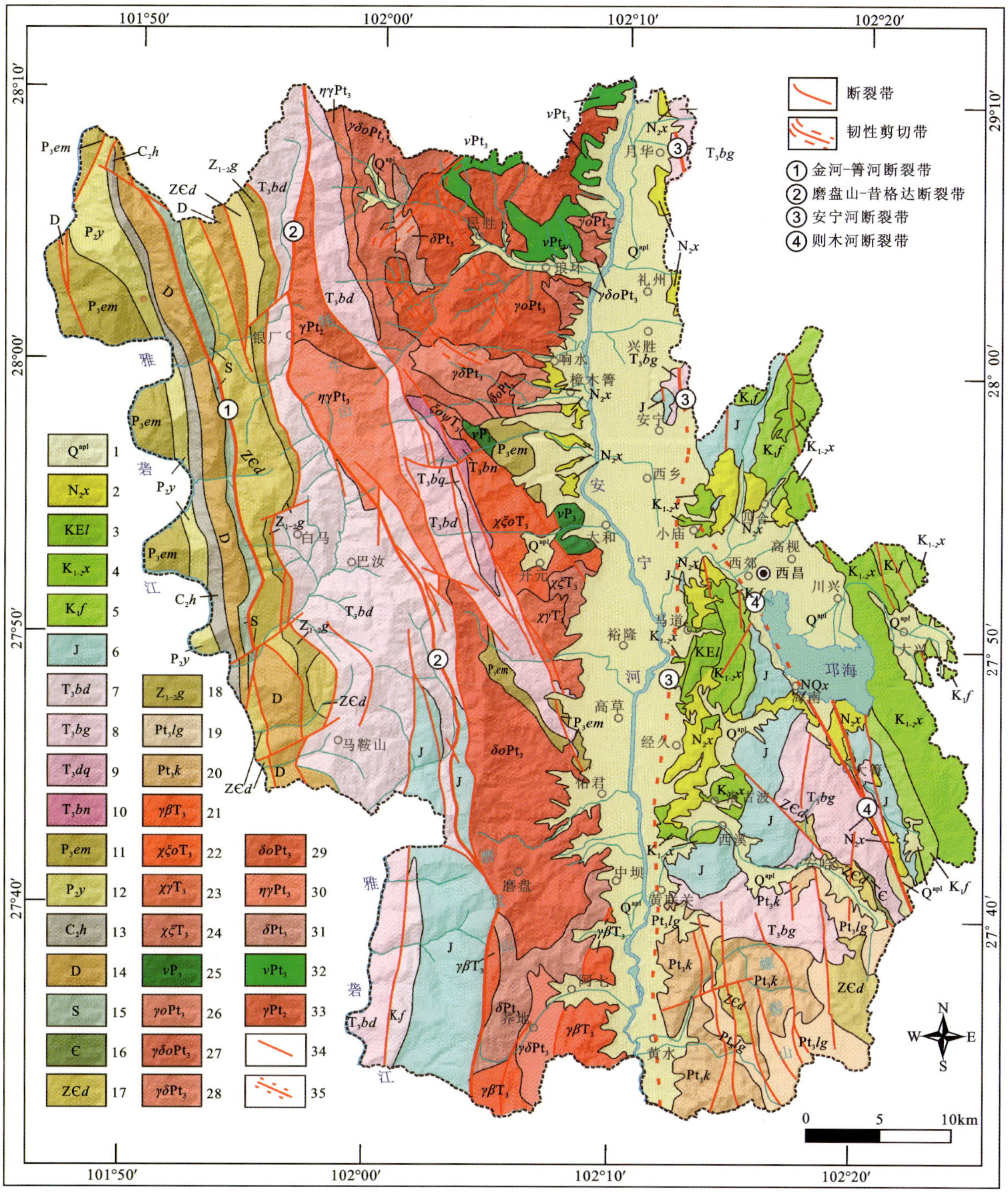

图 2-8 西昌市地质图

1. 第四系冲洪积物；2. 新近系昔格达组粉砂岩；3. 白垩系—古近系雷打树组以粉砂岩、泥岩为主；4. 中下白垩统小坝组以粉砂质泥岩、泥岩为主；5. 下白垩统飞天山组以粉砂岩、泥岩为主；6. 侏罗系官沟组、牛滚凼组、新村组、益门组以泥岩、粉砂岩为主；7. 上三叠统宝顶组以长石石英砂岩为主；8. 上三叠统白果湾组以长石石英砂岩为主；9. 上三叠统大荞地组以长石石英砂岩为主；10. 上三叠统丙南组以板岩为主；11. 上二叠统峨眉山玄武岩组以玄武岩为主；12. 中二叠统阳新组以灰岩为主；13. 上石炭统黄龙组以灰岩、泥质灰岩、白云岩为主；14. 泥盆系干沟组、烂泥箐组、曲靖组以灰岩、白云岩为主；15. 志留系稗子田组以灰岩、白云岩、钙质页岩为主；16. 寒武系筇竹寺组、沧浪铺组以粉砂岩、泥岩为主；17. 震旦系—寒武系灯影组以白云岩为主；18. 震旦系观音崖组以灰岩、泥岩为主；19. 新元古界列古六组酸性火山碎屑岩；20. 新元古界开建桥组酸性火山碎屑岩；21. 晚三叠世黑云母花岗岩；22. 晚三叠世钠闪石英正长岩；23. 晚三叠世钠闪花岗岩；24. 晚三叠世钠闪正长岩；25. 晚二叠世辉长岩；26. 新元古代斜长花岗岩；27. 新元古代英云闪长岩；28. 新元古代花岗闪长岩；29. 新元古代石英闪长岩；30. 新元古代二长花岗岩；31. 新元古代闪长岩；32. 新元古代辉长岩；33. 中元古代花岗岩；34. 断裂带；35. 韧性剪切带

(二)岩浆岩系统

西昌市所在大凉山区的岩浆作用具有多时代、岩性多样、规模大、分布广的特点(表 2-3)。

表 2-3　西昌市岩浆岩特征简表

时代			岩石类型	代号	产出形态
中生代	三叠纪	晚三叠世	黑云母花岗岩	$\gamma\beta T_3$	岩基
			钠闪石英正长岩	$\chi\xi o T_3$	岩基
			钠闪花岗岩	$\chi\gamma T_3$	岩基
			钠闪正长岩	$\chi\xi T_3$	岩基
古生代	二叠纪	晚二叠世	辉长岩	νP_3	岩基、岩脉
			玄武岩	P_3em	喷出岩
元古宙	新元古代		斜长花岗岩	$\gamma o Pt_3$	岩基
			英云闪长岩	$\gamma\delta o Pt_3$	岩基
			花岗闪长岩	$\gamma\delta Pt_3$	岩基
			石英闪长	$\delta o Pt_3$	岩基
			二长花岗岩	$\eta\gamma Pt_3$	岩基
			闪长岩	δPt_3	岩基
			辉长岩	νPt_3	岩基、岩脉
	中元古代		花岗岩	γPt_2	岩基

元古宙岩浆活动与康滇运动有关,主要分布在安宁河谷以西的牦牛山、磨盘山地区,以沿早期褶皱带定位的中酸性岩组合为主,同时还存在小面积出露的镁质至铁质超基性—基性岩石组合,总体显示陆缘岛弧喷发特征,属大陆碰撞岩浆岩组合。二叠纪的岩浆活动和地幔隆起与攀西裂谷发生发展有关,地幔部分熔融形成玄武岩组合(峨眉山玄武岩组),并伴随有层状镁铁—超镁铁质侵入岩及碱性岩类侵入。二叠纪岩浆岩具有富碱、高钛、轻稀土强烈富集的特征,富集大离子亲石元素和高场强元素,岩浆来源于富集地幔,具有板内特征。该期玄武岩主要是由于地幔隆起及攀西裂谷发生发展,地幔部分熔融并沿裂谷带上升喷溢形成的。三叠纪中酸性侵入岩分布于安宁河西岸的开元一带,包括黑云母花岗岩、钠闪石英正长岩、钠闪花岗岩和钠闪正长岩等。三叠纪岩浆岩是陆-陆碰撞环境下地壳重熔的产物,它的形成代表了攀西大陆裂谷的关闭、消亡。

(三)构造系统

西昌市位于上扬子陆块西缘和羌塘陆块东缘,为一个构造复杂的造山带系统。受青藏高原碰撞-隆升以及华南陆块阻挡的影响,青藏高原东南块体围绕喜马拉雅东构造结作顺时针旋转运动,致使该地区形成多条大型左旋走滑构造带,形成了“纵向成条,条中有块”的断块构造特征。主要断裂带有金河-箐河断裂带(F_1)、磨盘山-昔格达断裂带(F_2)、安宁河断裂带(F_3)和则木河断裂带(F_4)等(图 2-8)。

1. 金河-箐河断裂带(F_1)

该断裂带北起石棉,向南到盐源—德昌间则转向南西,至云南永胜与程海断裂带相连。在西昌市境内位于磨盘山—马鞍山以西,呈南北向穿过西昌市,在境内长约 50km。沿断裂带还分布有较多晚二叠世小型超基性、基性侵入体,表明其在晚二叠世是一个深达上地幔的岩石圈断裂。

2. 磨盘山-昔格达断裂带(F_2)

该断裂带北起雅砻江与安宁河之间冕宁的牦牛山，向南经磨盘山、得力铺、昔格达、鱼鲊，顺金沙江、元谋盆地东缘至羊街、一平浪，于罗川附近进入绿汁江河谷，至易门三家厂南消失，总体走向南北。断裂带在西昌市境内位于马鞍山、银厂、巴汝和磨盘山一带，呈南北向穿过西昌市。该断裂带形成于新元古代，经多期构造变形，对两侧中生代地层有明显的控制作用。沿断裂带地球物理场有清楚显示，出现明显重力梯度带和磁异常分界线。地震测深资料表明，该断裂为一条超壳深断裂，是一条第四纪活动断裂。

3. 安宁河断裂带(F_3)

该断裂带沿安宁河谷发育，北起石棉，与鲜水河断裂带相连，南到德昌，在西昌与则木河断裂带相接，呈近南北走向展布，断面以西倾为主，倾角约 70°。呈南北向穿越西昌市，具有明显的挤压和走滑特征。安宁河断裂带可能发育在中元古代以前，在古生代晚期(二叠纪)控制了大规模峨眉山玄武岩和花岗岩就位，显示出张性特征；在随后的中生代早期(三叠纪)，受东西向的挤压，断裂两侧断块西升东降，在断块内部形成北西向和北东向断裂；在新生代，断裂两侧断块的差异升降，形成安宁河断陷盆地和断块山脉，总体表现出挤压、走滑特征。晚第四纪活动的安宁河断裂带以冕宁北的小盐井为界，可划分为南、北两段。北段由一系列次级断层组成，具有左旋走滑兼挤压的运动特征；南段则由两条近平行的断裂组成，两条断裂中间为条状上升的山体，东侧断裂控制了断层槽谷，并发育串珠状的山间小盆地，西侧断裂以西为安宁河谷地。断裂带自晚新生代以来经历了 3 次以挤压走滑为特征的变形期和两次以斜张走滑为特征的活动期。作为大凉山级次陆块的西侧活动边界，安宁河断裂带具有强烈的地震活动性。

4. 则木河断裂带(F_4)

该断裂带为康滇地轴东缘一条重要左旋水平走滑的活动断裂。断裂西北由西昌开始，向东南至云南巧家盆地与大凉山断裂交会，由多条次级剪切断层呈左阶斜列组合而呈北北西向，断面向南西西向倾斜，倾角 50°～70°。该断裂带在西昌市境内，具有左行走滑、压扭特征，其最初形成于二叠纪，并于晚白垩世定型，具有多期活动特点。该断裂作为“川滇菱形断块”东南边界的一部分，新构造活动极其强烈。则木河断裂带第四纪活动明显可分为两期。第四纪早期，该断裂带强烈拉张断陷形成西昌、巧家等第四纪断陷盆地，并错断昔格达组及早期河流阶地和山脊。第四纪晚期则表现出左旋水平扭动，导致邛海断块的垂直断陷以及大箐梁子向南南东向的掀斜抬升。从沿则木河断裂带的错断地貌和现代水系可以看出，断裂北段位移速率大于南段。历史上则木河断裂带为一条活动断裂带，发生过多次强震和大地震。

(四)变质作用及期次

西昌市境内的变质岩主要分布在安宁河谷及其以西，大部分为低温变质岩，主要类型有变砂岩、板岩、大理岩、千枚岩等。根据变质作用时间，西昌市存在新元古代(前震旦纪)、早古生代、二叠纪—三叠纪 3 个主要变质时期。

新元古代(前震旦纪)变质作用：新元古代早期，元古洋在自西而东俯冲消减，地幔楔部分熔融形成的岛弧岩浆侵位，致使前震旦纪地层经历强烈的区域变质作用，变质程度最高可达角闪岩相。

早古生代变质作用：岩石变质程度浅且稳定，为强应力变质作用和接触热变质作用所致。

二叠纪—三叠纪变质作用：地幔隆升，引起地壳横向伸展、拉张，基性—中酸性—碱性岩浆先后被动侵位、喷发，形成区域动力热流变质作用。大规模东西向挤压作用致使板块碰撞形成拼合带及其以西发生绿片岩相区域动力变质和中—浅相变形。

（五）建造构造分区

建造构造属大地构造学研究的范畴，内容一般包括构造层和地质建造的划分。构造层是指地壳发展过程中，一个构造区内一定构造发展阶段所形成的特定岩层组合并伴有相应的构造-热事件的产物。地质建造则是指在地壳发展的某一阶段，在特定的大地构造条件下所形成的具有成因联系的一套岩石共生组合。

西昌市建造特征及大地构造属性具有明显的相关性和分区性。按照沉积建造特征及其演化、空间分布和大地构造属性，并结合岩浆活动等重要标志，在对西昌市地质背景和构造演化特征梳理的基础上，将西昌市建造构造单元分为新生代断陷盆地松散堆积建造、中生代陆相盆地碎屑岩建造、中生代中酸性岩浆岩建造、古生代基性岩浆岩建造、古生代被动陆缘碳酸盐岩和碎屑岩建造、前寒武纪中酸性岩浆岩建造以及前寒武纪基性岩浆岩建造7个大类，并进一步分为第四纪陆相松散堆积建造、新近纪陆相泥质碎屑岩建造、侏罗纪—白垩纪陆相泥质碎屑岩建造、三叠纪陆相砂质碎屑岩建造、三叠纪中酸性岩浆岩建造、二叠纪基性岩浆岩建造、震旦纪—二叠纪早期海相碳酸盐岩建造、寒武纪泥质碎屑岩建造、前寒武纪中酸性岩浆岩建造、前寒武纪火山碎屑岩建造和前寒武纪基性岩浆岩建造共11个类（表2-4，图2-9）。

表2-4 西昌市地质建造构造单元划表

<table>
<tr><th>建造单元(大类)</th><th>建造单元(类)</th><th>涉及的地质单元</th><th>构造层</th><th>建造环境</th></tr>
<tr><td rowspan="2">新生代断陷盆地松散堆积建造</td><td>第四纪陆相松散堆积建造</td><td>第四系</td><td rowspan="2">新生代陆内沉积阶段</td><td>河流-湖泊相</td></tr>
<tr><td>新近纪陆相泥质碎屑岩建造</td><td>昔格达组</td><td>沼泽相</td></tr>
<tr><td rowspan="2">中生代陆相盆地碎屑岩建造</td><td>侏罗纪—白垩纪陆相泥质碎屑岩建造</td><td>雷打树组、小坝组、飞天山组、官沟组、牛滚凼组、新村组、益门组</td><td rowspan="4">中生代陆内沉积阶段</td><td>河流-湖泊相</td></tr>
<tr><td>三叠纪陆相砂质碎屑岩建造</td><td>宝顶组、白果湾组、大荞地组、丙南组</td><td>河流-湖泊相</td></tr>
<tr><td>中生代中酸性岩浆岩建造</td><td>三叠纪中酸性岩浆岩建造</td><td>晚三叠世黑云母花岗岩、钠闪石英正长岩、钠闪花岗岩、钠闪正长岩</td><td>陆内</td></tr>
<tr><td>古生代基性岩浆岩建造</td><td>二叠纪基性岩浆岩建造</td><td>晚二叠世玄武岩、辉长岩</td><td>陆内</td></tr>
<tr><td rowspan="2">古生代被动陆缘碳酸盐岩和碎屑岩建造</td><td>震旦纪—二叠纪早期海相碳酸盐岩建造</td><td>阳新组、黄龙组、干沟组、烂泥箐组、曲靖组、坡脚组、稗子田组、观音崖组、灯影组</td><td rowspan="2">被动大陆边缘沉积阶段</td><td>浅海陆棚相、潟湖相、潮坪相</td></tr>
<tr><td>寒武纪泥质碎屑岩建造</td><td>沧浪铺组、筇竹寺组</td><td>浅海陆棚相</td></tr>
<tr><td rowspan="2">前寒武纪中酸性岩浆岩建造</td><td>前寒武纪中酸性岩浆岩建造</td><td>新元古代斜长花岗岩、英云闪长岩、花岗闪长岩、石英闪长岩、二长花岗岩、闪长岩等，中元古代花岗岩，中元古代花岗岩</td><td rowspan="3">结晶基底形成阶段</td><td>陆内</td></tr>
<tr><td>前寒武纪火山碎屑岩建造</td><td>开建桥组、列古六组</td><td>陆内</td></tr>
<tr><td>前寒武纪基性岩浆岩建造</td><td>前寒武纪基性岩浆岩建造</td><td>新元古代辉长岩等</td><td>陆内</td></tr>
</table>

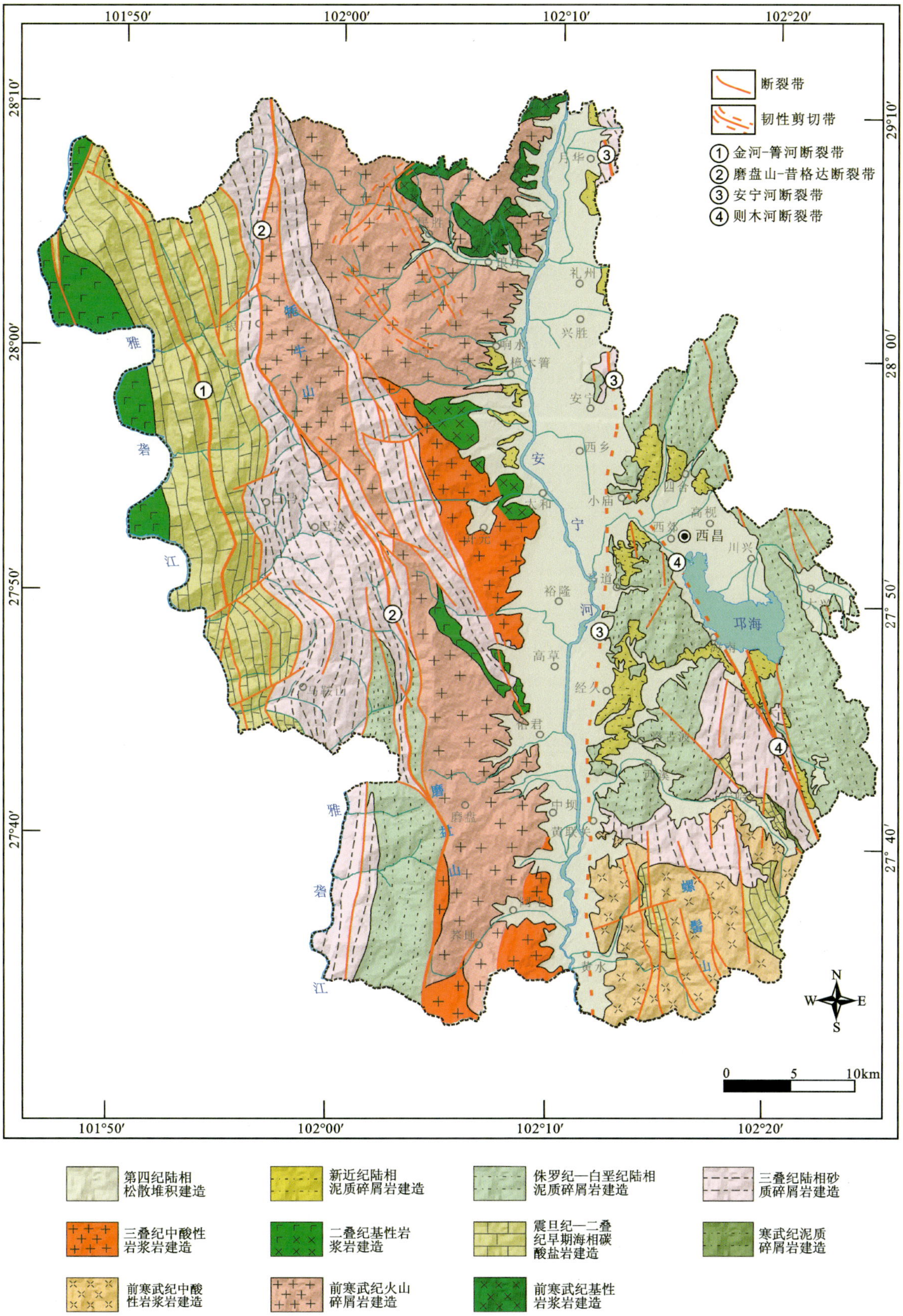

图 2-9 西昌市建造构造简图

（六）大地构造演化

西昌市构造演化复杂，自古太古代以来，经历多期次的构造活动，形成了前寒武纪结晶基底以及显生宙沉积盖层。在古生代末，该区经历了海陆变迁，在中生代末—新生代，由于印度大陆和欧亚大陆碰撞，青藏高原隆升引起挤压，发生强烈的褶皱变形，形成现今复杂的一系列近北走向构造系统。

中—新元古代，扬子板块西缘基底逐渐形成。基底主要由太古宙老基底和中—新元古代新基底构成，而西昌市出露的主要为中—新元古代新基底。新元古代，石棉元古洋由西向东斜向俯冲消减，发育一套岛弧岩浆系统，且在弧后形成碎屑岩建造。震旦纪，石棉元古洋俯冲结束，形成古扬子陆块，并开始碰撞造山。新老基底受强烈的挤压和区域动力变质作用，形成变质基底以及一系列北北东向的褶皱和断裂（图2-10）。造山过程中，伴生有晚古生代过铝质岩浆活动。

震旦纪末至二叠纪早中期，扬子陆块西缘开始了被动大陆边缘演化过程。早震旦世末，扬子陆块西缘发生大范围海侵，沉积了一套海相碳酸盐岩-碎屑岩建造。寒武纪，沉积作用减弱，形成含磷碳酸盐岩建造和紫红色碎屑岩建造。中奥陶世晚期至早志留世，地壳大规模隆起，致使沉积间断，仅局部保留紫红色碎屑岩建造。泥盆纪，沉积环境转变为陆表海的滨岸带环境，沉积了一套与浅海有关的碳酸盐岩台地和少量的碎屑岩。早石炭世，古特提斯洋打开，并在早中二叠世时期形成大洋盆，古扬子陆块分裂成羌塘-昌都陆块和扬子陆块，两者均处于被动陆缘构造环境，沉积了一套广阔的海相碳酸盐岩建造，不整合于下奥陶统、下寒武统之上。

中晚二叠世到早中三叠世，古特提斯洋由东向西斜向俯冲，扬子陆块西部地区处于海侵状态，在被动陆缘形成了一套巨厚的碳酸盐岩和碎屑岩沉积建造。受地幔柱活动和区域拉伸作用的影响，该区产生一系列近南北向张性断裂，攀西地区渐渐发展为攀西裂谷。基性岩浆沿区域性大断裂喷发形成巨厚的峨眉山玄武岩，且同时存在基性、碱性岩脉的侵入。

中晚三叠世，古特提斯洋闭合，羌塘-昌都陆块与扬子陆块最终拼接，进入到碰撞造山阶段。构造背景由拉张变成挤压，形成一系列前陆盆地和造山带，沉积环境也由海相转为陆相，开始了湖盆沉积。地层受挤压的影响，出现大规模的褶皱变形和变质。侏罗纪到白垩纪，陆内褶皱变形和变质作用进一步发展，区内盖层强烈褶皱并叠加在早期褶皱构造带上，与此同时沉积了河流相的砾岩、砂岩，湖泊相的砾岩、泥岩、泥灰岩及膏盐层。区域断裂继承性活动导致中—晚三叠世出现大规模岩浆活动，岩浆活动以碱性岩和酸性花岗岩侵入为主。

二、水文地质背景

攀西地区（西昌市）地质灾害详细调查报告（四川省地质调查院，2013）显示，西昌市地下水资源丰富，地下水类型齐全，以松散岩类潜水为主，其次为碎屑岩裂隙水、碎屑岩孔隙水、岩浆岩裂隙水、变质岩裂隙水和碳酸盐岩岩溶水（图2-11）。

安宁河谷平原及邛海盆地地下水类型为松散岩类潜水，地下水资源丰富，为多层含水结构。Ⅰ级阶地和漫滩砾卵石层主要赋存潜水，水位埋深为0.5～6.7m，含水层厚度为7～100m，单井涌水量为1000～5000m^3/d，水质好，补给源主要为大气降水和河水。安宁河山前冲洪积扇冰碛卵石、含泥砾卵石层常赋存承压水，含水层厚度为10～50m，水量较少。

安宁河谷两岸山区砂岩、粉砂岩、砾岩、泥岩、花岗岩和闪长岩等地层中主要赋存碎屑岩类孔隙、裂隙水。该类地下水埋藏浅，易开采，主要受大气降水补给。受构造影响、岩性变化的控制，节理裂隙含水介质分布不均，补给条件差异大，使各地段赋水程度差别很大。山区泉点出露多，泉流量季节变化明显。

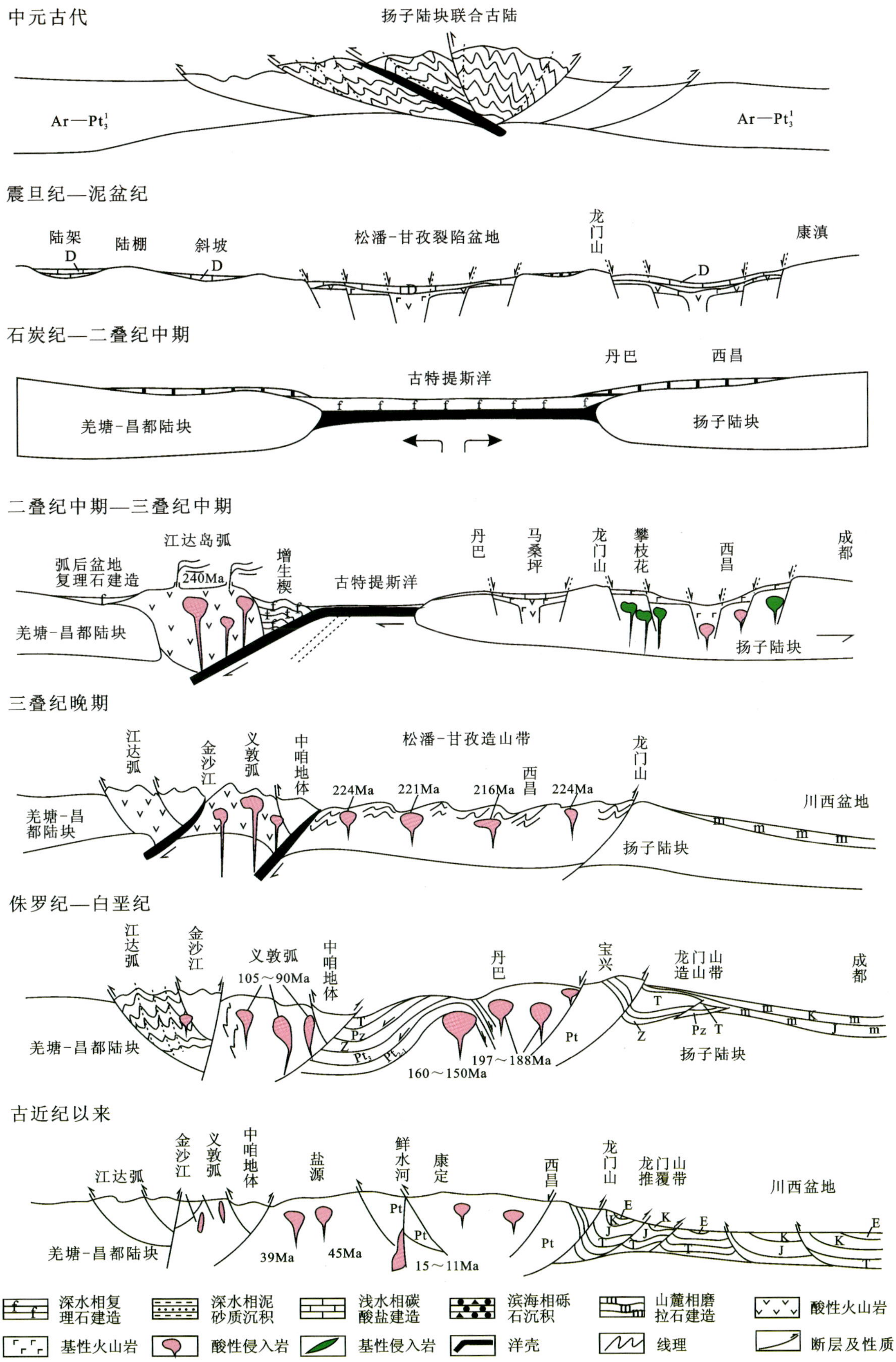

图 2-10　扬子西缘构造演化图(据廖震文等,2016 修改)

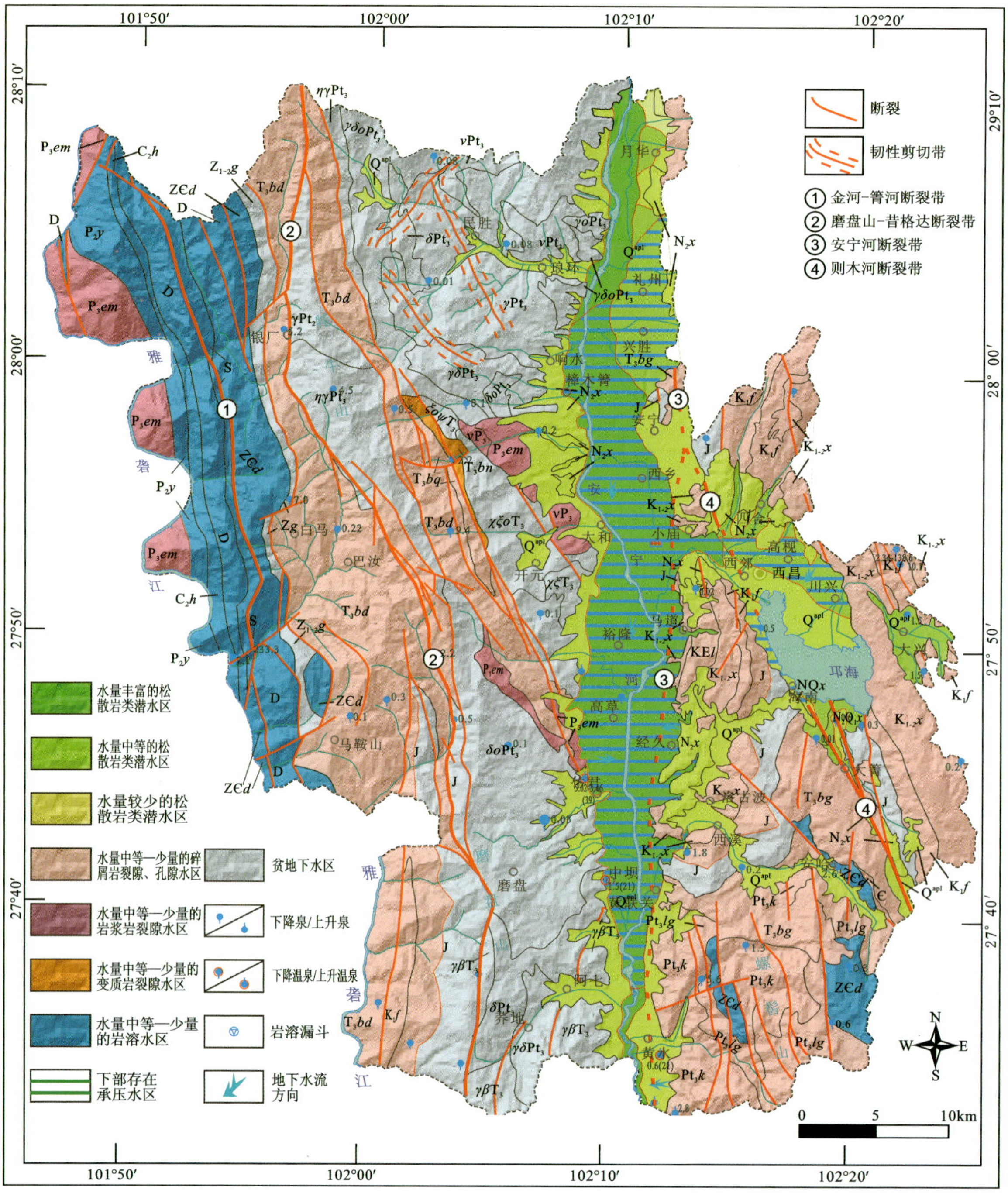

图 2-11　西昌市水文地质简图

Q. 第四系冲洪积物；N_2x. 新近系昔格达组粉砂岩；KE*l*. 白垩系—古近系雷打树组以粉砂岩、泥岩为主；$K_{1-2}x$. 中下白垩统小坝组以粉砂质泥岩、泥岩为主；K_1f. 下白垩统飞天山组以粉砂岩、泥岩为主；J. 侏罗系官沟组、牛滚凼组、新村组、益门组以泥岩、粉砂岩为主；T_3bd. 上三叠统宝顶组以长石石英砂岩为主；T_3bg. 上三叠统白果湾组以长石石英砂岩为主；T_3dq. 上三叠统大荞地组以长石石英砂岩为主；T_3bn. 上三叠统丙南组以板岩为主；P_3em. 上二叠统峨眉山玄武岩组以玄武岩为主；P_2y. 中二叠统阳新组以灰岩为主；P_2h. 上石炭统黄龙组以灰岩、泥质灰岩、白云岩为主；D. 泥盆系干沟组、烂泥箐组、曲靖组以灰岩、白云岩为主；S. 志留系稗子田组以灰岩、白云岩、钙质页岩为主；∈. 寒武系筇竹寺组、沧浪铺组以粉砂岩、泥岩为主；Z∈*d*. 震旦系—寒武系灯影组以白云岩为主；$Z_{1-2}g$. 震旦系观音崖组以灰岩、泥岩为主；Pt_3lg. 新元古界列古六组酸性火山碎屑岩；Pt_3k. 新元古界开建桥组酸性火山碎屑岩；$\gamma\beta T_3$. 晚三叠世黑云母花岗岩；$\chi\xi o T_3$. 晚三叠世钠闪石英正长岩；$\chi\gamma T_3$. 晚三叠世钠闪花岗岩；$\chi\xi T_3$. 晚三叠世钠闪正长岩；νP_3. 晚二叠世辉长岩；γPt_3. 新元古代花岗岩；$\gamma\delta o Pt_3$. 新元古代英云闪长岩；$\gamma\delta Pt_3$. 新元古代花岗闪长岩；$\delta o Pt_3$. 新元古代石英闪长岩；$\eta\gamma Pt_3$. 新元古代二长花岗岩；δPt_3. 新元古代闪长岩；νPt_3. 新元古代辉长岩；γPt_2. 中元古代花岗岩近河岸地段：地下水动态与河流水位涨落基本一致。一般地下水上升滞后河水位 8～24 小时，水位变化 1～3m，近河流地段比远河流地段反映明显。

盆地高台地地段：地势较高地段，主要接受大气降水补给，雨季水位上升，旱季下降。该地段地下水动态的另一特征是持续稳定上升和持续稳定下降，一年内只有一个峰值，与近河流地段地下水频繁地随河水位变化截然不同。

低阶地（台地）漫滩地段：该地段地下水位动态受河水位影响，也与大气降水有关，同时又受到农田灌溉水渗入的影响。但区内地下水位浅，埋深仅 2m 左右，一般年变化幅度为 0.3～1.5m。

基岩山区：由于汇水面积有限，基岩山区裂隙发育不均，无统一地下水位，泉流量小，动态变化大，据邻区资料，枯、丰季节流量之比达 3～10，甚至更大。

西昌市断裂构造密集，金河-箐河断裂带、磨盘山-昔格达断裂带、安宁河断裂带和则木河断裂带等对区域水文地质条件及工程地质条件的影响较大，一些地段构造裂隙带可成为地下水的良好通道和储水空间，对岩（土）体的工程地质特性也有一定影响。

三、地球物理与地球化学背景

（一）地球物理背景

西昌市航磁资料（中国地质调查局自然资源航遥中心公开数据集）比例尺为 1∶20 万，网格化间距 2km。西昌市航磁 ΔT 异常特征明显，不同地区、不同构造单元航磁异常特征差异较大。西昌市航磁 ΔT 异常以负磁异常为主，中部有正磁异常（图 2-12）。总体异常特征与地质构造单元吻合，以安宁河和雅砻江为界，西昌市磁异常分为东、西两部分。雅砻江以西和安宁河以东以负磁异常为主，磁异常值为−120～0nT，主要对应沉积岩地层。中部牦牛山—螺髻山一带为正磁异常，磁异常值 10～300nT，主要对应侵入岩、变质岩地层，异常特征对应安宁河断裂带、磨盘山-昔格达断裂带边界。磨盘山-昔格达断裂带北部边界特征与磁异常较为吻合。金河-箐河断裂带以很低的负磁异常为主；安宁河西支隐伏断裂带表现为正、负磁异常梯度带，主要沿安宁河流域西侧分布；磨盘山-昔格达断裂带与安宁河断裂带之间的高磁异常体和磁性地层一致；则木河断裂带也表现为正、负磁异常梯度带。

本次采用的卫星布格重力数据来自于美国加州大学公开数据集（https://topex.ucsd.edu/），数据时间为 2015 年，WGS84 坐标系，卫星布格重力数据网格化半径为 10km。西昌市卫星布格重力异常特征明显（图 2-13），卫星布格重力异常以负异常为主，总体异常具中部高、两边低的特征，与地质构造单元吻合。总体以磨盘山-昔格达断裂带与安宁河断裂带为界，把西昌市卫星布格重力异常分为东、中、西三部分。西侧以重力低异常为主，异常值为−340～−275mgal（$1\text{mgal}=1\times10^{-5}\text{m/s}^2$）；中部为相对高重力异常，牦牛山、磨盘山和螺髻山均表现重力高异常，异常值为−275～−195mgal，主要由岩体与碳酸盐岩地层引起；东部以相对重力低异常为主，异常值为−310～−260mgal，安宁河谷与邛海周边的重力低异常特征明显，主要由于第四纪地层覆盖较厚，东部其他地区沉积岩地层也表现为重力低异常特征。

（二）地球化学背景

土壤是植物摄取营养元素的主要来源，营养元素直接影响作物的生长、产量和质量。另外，某些营养元素为重金属元素，如果通过灌溉、施肥或其他方式过量进入土壤，可能造成土壤重金属污染。同时在充分补充 N、P、K 元素的情况下，缺乏一种或多种微量营养素将成为制约农业发展的重要障碍。

20 世纪 80 年代第二次中国土壤调查显示，中国的耕地土壤中 Fe、Mn、Cu、Zn 缺乏率分别为5.0%、21.3%、6.9%和 51.5%，自 20 世纪 80 年代以来，一种或多种土壤营养元素的缺乏成为许多地区的普遍

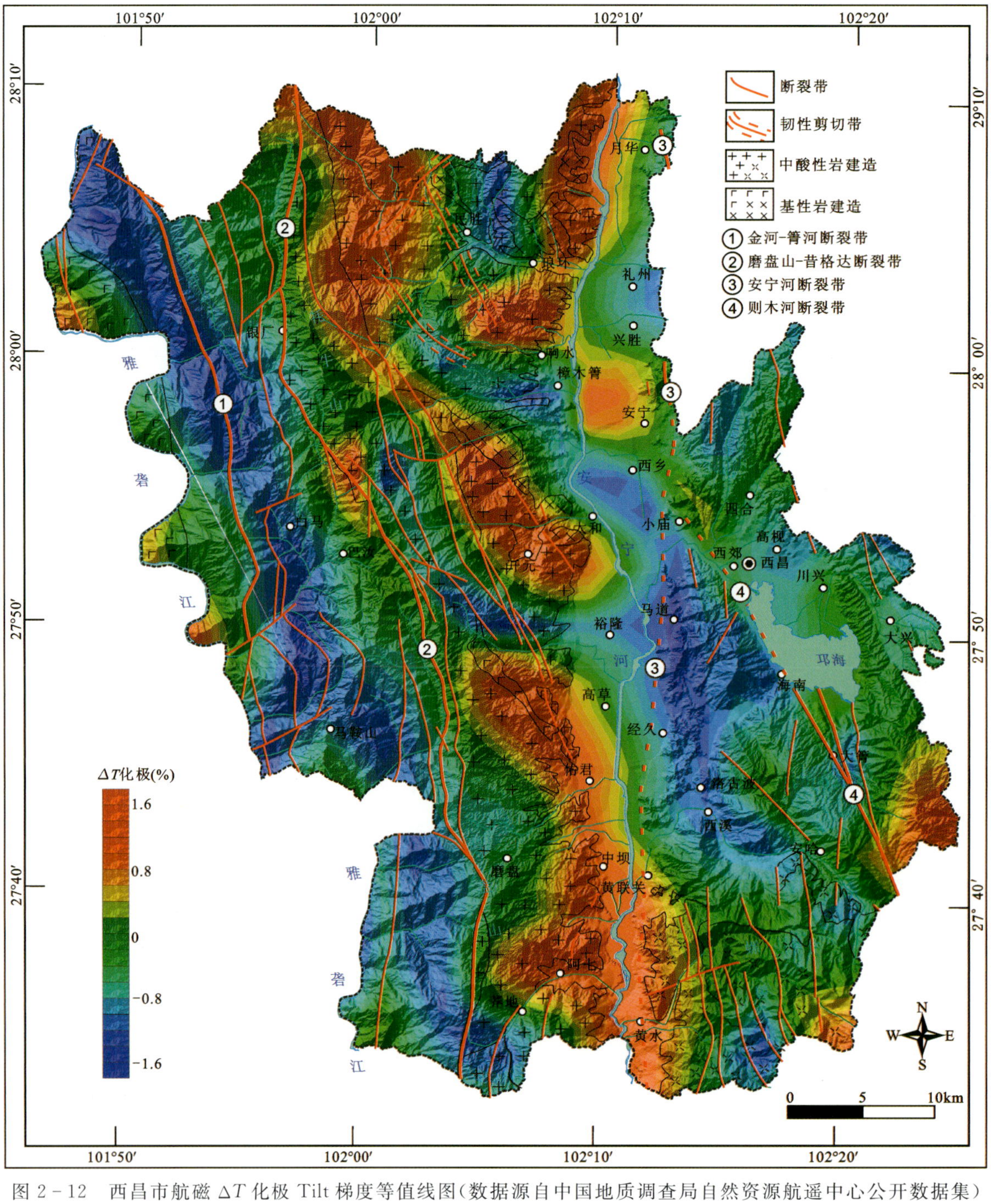

图 2-12　西昌市航磁 ΔT 化极 Tilt 梯度等值线图(数据源自中国地质调查局自然资源航遥中心公开数据集)

现象(LU et al.，1998)。随着农业生产的发展和作物产量的增加，化肥、有机肥、污水灌溉的大量施用，工业化和城市化的快速发展，土壤微量营养元素(成分)的积累量出现不同程度的减少(CHENG et al.，2008；CAI et al.，2010)。

西昌市域的几种对植物有益的营养元素地球化学异常与基础地质背景契合程度较高。部分金属元素异常主要出现在西部安宁河谷地区，与当地出露的基性岩体有直接关系(图 2-14)。

区内土壤中 Si 元素的高含量主要集中于西昌盆地，是中生代陆相盆地碎屑岩建造的直接反映，受地形因素控制较为明显。土壤中 Ca 元素受碳酸盐岩和水系控制明显。土壤中的 K 元素主要分布在西昌市中南部的裕隆镇、佑君镇东部和黄水镇附近螺髻山区，是前寒武纪酸性火山碎屑岩建造和东南部早

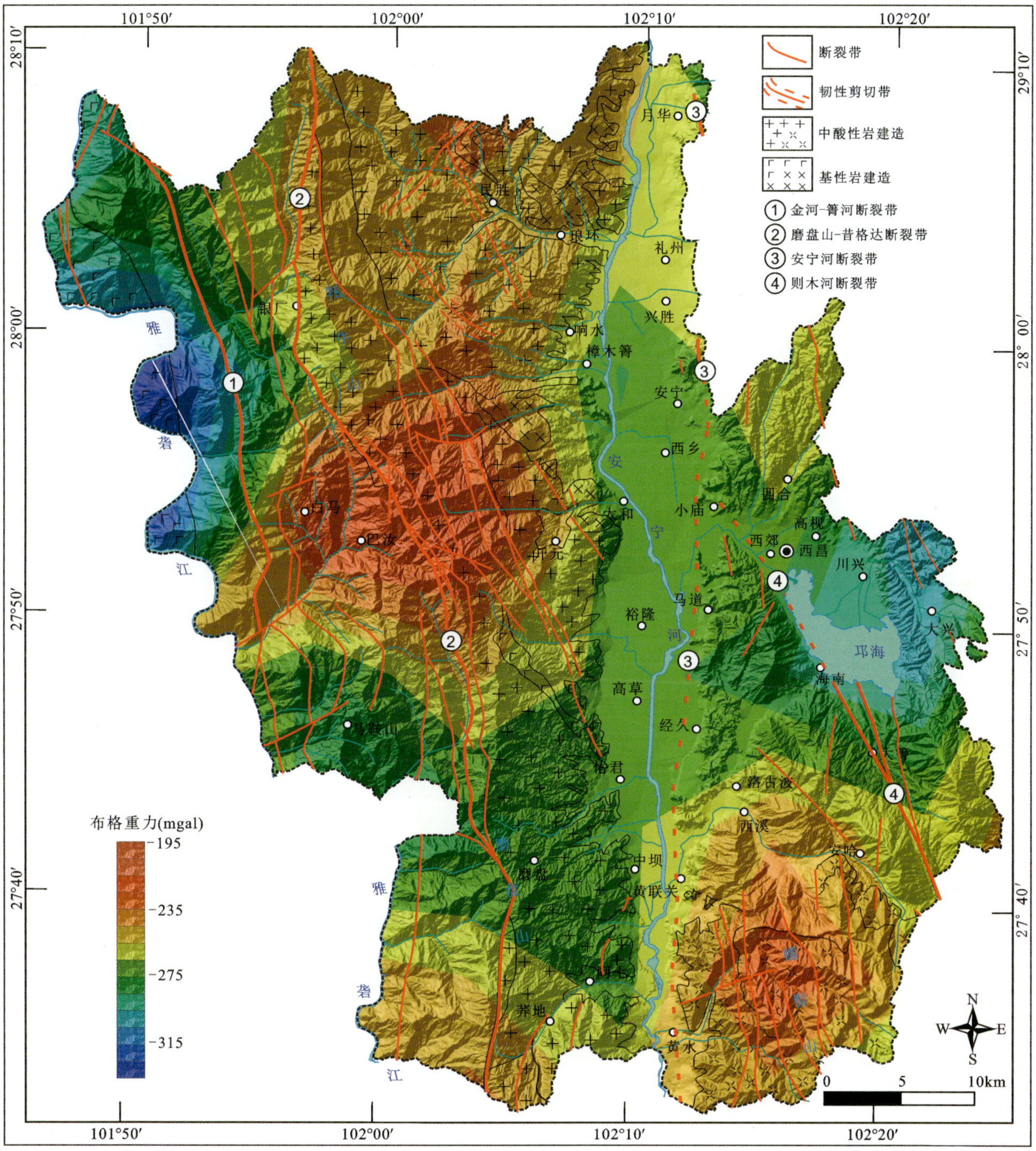

图 2-13 西昌市卫星布格重力异常图(数据源自美国加州大学公开数据集)

古生代海相碎屑岩建造的反映,受出露的前寒武纪酸性火山岩、流纹岩、凝灰岩、英安岩和少量安山岩所控制。土壤中 Mg 元素出现在西昌市域西北部,受震旦纪—二叠纪早期海相碳酸盐岩建造和部分矿产资源开发的直接影响。土壤中 Cu 元素含量较低,主要分布在西昌市西北侧雅砻江沿岸,直接受二叠纪基性岩浆岩建造的控制。土壤中 Mn 元素含量总体呈带斑点状分布,西北部高而东南部低。土壤中 Zn 元素的高富集区位于开元镇周边近南北向排布以及银厂、白马以西地区。B 元素的分布与安宁河谷的分布相关,中部地区含量极低,而东、西两侧略微富集。土壤中 Mo 元素在东北部亏损严重,而银厂西部山区高度富集。

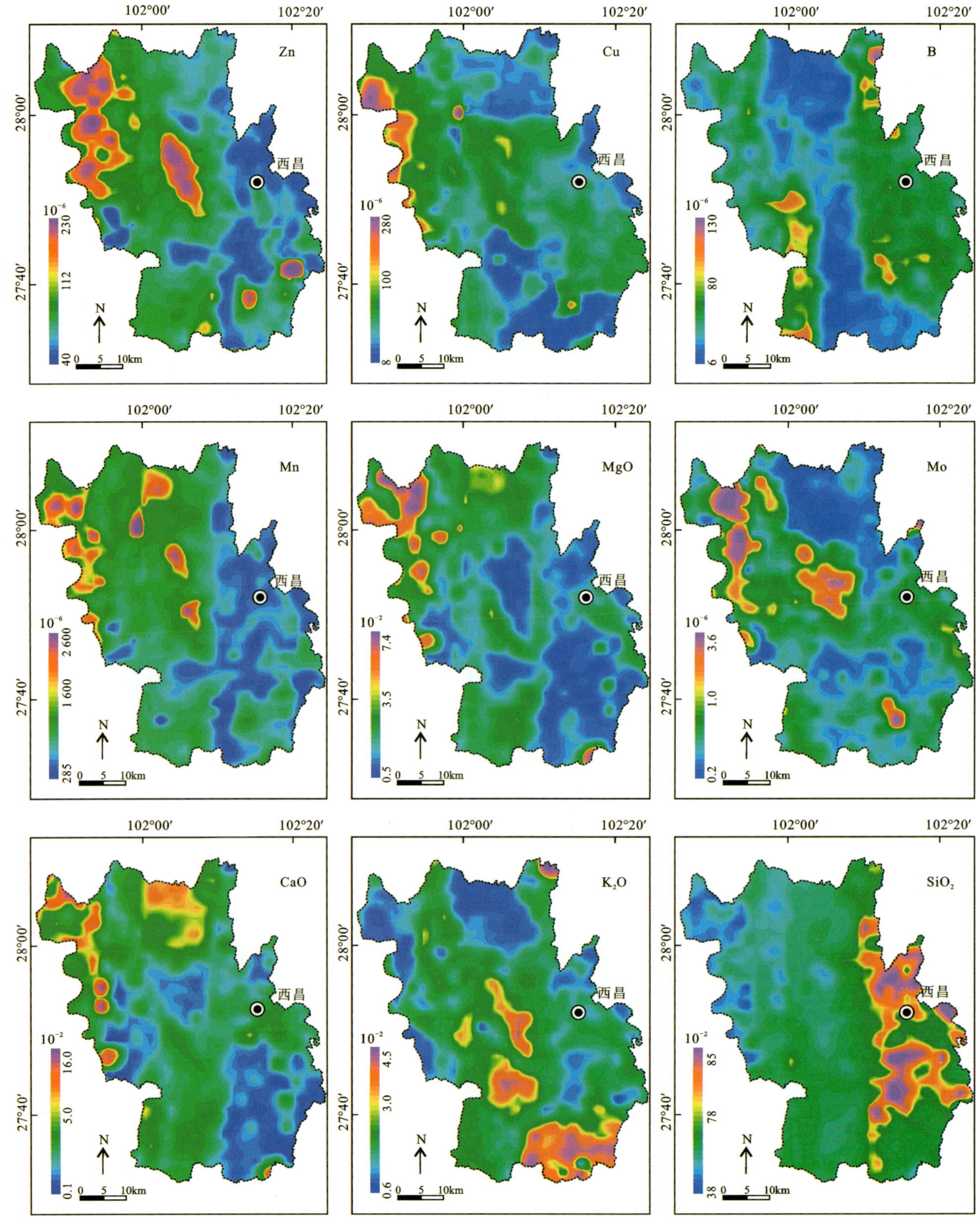

图2-14 西昌市土壤地球化学图

四、活动构造与地震地质灾害

西昌市位于上扬子陆块西缘，西邻青藏高原造山系的松潘-甘孜陆块，为一个构造复杂的造山带系统。受青藏高原碰撞-隆升以及华南陆块阻挡的影响，西昌市形成多条大型左旋走滑的活动构造带。

(一)活动构造与地震

据四川省地震局公开数据，有地震记录以来，西昌市发生 14 次震级大于 2.0 的地震(表 2-5，图 2-15)。其中，6.0～7.5 级的地震 4 次，4.0～5.9 级地震 4 次，2.0～3.9 级地震 8 次。震中位置为西昌城市邛海一带。孕震点主要分布在则木河断裂带与安宁河断裂带交接地带，此外牦牛山地区也有少量震级较小的地震。

表 2-5　安宁河断裂带和则木河断裂带部分已发生地震统计表

发震时间	地点		震级	与断裂的关系
	东经(°)	北纬(°)		
625 年 08 月 15 日	27.9000	102.2000	4.75	安宁河断裂带与则木河断裂带交会处
814 年 04 月 02 日	27.9000	102.2000	6.50	安宁河断裂带与则木河断裂带交会处
1427 年	27.9000	102.2000	5.00	安宁河断裂带与则木河断裂带交会处
1536 年 03 月 20 日	28.1000	102.1000	7.25	安宁河断裂带分支
1732 年 01 月 29 日	27.7000	102.2000	6.75	安宁河断裂带
1850 年 09 月 12 日	27.8000	102.3000	7.50	则木河断裂带
1998 年 8 月 8 日	27.7700	102.3100	3.50	则木河断裂带
2003 年 6 月 17 日	27.8800	102.3600	4.00	则木河断裂带分支
2008 年 3 月 7 日	28.0500	101.8200	3.10	金河-箐河断裂带
2016 年 8 月 5 日	27.8667	102.1667	2.60	安宁河断裂带与则木河断裂带交会处
2017 年 5 月 9 日	27.8333	101.9167	2.60	金河-箐河断裂带
2018 年 10 月 31 日	27.7167	102.0833	2.70	磨盘山-昔格达断裂带
2018 年 11 月 20 日	27.7000	102.0833	3.90	磨盘山-昔格达断裂带

注：数据源自四川省地震局公开数据。

安宁河断裂带总体走向近南北，局部偏北东，在西昌段表现为两条近平行断裂，平行断裂之间为挤压抬升的线性台地。东侧断裂控制了断层槽谷，发育串珠状山间小盆地，西侧断裂控制了安宁河谷。安宁河断裂带新构造运动强烈，以黄联关为界，南部以整体间歇性抬升为特色，而北部则是强烈的继承性断裂运动和复杂断块差异升降运动。GPS 测量结果显示，安宁河断裂带断层活动速率为 3.6～6.6mm/a。

则木河断裂带总体走向北西 40°，在西昌以北逐渐向北偏转，与安宁河断裂带相接。则木河断裂带在西昌段表现为由多条北西方向近于平行的断层构成的逐渐加宽的断裂带，并被一组近东西向的断裂切错，形成复杂的断块结构。在重力和断裂左旋扭动产生的应力下，断块开始垂直断陷以及掀斜抬升。GPS 测量结果显示，则木河断裂带断层活动速率为 7.2～9.6mm/a。

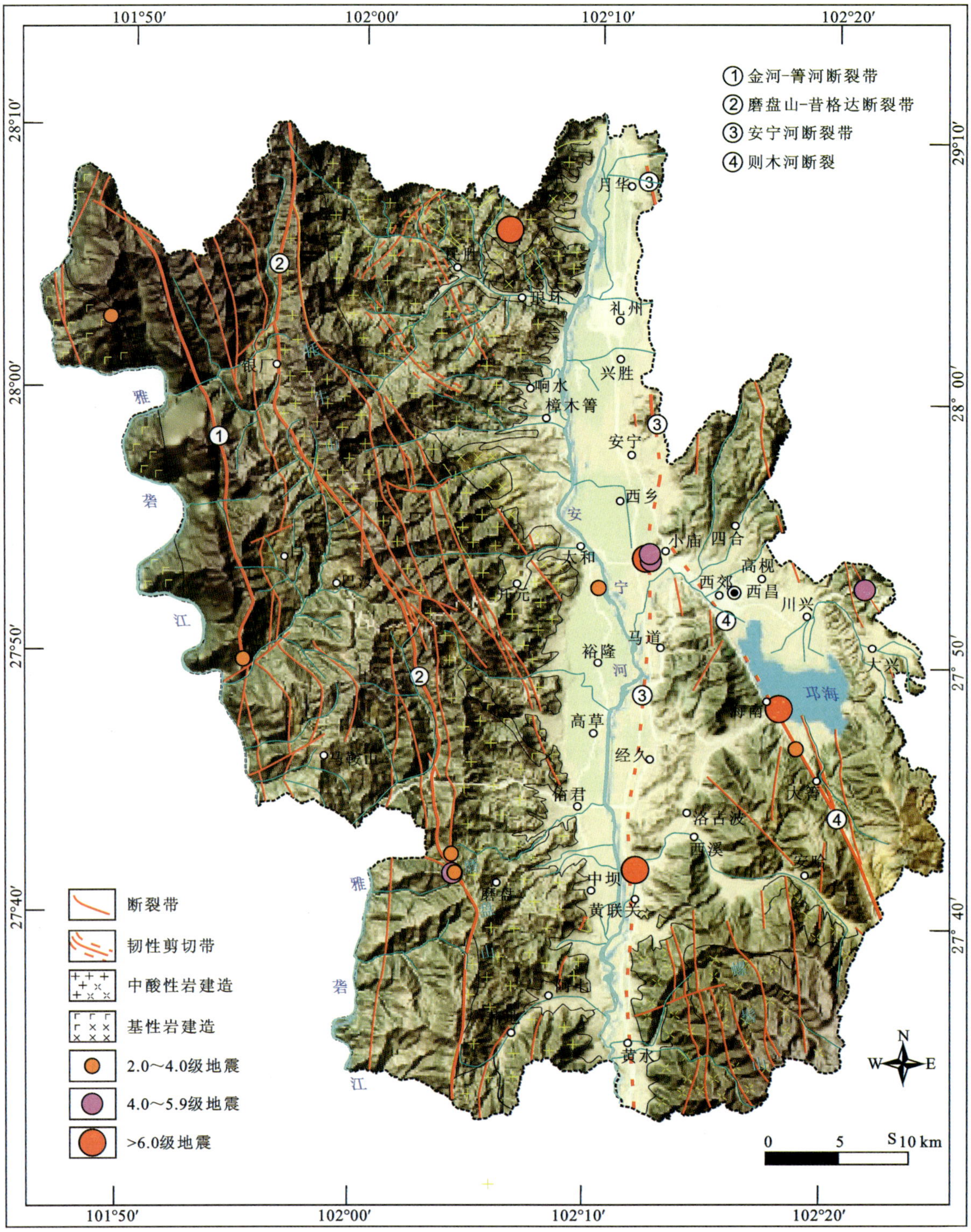

图 2-15　西昌市主要构造和历史地震分布简图(据四川省地震局公开数据)

北西向的则木河断裂带与木里—西昌一线东西向的隐伏构造和南北向的安宁河断裂带构成两个三角形陆块，从而使西昌成为应力集中区。在北西—北西西向构造应力场作用下，则木河断裂带向北西发生逆时针水平错动，构造应力场局部应变失衡，应力集中释放而产生中强地震。

（二）活动构造与泥石流等灾害

西昌市已发现地质灾害点223处（四川省地质调查院，2013），主要为泥石流和滑坡，有少量的潜在不稳定斜坡和崩塌。地质灾害集中分布在安宁河和雅砻江流域，与安宁河断裂带等的展布具有一致性，显示出构造作用对灾害的控制性。

地质构造控制了地貌的发育和山脉水系的展布。地质灾害作为一种地貌过程，是地貌对构造响应的表现。安宁河断裂带构造活动造成两侧块体差异性升降，形成不对称的断层谷，东岸的多级阶地垂直高差较大，为地质灾害的形成提供了地形条件。从低中山河谷到两侧高中山地貌，地质灾害发育类型也从以泥石流为主逐渐过渡到以滑坡为主，且地质灾害分布密度逐渐降低。

现代新构造运动同时为地质灾害的形成提供物源。构造带中多期次构造运动的叠加，使岩（土）体的物理力学强度降低，形成大量堆积的松散土体或岩体，且一般较疏松，导水性好，岩（土）体稳定性差，当遇大量降水或地震时，岩（土）体自重增大，岩（土）体的黏聚力和摩擦力减小，便产生了滑坡或泥石流。

值得注意的是，地质灾害分布对地层具有明显的倾向性。据统计，地质灾害在益门组最为发育，牛滚凼组次之，其次为昔格达组。究其原因为地层岩性差异。

（三）次生环境效应

深大继承性活动断裂的强烈构造运动影响区域地质环境的演变。区内则木河和安宁河等断裂带的构造活动频繁诱发地震，加剧了地貌演化与地表改造过程，影响了岩土剥蚀、水系格局和地热运移等。

新构造运动引起断裂带局部应变失衡，造成断块隆起和断陷。断裂拉张下沉形成邛海、巧家和宁南等断陷河谷盆地，据统计邛海每年下降8mm。断裂抬升运动致使泸山、大箐梁子、拖木沟等断块隆起，南东向北西流的则木河改道反向南流。断块差异性活动导致地层差异性剥蚀与沉积，断裂带沿线的沉积建造厚度变化剧烈，昔格达组的沉积厚度从西昌向南东拖木沟一带逐渐减薄。

构造运动影响水系格局。安宁河、则木河等均沿断裂方向展布，属于断裂形成构造河，河道多处被断裂错断，形成干沟“S”形河道。在大箐梁子隆升运动中，则木河反向南流，在大箐梁子形成肘状弯曲的水系。断裂对地下水也有明显的控制作用，断裂沿线出露多处泉点和温泉，如普格热水塘、松新等温泉。

前文已述及地质灾害与断裂活动密切相关，激发因素一般为地震和强降水等。强地震发生时所产生的强烈震荡及砂土液化，能触发滑坡、泥石流发生。据史料记载，1850年9月12日西昌发生7.5级地震，“北山、邛海一带，山崩、地裂、滑坡严重，核桃村被滑坡、崩塌摧毁”。地震对森林植被也会进行破坏。在西昌—邛海周边的泸山以及冕宁、泸沽等地，地震时都曾造成局部地域森林植被被毁。

地震可改变地下水中化学元素的分布状况，破坏该区人们长期适应的元素供应条件，对人们的健康产生一定的影响，比如地震会引起地下水和土壤中氡气与铀等放射性元素增加，危害人体健康。一般大地震时农田会因山崩、滑坡、泥石流、地裂和喷沙、冒水而遭到破坏。最典型的是在地震断陷下沉的邛海周边，原来的农田逐渐变为沼泽地、下湿田等，部分农田已被淹没，严重影响了农业生产。

第三节 西昌市土壤地质特征

一、地质建造对土壤性质的制约

不同地质建造单元的岩石类型和形成环境不同，导致西昌全市土壤元素分布有明显的差异（刘洪等，2020）。西昌市土壤类型明显受不同的地质单元控制，主要表现在两个方面，一是土壤类型基本与（不同）地质单元类型出露位置相吻合，二是土壤类型多呈近南北向条带状产出，这与地质单元走向基本一致。成土母岩是土壤形成的物质基础，理化性质相差较大的岩石风化形成不同的母质类型直接影响土壤类型。例如，侏罗纪—白垩纪砂泥岩易形成紫色土，三叠纪、前寒武纪中酸性岩和二叠纪、前寒武纪基性超基性岩类易形成红壤。然而相同类型的母质甚至是同一母质，在不同的生物、气候等的成土作用下，也可形成不同的土壤类型。例如，位于安宁河西岸响水地区等中低海拔地区的前寒武纪中酸性岩形成了红壤，但位于银厂—巴汝等地区的前寒武纪中酸性岩则形成了黑毡土、棕壤和黄棕壤。

西昌市地层近南北向展布，以及东、西部团块状岩浆岩出露，导致其土壤类型总体呈条带状分布，局部呈团块状分布的特征。在不同母质的影响下，不同位置分布不同的土壤。安宁河谷以东多为侏罗纪—白垩纪的砂泥岩类风化物，经发育主要形成紫色土，同时在南部螺髻山等高海拔地区还有少量黑毡土和黄棕壤。中部的安宁河谷地区以第四纪松散沉积物经人工种植改造发育而来的肥沃水稻土为主。西部的牦牛山—磨盘山地区成土母质主要是前寒武纪酸性岩类风化物和震旦纪—二叠纪早期碳酸盐岩类风化物，同时还有少量三叠纪砂岩类风化物、三叠纪酸性岩类风化物、三叠纪中性岩类风化物、寒武纪中性岩类风化物等，发育的土壤类型也较多，主要有黑毡土、棕壤、黄棕壤、红壤等，其中黑毡土、棕壤、黄棕壤主要分布在中—高海拔地区，而红壤的分布主要与中低海拔地区三叠纪砂岩类、三叠纪中酸性岩、前寒武纪中酸性岩等的分布一致，例如西昌市牦牛山地区（图 2－16）。

通过对比以上新近纪泥岩类风化物（Nms）、侏罗纪—白垩纪泥岩类风化物（J—Kms）、三叠纪砂岩类风化物（Tss）、三叠纪酸性岩类风化物（Tr）、前寒武纪酸性岩类风化物（Ptr）5 类的基岩-母质-土壤元素含量和变化图解可以看出，绝大多数土壤中元素的含量具有明显的继承性（图 2－17）。

同种类型的土壤可以由不同的成土母质演化形成，以红壤为例，研究区形成红壤的成土母质有 6 种，分别是前寒武纪酸性岩类风化物、前寒武纪中性岩类风化物、晚二叠世基性岩类风化物、三叠纪砂岩类风化物、三叠纪酸性岩类风化物、侏罗纪—白垩纪泥岩类风化物。这 6 种成土母质单元的营养元素组成差异明显（图 2－18），不同母质形成的同种土壤中微量元素组成有显著差异。从元素含量的丰富程度上看，仅前寒武纪酸性岩类风化物、前寒武纪中性岩类风化物的 B 元素较为缺乏；同时前寒武纪中性岩类风化物的 Mn 元素明显过量；其余不同成土母质类型的紫色土营养元素含量都处在丰富—适中范围内。

西昌市土壤中 Cu、Mn、Mo、B、Zn 等营养元素基本上直接受成土母质的控制，具有明显的继承性，不同成土母质形成的土壤具有不同的元素含量，不同成土母质形成的相同土壤在元素含量上也存在明显的差异性。同时，不同的建造背景对所形成的土壤的物理、化学性质也有明显的影响（张腾蛟等，2020）。

首先，不同岩石和上覆土壤中元素含量呈正相关变化。例如，晚二叠世基性岩类风化物的 Fe、Cr、

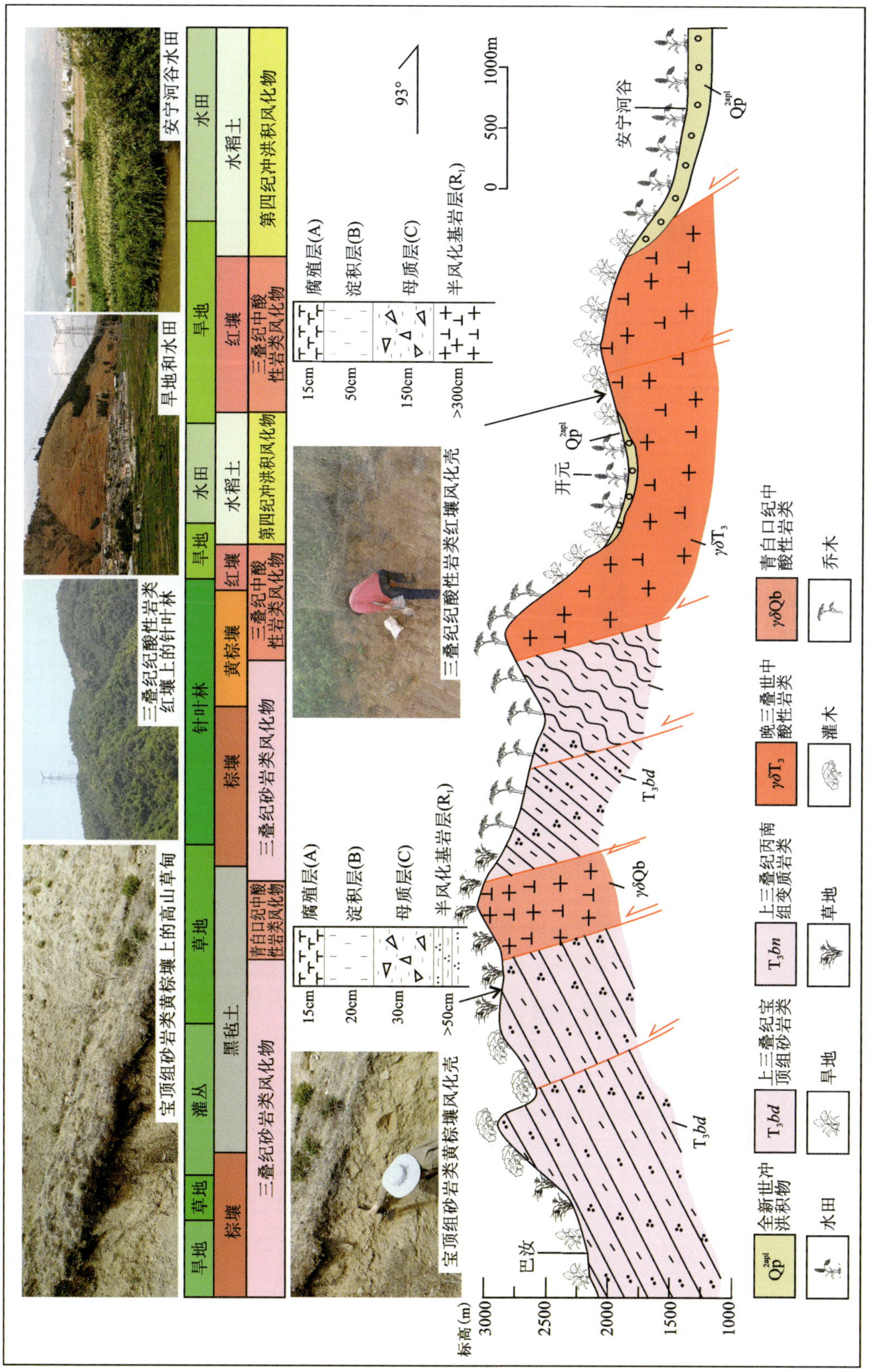

图2-16　西昌市牦牛山生态地质剖面图

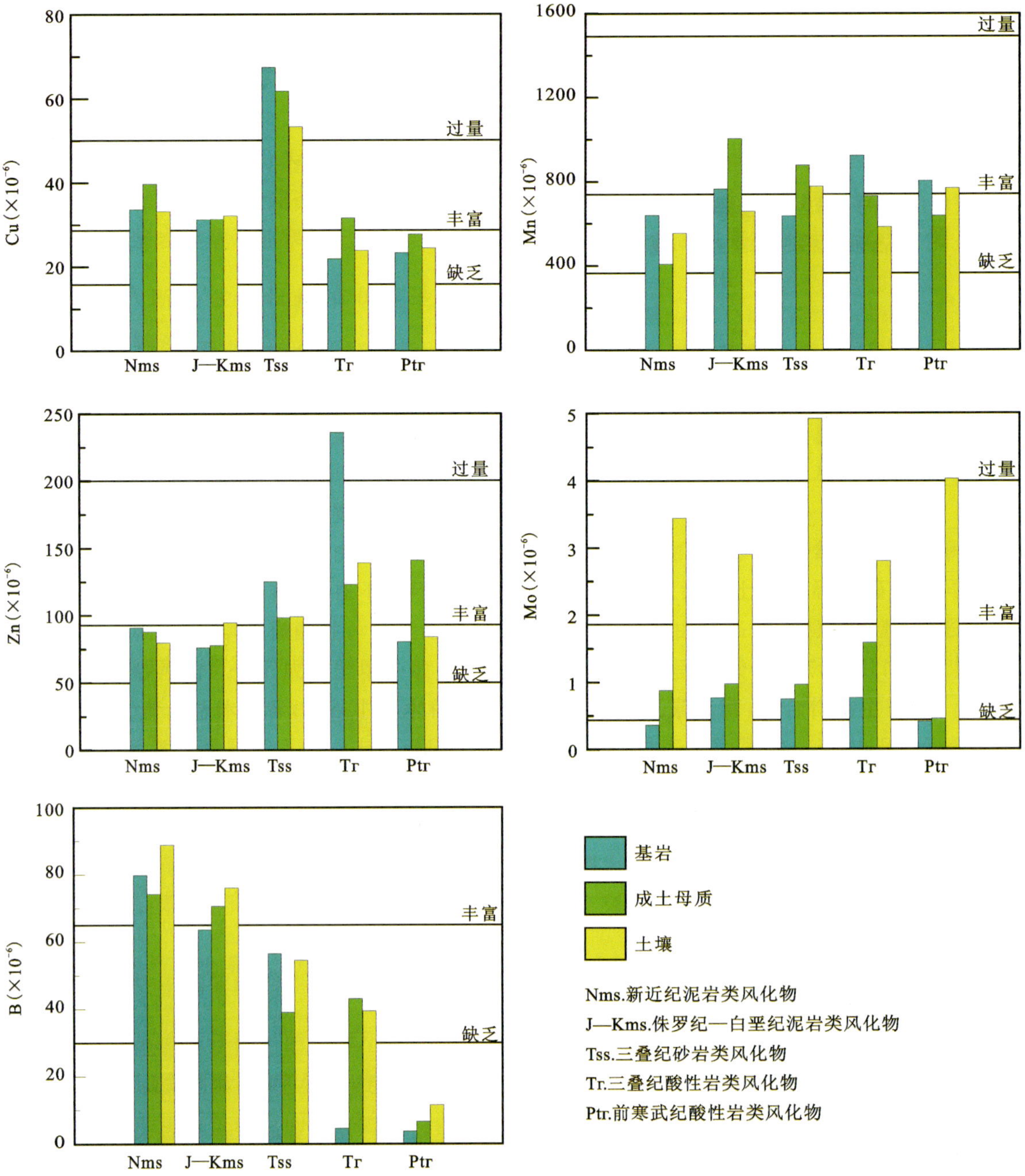

图 2-17 基岩-成土母质-土壤元素含量变化图解

Ni 等含量高，其对应的土壤中它们的含量也相应富集；侏罗纪—白垩纪陆相泥质碎屑岩建造富 Si 元素，其发育的紫色土 Si 元素含量同样也高。这种现象说明，土壤元素种类及含量主要取决于岩石类型及理化特征。其次，在同类成土母岩上形成的土壤，某些微量元素含量也变化较大，这可能是在成土过程中的生态环境条件改变如雨水淋滤、微生物改造、人类活动影响造成的。

此外，构造活动也能影响土壤的元素组成和成土速率。磨盘山-昔格达断裂带、安宁河断裂带和则木河断裂带由南北向贯穿西昌市。这些断裂带穿越了泥岩、砂岩、灰岩、玄武岩及第四系等不同时代不同类型的岩石（沉积物），以及紫色土、红壤、水稻土等土壤类型。断裂带活动必然导致岩石破碎和元素的迁移，从而对土壤中元素的分布以及成土速度等形成影响。

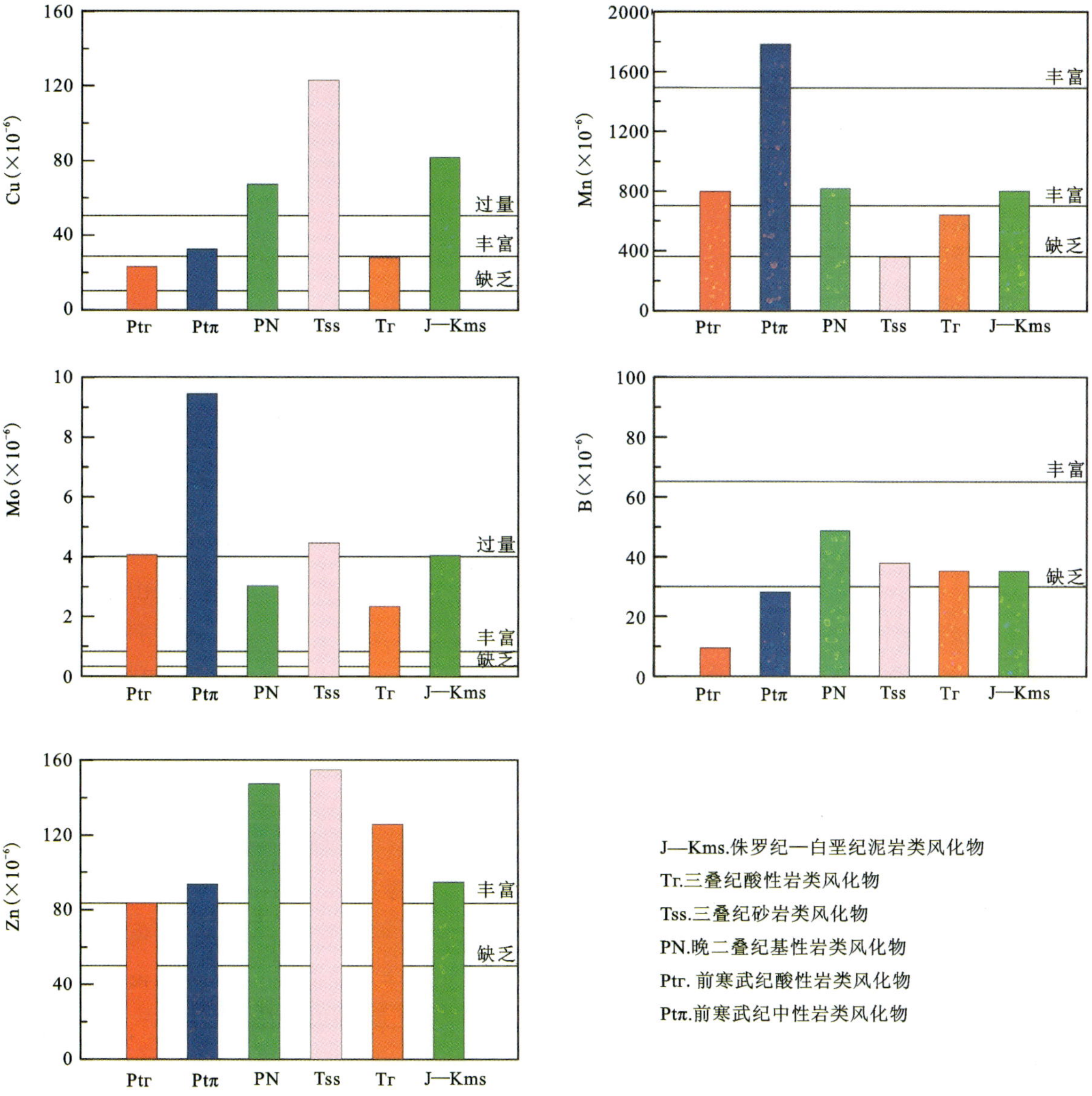

图 2-18 不同成土母质产生的红壤营养元素含量图

二、西昌市成土母质特征

土壤是生态系统所涉及的岩石圈、水圈、大气圈、生物圈等多圈层的物质和能量的重要媒介(李小雁和马育军,2016;COLEMAN et al.,2004;孙向阳,2005;龚子同和张甘霖,2006;汪振立,2013;杨建锋和张翠光,2014;BRADY and WEIL et al.,2017;聂洪峰等,2019;XU et al.,2019),土壤是在成土母质的基础上形成和发育的“独立自然体”。土壤在形成过程中,成土母质的许多特性如质地、颜色、矿物成分等都被不同程度地继承下来。成土母质是地表岩石经风化作用形成的松散风化物,是土壤的初始状态,土壤和成土母质的成分主要受控于下伏基岩。

目前,关于成土母质的分类存在多种方案,从不同角度诠释了成土母质与土壤的成因联系。例如,以运移特点为主线的划分方案，有效反映了土壤与下伏成土母岩的"母子关系"，却不利于认识土壤的形成和发育特性；以地质岩性条件为基础建立的成土母质分类标准能突出地质条件对土壤的制约，但该分类标准也存在不少的问题，如岩石类型分类混乱，或缺少地质年代、构造因素的统一考虑等。岩石分类混乱问题在变质岩中尤为常见，利用变质程度或变质作用分类的变质岩交替使用，这就导致同一变质岩同时出现在不同的分类中；基于成土母岩岩性这一单一因素的成土母质划分方案，由于缺少年代、构造因素的统一考虑，难以反映不同构造单元和成岩环境下成土母质的差异。由于目前土壤调查使用的土壤分类基础不同于成土母质的分类，从而导致同一成土母质能存在一种或多种土类，而同一土类也可发育在不同的成土母质上，不能反映土壤类型与下伏地质单元的成因联系。

不同建造类型的形成环境、岩石矿物组合、地球化学背景、地质遗迹、地质灾害、工程地质、水文地质等的基准特征和发育规律不同，而同类建造则多形成相似的生态地质背景和生态功能特征（卫晓锋等，2019）。地质建造为土壤和植被的物质基础，构造则关联着地形地貌，地质建造和构造还共同影响地下水与地质灾害，从而影响局部的生态环境。地质建造是土壤圈的物质基础，采用地质建造分析方法，基于地质建造的土壤研究，有利于快速了解土壤的生态地质背景特征，便于有针对性地开展生态地质调查和生态脆弱性评价工作。

吴次芳（1992）对浙江省成土母质与其对应的土壤微量元素进行研究，发现母质类型直接影响土壤微量元素在不同空间上的分布，不同地质时代同一母质类型上发育的土壤，它的微量元素存在显著差异。因此，在对成土母质类型划分时应考虑岩石类型、地质年代、构造等因素综合进行。有学者认为，成土母质是岩石风化残积或搬运再积、未来可形成土壤的疏松堆积物，成土母质划分要依据成土母岩的的形成环境和结构构造。与平原区不同，中—高山区土壤多是下伏成土母岩建造就近风化而成，并发育由高背景元素岩石→高背景土壤→高背景生态（植被）的自然传导链，中—高山区的成土母质分类应依据成土母岩的岩石性质才能体现成土过程中的特征和同形成土壤的性状关联。成土母岩的类型依据主要造岩矿物的组成来划分，而造岩矿物的组成则反映了主量元素的含量，因此不同时代形成的相似岩性的成土母岩，主量元素的组成应该是相似的。然而，不同时代不同大地构造单元地质体具有不同的建造环境，在不同的建造环境下形成的岩石，它的微量元素含量具有明显的差异。

因此，成土母质单元的划分方案应该以"成土母岩-成土母质-土壤"的联系为依据，从地球系统科学的角度，突出地质条件对成土过程的控制作用，进而反映成土母质单元的生态地质背景和生态功能特征。总体来说，成土母质单元划分应该在地质建造单元划分的基础上，以成土母岩类型为基础，兼顾地质地貌、构造等因素来进行。

根据地层出露情况，从成土母岩岩性角度分析，沉积岩区的成土母质可划分为3类：砂岩类风化物、泥岩类风化物、碳酸盐岩类风化物。

对于岩浆岩区，对矿物组合特点和化学成分类似的岩浆岩进行归并。花岗岩、花岗闪长岩、流纹岩等酸性岩的矿物成分相似，仅结构有差异，它们的风化物所形成的土壤都具有含颗粒的石英砂、盐基饱和度低、易酸化等共同特点；相同气候和相同海拔条件下，闪长岩、粗面岩、安山岩等中性火山岩形成的土壤性质相似；玄武岩和辉绿岩所形成的土壤具有相似的特征，如土壤质地为壤质或稍黏重，含有大量的Ca、Mg、P等元素，养分状况良好，保水性能强；由于火山碎屑岩兼具沉积岩和岩浆岩的特征，而西昌地区的火山碎屑岩（列古六组、开建桥组）更偏向于岩浆岩的性质，因此将西昌地区的火山碎屑岩风化物作为岩浆岩类风化物的一类处理。根据上述原则，西昌市与岩浆岩有关的成土母质分为基性岩风化物、中性岩风化物、酸性岩风化物和火山碎屑岩类风化物4类。

变质岩分类方案众多，以变质程度、变质作用类型等分类所建立起来的成土母质很难反映变质岩在成土过程中的差异，而采用化学分类的变质岩却能与土壤发育特点相联系。因此，本方案将与变质岩有关的成土母质划分为泥质变质岩类风化物、长英质变质岩类风化物、钙质变质岩类风化物、基性变质岩类风化物和镁质变质岩类风化物5类。

第四纪残坡积物作为基岩的原地或短距离风化物处理，它们形成的成土母质归到所处基岩风化物里面，而第四纪冲洪积物、湖积物等是成土母岩经长距离搬运的产物，母岩来源复杂，它的风化物单独作为一类成土母质处理。考虑到成图精度要求，对出露面积较小的成土母质单元与附近的成土母质单元进行归并处理。成土母质命名采用建造单元加岩石大类名称，再加上后缀“风化物”。

按照上述成土母质分类原则，西昌市成土母质可划分为新生代断陷盆地松散堆积风化物、中生代陆相盆地碎屑岩类风化物、中生代中酸性岩浆岩风化物、古生代基性岩浆岩风化物、古生代被动陆缘碳酸盐岩和碎屑岩风化物、前寒武纪中酸性岩类风化物和前寒武纪基性岩类风化物7个大类，进一步划分为第四纪冲洪积风化物、新近纪泥岩类风化物、侏罗纪—白垩纪泥岩类风化物、三叠纪砂岩类风化物、三叠纪泥质变质岩类风化物、三叠纪酸性岩类风化物、三叠纪中性岩类风化物、晚二叠世基性岩类风化物、震旦纪—二叠纪早期碳酸盐岩类风化物、寒武纪泥岩类风化物、前寒武纪火山碎屑岩类风化物、前寒武纪酸性岩类风化物、前寒武纪中性岩类风化物和前寒武纪基性岩类风化物14个类(表2－6,图2－19)。

三、西昌市土壤类型及分布特征

根据《凉山州土壤》(凉山州土壤普查办公室，1987a)和《凉山州土种志》(凉山州土壤普查办公室，1987b)，西昌全市土壤种类主要包括5个土纲，6个土类(图2－20，表2－7)，包括高山土纲(黑毡土)、淋溶土纲(棕壤、黄棕壤)、铁铝土纲(红壤)、初育土纲(紫色土)、人为土纲(水稻土)，其中水稻土、紫色土、红壤分布最为广泛。

受不同成土母岩岩性、地形地貌、气候、水热条件、生物活动、人类活动等条件的差异影响，土壤带存在一定的垂向分带性和水平分带性。在垂向分带上，黑毡土主要分布在牦牛山和螺髻山山脊、山原等地区；棕壤主要分布在黑毡土以下的牦牛山中部地区；黄棕壤位于棕壤以下的牦牛山、螺髻山中部地区；紫色土、红壤主要分布在黄棕壤以下的中低山区；水稻土则位于河谷、盆地区。在水平分带上，安宁河谷以东地区主要分布着紫色土，安宁河谷地区主要分布着水稻土，安宁河谷西岸主要分布着红壤，牦牛山和螺髻山较高海拔区则主要分布着黑毡土、棕壤和黄棕壤。

黑毡土又称亚高山草甸土，发育在高原亚热带，在垂向分带上位于高山垂直带上部的森林郁闭线以上的草甸植被下，属于高山土纲。棕壤又称棕色森林土，是亚热带林地中淋溶作用形成的土壤，分布在中—高海拔区的乔木和草灌植被下。黄棕壤是亚热带林地中，经强度淋溶形成的土壤，分布在中—高海拔区的乔木和草灌植被下。在西昌市，黑毡土、棕壤、黄棕壤这3类土壤主要分布在较高海拔的牦牛山、磨盘山、螺髻山等中—高海拔山区，3种类型土壤的分布主要与海拔、地貌和气候有关，与成土母岩没有太大的关联性。

在中—低海拔区，土壤的分布则与地质单元的分布密切相关。红壤为在亚热带地区湿热条件下铁铝质岩石风化而成的土壤。在西昌市，红壤主要由三叠纪长英质碎屑岩、三叠纪中酸性侵入岩、前寒武纪中酸性侵入岩风化而来，分布于这些地质单元之上，如民胜、开元、马鞍山、磨盘、荞地、大箐等地。紫色土为亚热带地区由富含碳酸钙的紫红色砂泥岩风化而成的初育土，主要由白垩纪、侏罗纪、古近纪、新近纪的泥质碎屑岩风化而来，主要分布于这些地质单元所在的地区，如安宁河东岸的东河、普诗、玛增依乌乡、四合、川兴、海南和洛古波等地。水稻土为人为土，是长期耕作形成的，它的分布与第四纪盆地和沟谷的分布范围相对应，主要分布在安宁河谷和邛海盆地等地区。

表 2-6 西昌市成土母质分类表

成土母质单元			与成土母质单元对应的地质单元			来源	分布
大类	类	代号	名称	代号	建造环境		
新生代断陷盆地松散堆积风化物	第四纪冲洪积风化物	Qapl	第四系	Q	陆相水流	经过河流和洪水长距离搬运的沉积物风化而来	河流的两岸及河床区
	新近纪泥岩类风化物	Nms	昔格达组	N_2x	河流-湖泊	泥岩、页岩、粉砂岩风化而来	四合、大箐、经久、太和、樟木箐等地
中生代陆相盆地碎屑岩类风化物	侏罗纪—白垩纪泥岩类风化物	J—Kms	雷打树组、小坝组、飞天山组、牛滚凼组、官沟组、新村组、益门组	KEl、$K_{1\text{-}2}x$、J_3n、J_3g、J_2x、$J_{1\text{-}2}y$	河流-湖泊	泥岩、页岩、粉砂岩风化而来	安宁河谷东岸的东河、玛增依乌、普诗、海南、四合马道、洛古波、小庙以及西岸的磨盘等地
	三叠纪砂岩类风化物	Tss	白果湾组、宝顶组	T_3bg、T_3bd	河流-湖泊	石英砂岩风化而来	安哈、黄联关、银厂、白马、巴汝、马鞍山等地
	三叠纪泥质变质岩类风化物	Tam	大荞地组、丙南组	T_3dq、T_3bn	河流-湖泊	绢云板岩等风化而来	安宁河谷西岸开元等地
中生代中酸性岩浆岩风化物	三叠纪酸性岩类风化物	Tr	晚三叠世酸性岩类	$\gamma\beta T_3$、$\chi\gamma T_3$、$\chi\zeta o T_3$	侵入建造	晚三叠世黑云母花岗岩、钠闪石英正长岩、钠闪花岗岩风化而来	安宁河谷西岸开元、太和、荞地、阿七等地
	三叠纪中性岩类风化物	Tπ	晚三叠世中性岩类	$\chi\zeta T_3$	侵入建造	钠闪正长岩风化而来	安宁河谷西岸开元、太和等地
古生代基性岩浆岩风化物	晚二叠世基性岩类风化物	PN	晚二叠世峨眉山玄武岩、辉长岩	P_3em、νP_3	陆相熔岩、火山碎屑岩、侵入岩相	玄武岩、辉长岩风化而来	雅砻江东岸及安宁河谷西岸太和等地

续表 2-6

成土母质单元			与成土母质单元对应的地质单元			来源	分布
大类	类	代号	名称	代号	建造环境		
古生代被动陆缘碳酸盐岩和碎屑岩风化物	震旦纪—二叠纪早期碳酸盐岩类风化物	Z—Pca	阳新组、黄龙组、干沟组、烂泥箐组、曲靖组、坡脚组、稗子田组、灯影组、观音崖组	P_2y、C_2h、D_3gg、D_2ln、D_2q、D_1pj、S_2b、$Z\in d$、$Z_{1\text{-}2}g$	潟湖相、潮坪相、浅海陆棚相	灰岩、泥质灰岩、白云岩风化而来	雅砻江东岸
	寒武纪泥岩类风化物	∈ms	沧浪铺组、筇竹寺组	$\in_2c$、$\in_2q$	滨海-浅海-陆棚	石英粉砂岩、泥质粉砂岩、白云岩、页岩风化而来	安哈等地
前寒武纪中酸性岩类风化物	前寒武纪火山碎屑岩类风化物	Ptpr	列古六组、开建桥组	Pt_3lg、Pt_3k、	火山沉积相	凝灰岩、凝灰质砂岩、凝灰质泥岩风化而来	黄水、安哈等地
	前寒武纪酸性岩类风化物	Ptr	新元古代酸性岩类、中元古代花岗岩	$\eta\gamma Pt_3$、$\sigma o Pt_3$、$\gamma\sigma Pt_3$、γPt_2等	侵入建造	斜长花岗岩、英云闪长岩、花岗闪长岩、石英闪长岩等风化而来	安宁河谷西岸民胜、银厂、太和、开元、磨盘、银厂等
	前寒武纪中性岩类风化物	Ptπ	新元古代中性岩类	σPt_3	侵入建造	闪长岩风化而来	安宁河谷西岸民胜、荞地、阿七等地
前寒武纪基性岩类风化物	前寒武纪基性岩类风化物	PtN	新元古代基性岩类	νPt_3	侵入建造	辉长岩风化而来	安宁河谷西岸民胜、琅环等地

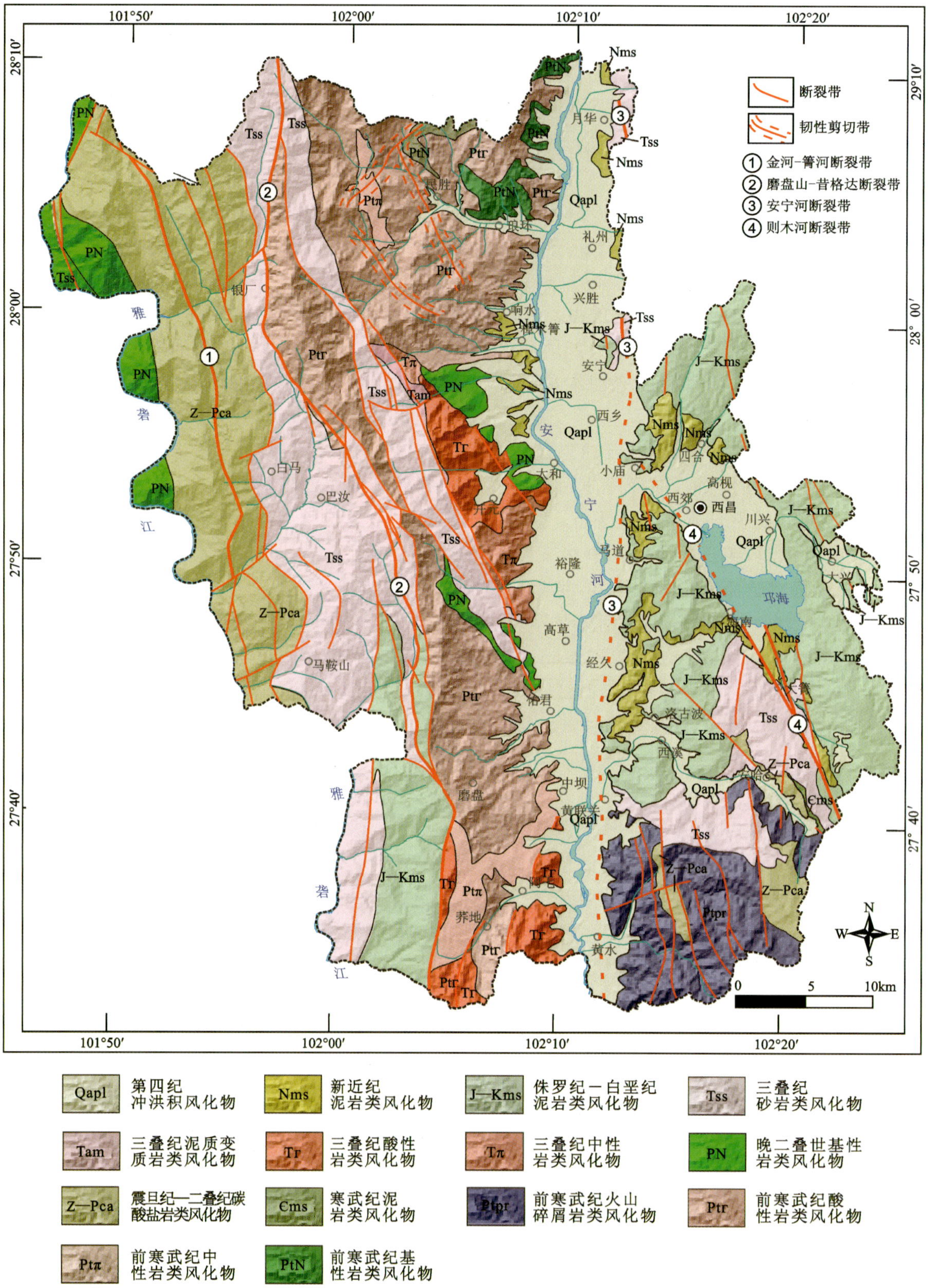

图 2-19 西昌市不同类型成土母质分布简图

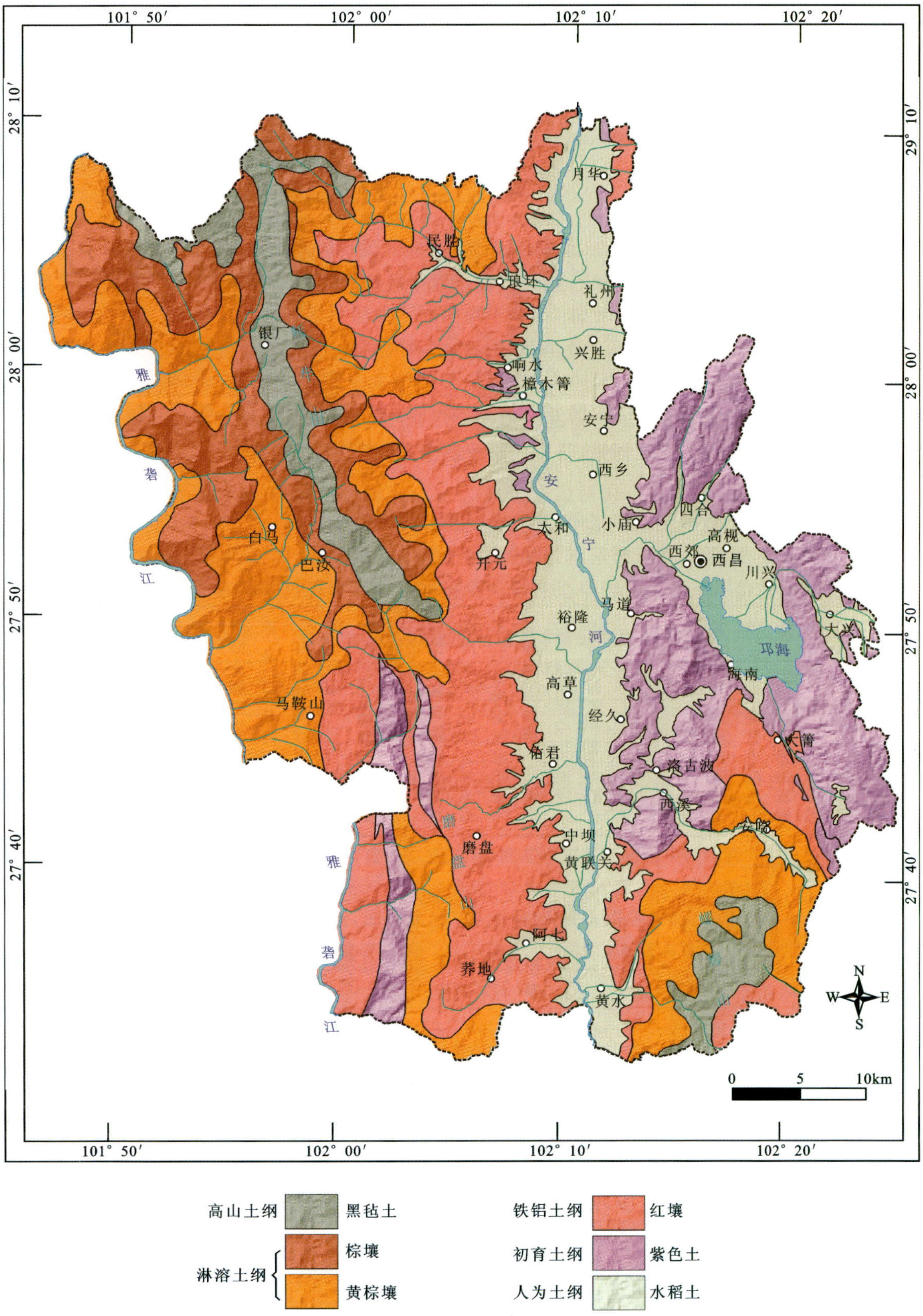

图 2－20　西昌市土壤类型分布简图(据凉山州土壤普查办公室,1987a 修改)

表 2-7 西昌市土壤类型情况一览表

土纲	土类	分布位置	土壤特征
高山土纲	黑毡土	分布在螺髻山、牦牛山山脊和山原等高海拔地区	又称亚高山草甸土，发育于高原亚热带草甸植被下。草皮层较薄而松软，腐殖质层较厚，有机质含量较高，有机物的腐化程度也较强。表层有明显的腐殖质积聚，盐基饱和度较低，呈酸性至中性反应
淋溶土纲	棕壤	主要分布在黑毡土以下的牦牛山中海拔地区	又称棕色森林土，是亚热带林地中淋溶作用形成的土壤。存在黏化层，伴有不同程度的淋溶黏化，质地上层轻、下层黏；表层腐殖酸与枯枝落叶腐解残留的盐基形成盐类，盐基饱和度较高
	黄棕壤	分布在棕壤和黑毡土以下，牦牛山、磨盘山、螺髻山山腰等低海拔地区	分布于亚热带林地中，经强淋溶形成的土壤，呈强酸性反应，盐基不饱和的弱富铝化土壤质地均较黏重，黏粒的淋溶和聚集过程亦甚强烈，形成黏重的心土层或黏盘；土粒表面有铁锰薄膜
铁铝土纲	红壤	分布在中低海拔的浅山、丘陵、盆地区	分布于亚热带地区，铁铝质岩石风化而成的土壤，抗旱蓄水力弱，酸性强，含有大量 H^+、Al^{3+}，养分贫瘠，含较多的铁铝氧化物
初育土纲	紫色土	西昌东部及西南部盆地和丘陵	分布在热量丰富、降水量充沛的中低海拔地区，成土母岩为侏罗纪—白垩纪紫红色砂泥岩，土层浅薄，易成土，易流失，富含钙质（碳酸钙）和 P、K 等营养元素，肥沃
人为土纲	水稻土	分布在安宁河谷、邛海盆地等地区	自然和人为因素共同作用下而形成的特殊土壤类型。土壤受还原淋溶和氧化淀积作用交替影响，形成特殊的水文层次

四、西昌市土壤地质特征

目前土壤分类系统纷繁复杂，没有较为统一的方案，主要有美国土壤诊断分类、苏联的土壤发生分类、西欧的土壤形态发生学分类和 FAO/UNESCO 土壤分类等。我国则主要探索发生学分类体系的分类方案，该分类体系主要以土壤成土条件和属性为依据，奠定了我国土壤调查的基础。

土壤是岩石风化形成成土母质后进一步的成土作用而来，因此岩石是物质基础，土壤在形成过程中，成土母岩的许多特性如质地、颜色、矿物成分等都被不同程度地继承下来。土壤地质单元强调成土母岩（下伏基岩）→成土母质→土壤的演化关系，将理化性质相似的岩石风化物归为同一成土母质。不同类型母质能反映成土后的性质差异，其分布情况也能指示土壤类型分布规律；能有效区分同一成土母质上的不同土壤类型，为研究气候、地形等因素的成土作用提供了契机；也能明确基岩的矿物组成和理化性状对土壤中元素含量、成土速度和成土方向的影响，从而指导土壤利用、评价和规划。总体来说，基于地质建造的土壤地质单元的建立，能对土壤差异性发生机理的解释提供地质学依据，总结各土壤地质单元的生态地质背景和生态功能特征，也可针对性地开展生态地质调查和生态脆弱性评价工作。

土壤地质单元是根据地质资料、结合成土特征提出的一种新型土壤分类方法，其实质就是在充分考虑气候、生物、地形、时间等成土因素的同时，抓住母岩—母质—土壤三者之间的成因联系（图 2-21），找出成土母岩岩性、矿物成分、结构构造、地球化学特征对土壤结构、质地、厚度、微量营养元素的制约关系，为生态地质调查提供科学的依据。土壤地质单元是成土母质单元和土壤类型相交结合而成，成土母质图与土壤类型分布图进行空间相交处理，经综合、取舍，对编图单元界线修正与整饰，便形成土壤地质

图 2-21　西昌市典型土壤地质单元剖面图

a. 侏罗纪—白垩纪泥岩类(飞天山组)紫色土风化壳；b. 侏罗纪—白垩纪泥岩类(小坝组)紫色土风化壳；c. 三叠纪砂岩类(宝顶组)棕壤风化壳；d. 新近纪泥岩类(昔格达组)紫色土风化壳；e. 新近纪泥岩类(昔格达组)紫色土风化壳；f. 三叠纪砂岩类(宝顶组)红壤风化壳；g. 前寒武纪酸性岩类棕壤风化壳；h. 三叠纪酸性岩类红壤风化壳；i. 三叠纪砂岩类(宝顶组)黄棕壤风化壳；O 层. 有机层；A 层. 腐殖层；B 层. 淀积层；C 层. 母质层；R_1 层. 半风化成土母岩层

单元图。土壤地质单元表达“基于地学意义的成土母质”和“土壤类型”的关联，主要涉及岩石、成土母质和土壤三部分，其命名采取“时代＋成土母质＋土壤类型”。

在图件编制过程中，将成土母质图和土壤类型图相交处理，并依据编图精度要求对土壤地质单元进行简化和归并。归并原则主要是将出露面积较小的土壤地质单元，结合地质体类型、形态和地形地貌特征，与较大的土壤地质单元归并，但对出露面积较小、具特殊意义的土壤地质单元则进行了夸大表示。

按照上述编图原则，西昌市土壤地质单元类型有第四纪冲洪积水稻土、新近纪泥岩类黄棕壤、新近纪泥岩类紫色土、侏罗纪—白垩纪泥岩类黄棕壤、侏罗纪—白垩纪泥岩类紫色土、三叠纪砂岩类黑毡土、三叠纪砂岩类棕壤、三叠纪砂岩类黄棕壤、三叠纪砂岩类红壤、三叠纪泥质变质类红壤、三叠纪酸性岩类黄棕壤、三叠纪酸性岩类红壤、三叠纪中性岩类红壤、晚二叠世基性岩类棕壤、晚二叠世基性岩类黄棕壤、晚二叠世基性岩类红壤、震旦纪—二叠纪早期碳酸盐岩类黑毡土、震旦纪—二叠纪早期碳酸盐岩类棕壤、震旦纪—二叠纪早期碳酸盐岩类黄棕壤、寒武纪泥岩类黄棕壤、前寒武纪酸性岩类黑毡土、前寒武纪酸性岩类棕壤、前寒武纪酸性岩类黄棕壤、前寒武纪酸性岩类红壤、前寒武纪中性岩类黄棕壤、前寒武纪中性岩类红壤、前寒武纪火山碎屑岩类黑毡土、前寒武纪火山碎屑岩类黄棕壤、前寒武纪火山碎屑岩类红壤、前寒武纪基性岩类黄棕壤和前寒武纪基性岩类红壤 31 个类(表 2-8，图 2-22、图 2-23，附图1～附图 3)。

表 2-8　西昌市土壤地质单元一览表

土壤地质单元		对应成土母岩地质单元		分布
名称	代号	名称	代号	
第四纪冲洪积水稻土	Qapl6	第四系	Q	河流的两岸及河床区
新近纪泥岩类黄棕壤	Nms3	昔格达组		四合、大箐、经久、太和、樟木箐等地
新近纪泥岩类紫色土	Nms5	昔格达组	N_2x	安哈等地
侏罗纪—白垩纪泥岩类黄棕壤	J—Kms3	新村组、益门组	J_2x、$J_{1-2}y$	安哈等地
侏罗纪—白垩纪泥岩类紫色土	J—Kms5	雷打树组、小坝组、小坝组、飞天山组、牛滚凼组、官沟组、新村组、益门组	KEl、$K_{1-2}x$、K_1f、J_3n、J_3g、J_2x、$J_{1-2}y$	四合、马道、洛古波、小庙、西溪、大箐及邛海西岸等地
三叠纪砂岩类黑毡土	Tss1	白果湾组、宝顶组	T_3bg、T_3bd	安哈、银厂、白马、巴汝等地
三叠纪砂岩类棕壤	Tss2	白果湾组、宝顶组	T_3bg、T_3bd	银厂、白马、巴汝等地
三叠纪砂岩类黄棕壤	Tss3	白果湾组、宝顶组	T_3bg、T_3bd	安哈、黄联关、银厂、白马、巴汝、马鞍山等地
三叠纪砂岩类红壤	Tss4	白果湾组、宝顶组	T_3bg、T_3bd	安哈、黄联关、太和等地
三叠纪泥质变质类红壤	Tam4	大荞地组、丙南组	T_3dq、T_3bn	安宁河谷西岸开元等地
三叠纪酸性岩类黄棕壤	Tr3	晚三叠世酸性岩类	$\gamma\beta T_3$、$\chi\gamma T_3$、$\chi\zeta o T_3$	安宁河谷西岸开元、太和等地
三叠纪酸性岩类红壤	Tr4	晚三叠世酸性岩类	$\gamma\beta T_3$、$\chi\gamma T_3$、$\chi\zeta o T_3$	安宁河谷西岸开元、太和等地
三叠纪中性岩类红壤	Tπ4	晚三叠世中性岩类	$\chi\zeta T_3$	安宁河谷西岸开元、太和等地
晚二叠世基性岩类棕壤	PN2	晚二叠世峨眉山玄武岩、辉长岩	P_3em、νP_3	雅砻江东岸及安宁河谷西岸开元等地
晚二叠世基性岩类黄棕壤	PN3	晚二叠世峨眉山玄武岩、辉长岩	P_3em、νP_3	雅砻江东岸及安宁河谷西岸开元等地
晚二叠世基性岩类红壤	PN4	晚二叠世峨眉山玄武岩、辉长岩	P_3em、νP_3	雅砻江东岸及安宁河谷西岸开元等地
震旦纪—二叠纪早期碳酸盐岩类黑毡土	Z—Pca1	干沟组、烂泥箐组、曲靖组、坡脚组、稗子田组、灯影组	D_3gg、D_2ln、D_2q、D_1pj、S_2b、$Z\in d$	雅砻江东岸及安哈等地
震旦纪—二叠纪早期碳酸盐岩类棕壤	Z—Pca2	阳新组、黄龙组、干沟组、烂泥箐组、曲靖组、坡脚组、稗子田组、灯影组	P_2y、C_2h、D_3gg、D_2ln、D_2q、D_1pj、S_2b、$Z\in d$	雅砻江东岸及安哈等地

续表 2-8

土壤地质单元		对应成土母岩地质单元		分布
名称	代号	名称	代号	
震旦纪—二叠纪早期碳酸盐岩类黄棕壤	Z—Pca3	阳新组、黄龙组、干沟组、烂泥箐组、曲靖组、坡脚组、稗子田组、灯影组、观音崖组	P_2y、C_2h、D_3gg、D_2ln、D_2q、D_1pj、S_2b、$Z\in d$、$Z_{1\text{-}2}g$	雅砻江东岸及安哈等地
寒武纪泥岩类黄棕壤	∈ms3	沧浪铺组、筇竹寺组	$\in_2c$、$\in_2q$	安哈等地
前寒武纪酸性岩类黑毡土	Ptr1	新元古代酸性岩类、中元古代酸性岩类	$\eta\gamma Pt_3$、$\sigma o Pt_3$、$\gamma\sigma Pt_3$、γPt_2等	安宁河谷西岸民胜、银厂等地
前寒武纪酸性岩类棕壤	Ptr2	新元古代酸性岩类、中元古代酸性岩类	$\eta\gamma Pt_3$、$\sigma o Pt_3$、$\gamma\sigma Pt_3$、γPt_2等	安宁河谷西岸民胜、银厂、磨盘等地
前寒武纪酸性岩类黄棕壤	Ptr3	新元古代酸性岩类、中元古代酸性岩类	$\eta\gamma Pt_3$、$\sigma o Pt_3$、$\gamma\sigma Pt_3$、γPt_2等	安宁河谷西岸开元、磨盘、荞地、银厂等地
前寒武纪酸性岩类红壤	Ptr4	新元古代酸性岩类、中元古代酸性岩类	$\eta\gamma Pt_3$、$\sigma o Pt_3$、$\gamma\sigma Pt_3$、γPt_2等	安宁河谷西岸开元、磨盘、荞地、银厂等地
前寒武纪中性岩类黄棕壤	Ptπ3	新元古代中性岩类	σPt_3	安宁河谷西岸民胜、荞地等地
前寒武纪中性岩类红壤	Ptπ4	新元古代中性岩类	σPt_3	安宁河谷西岸民胜、荞地等地
前寒武纪火山碎屑岩类黑毡土	Ptpr1	列古六组、开建桥组	Pt_3lg、Pt_3k、	黄水、安哈等地
前寒武纪火山碎屑岩类黄棕壤	Ptpr3	列古六组、开建桥组	Pt_3lg、Pt_3k、	黄水、安哈等地
前寒武纪火山碎屑岩类红壤	Ptpr4	列古六组、开建桥组	Pt_3lg、Pt_3k、	黄水、安哈等地
前寒武纪基性岩类黄棕壤	PtN3	新元古代基性岩类	νPt_3	安宁河谷西岸民胜、琅环等地
前寒武纪基性岩类红壤	PtN4	新元古代基性岩类	νPt_3	安宁河谷西岸民胜、琅环等地

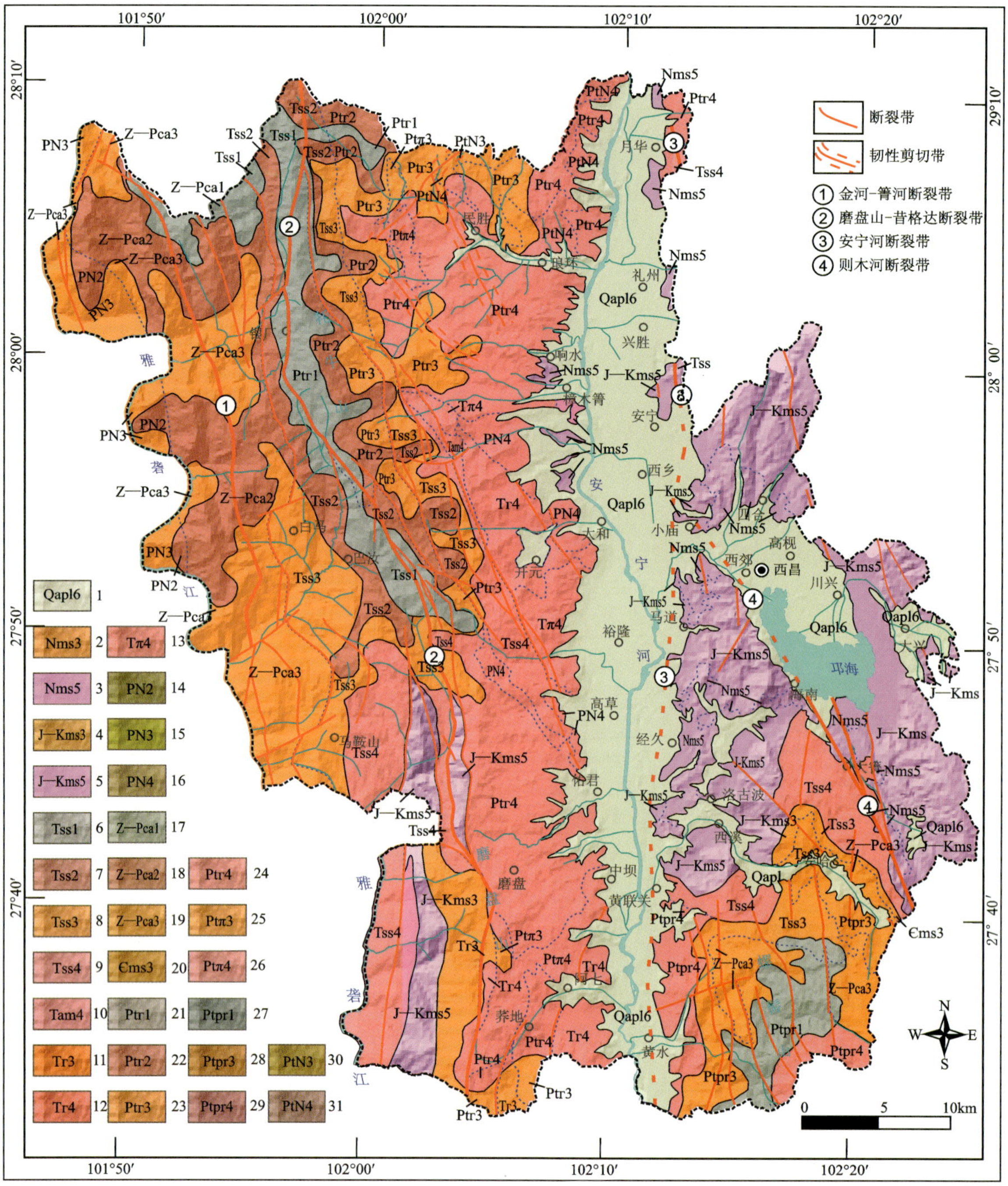

图 2-22 西昌市土壤地质单元简图

1.第四纪冲洪积物水稻土;2.新近纪泥岩类黄棕壤;3.新近纪泥岩类紫色土;4.侏罗纪—白垩纪泥岩类黄棕壤;5.侏罗纪—白垩纪泥岩类紫色土;6.三叠纪砂岩类黑毡土;7.三叠纪砂岩类棕壤;8.三叠纪砂岩类黄棕壤;9.三叠纪砂岩类红壤;10.三叠纪泥质变质岩类红壤;11.三叠纪酸性岩类黄棕壤;12.三叠纪酸性岩类红壤;13.三叠纪中性岩类红壤;14.晚二叠世基性岩类棕壤;15.晚二叠世基性岩类黄棕壤;16.晚二叠世基性岩类红壤;17.震旦纪—二叠纪早期碳酸盐岩类黑毡土;18.震旦纪—二叠纪早期碳酸盐岩类棕壤;19.震旦纪—二叠纪早期碳酸盐岩类黄棕壤;20.寒武纪泥岩类黄棕壤;21.前寒武纪酸性岩类黑毡土;22.前寒武纪酸性岩类棕壤;23.前寒武纪酸性岩类黄棕壤;24.前寒武纪酸性岩类红壤;25.前寒武纪中性岩类黄棕壤;26.前寒武纪中性岩类红壤;27.前寒武纪火山碎屑岩类黑毡土;28.前寒武纪火山碎屑岩类黄棕壤;29.前寒武纪火山碎屑岩类红壤;30.前寒武纪基性岩类黄棕壤;31.前寒武纪基性岩类红壤

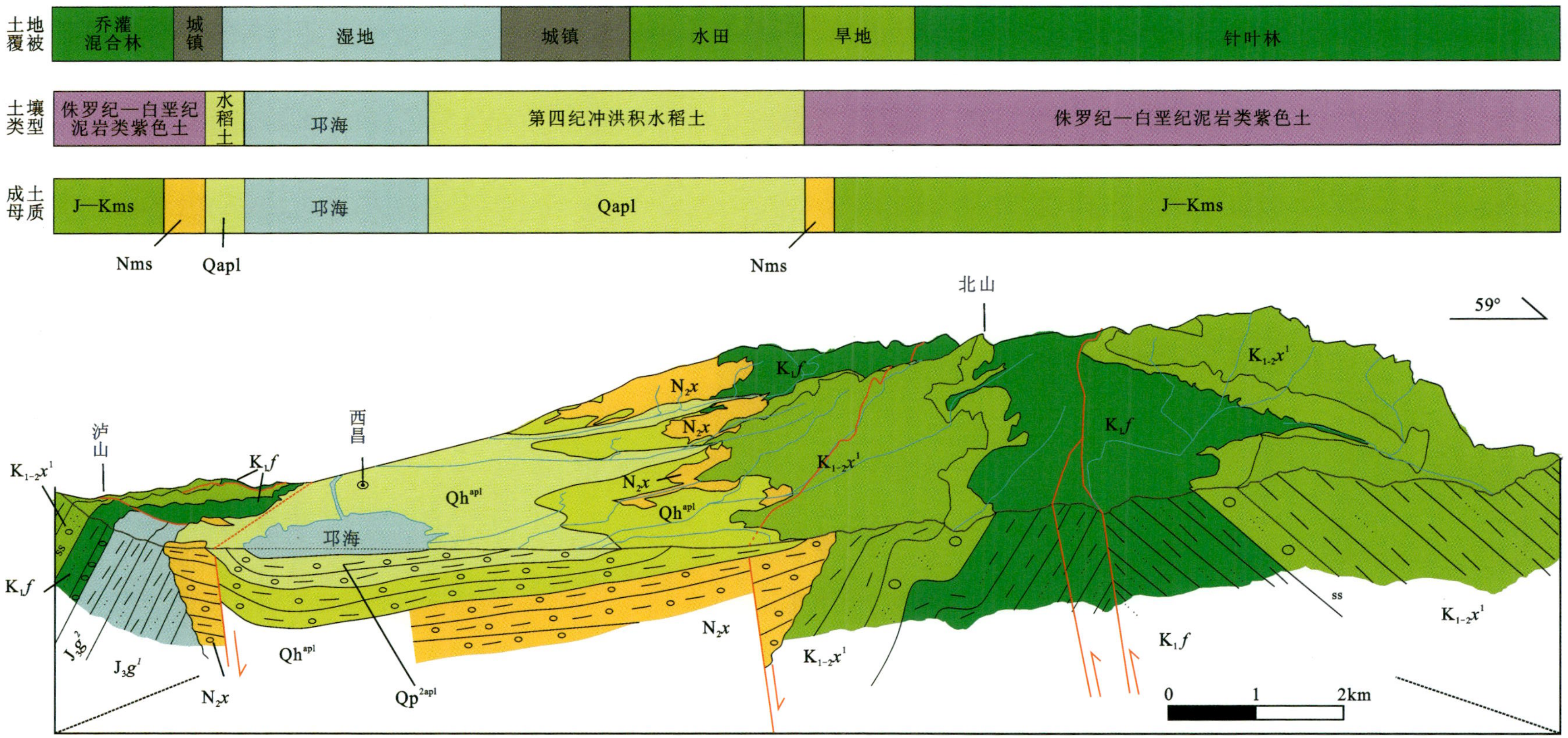

图 2-23　泸山—邛海—泸山北山三维地质结构模式图

Qh^{apl}. 全新统冲洪积物；Qp^{apl}. 更新统冲洪积物；N_2x. 新近系昔格达组；$K_{1-2}x^1$. 下中白垩统小坝组一段；K_1f. 下白垩统飞天山组；J_3g^2上侏罗统官沟组二段；J_3g^1上侏罗统官沟组一段；Qapl. 第四纪冲洪积风化物；Nms. 新近系泥岩类风化物；J—Kms. 侏罗纪—白垩纪泥岩类风化物

第四节　地质建造生态地质特征

一、地质建造对生态环境的制约

地质建造背景对于生态环境的一个直接的控制因素是母岩演化为成土母质后的含水能力。破碎程度过高或过低都会影响土壤的含水能力。

土壤含水率是土壤中所含水分的数量，一般是指土壤绝对含水量，土壤含水率是植物生长的最重要参数。区内的各种成土母质单元中，晚侏罗世泥岩类风化物及其形成的土壤含水率最低，其次为早白垩世泥岩类风化物，三叠纪泥质变质岩类风化物及其形成的土壤含水率最高(图 2－24)。这种现象应是侏罗纪—白垩纪泥岩较为致密，隔水作用明显，而三叠纪泥质变质岩主要为片岩、板岩类，裂隙发育广泛，含水量较多，具有很强的储水潜力。

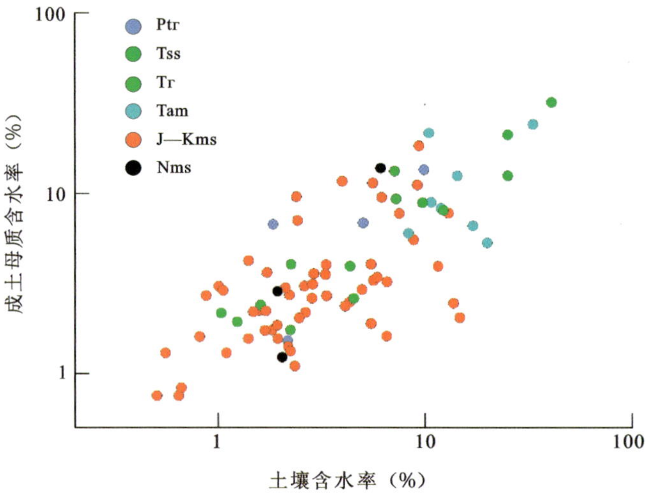

图 2－24　成土母质-土壤含水率图解

Ptr. 前寒武纪酸性岩类风化物；Tss. 三叠纪砂岩类风化物；Tr. 三叠纪酸性岩类风化物；
Tam. 三叠纪泥质变质岩类风化物；J—Kms. 侏罗纪—白垩纪泥岩类风化物；Nms. 新近纪泥岩类风化物

根据《土地质量地球化学评价规范》(DZT 0295－2016)，将研究区几种不同母质形成的土壤中的 5 种微量元素分级后进行统计评价(图 2－25)。总体来看，侏罗纪—白垩纪泥岩类风化物、三叠纪砂岩类风化物营养元素含量丰富；三叠纪酸性岩类风化物中的营养元素含量为适中—丰富；前寒武纪酸性岩类风化物中的营养元素较为缺乏；晚二叠世基性岩类风化物中的营养元素含量较为特殊，部分元素含量丰富甚至过量，呈两级分化趋势，受原岩控制明显。

土壤是人类周围环境中变化最复杂、最频繁，且各种信息最丰富、最敏感的部分，处于大气圈、岩石圈、水圈和生物圈的交接地带，各种界面反应、元素迁移、能量转换等过程长期而持久，其下的基岩为上述反应提供了物质基础和地球化学背景。而土壤中的微生物、植物等又在自身的发展过程中结合气候、环境、地形的多种因素对土壤进行改造，土壤的发育又会加速岩石的风化与分解。这种复杂而又巧妙的过程使土壤成为各个圈层之间的交互地带。

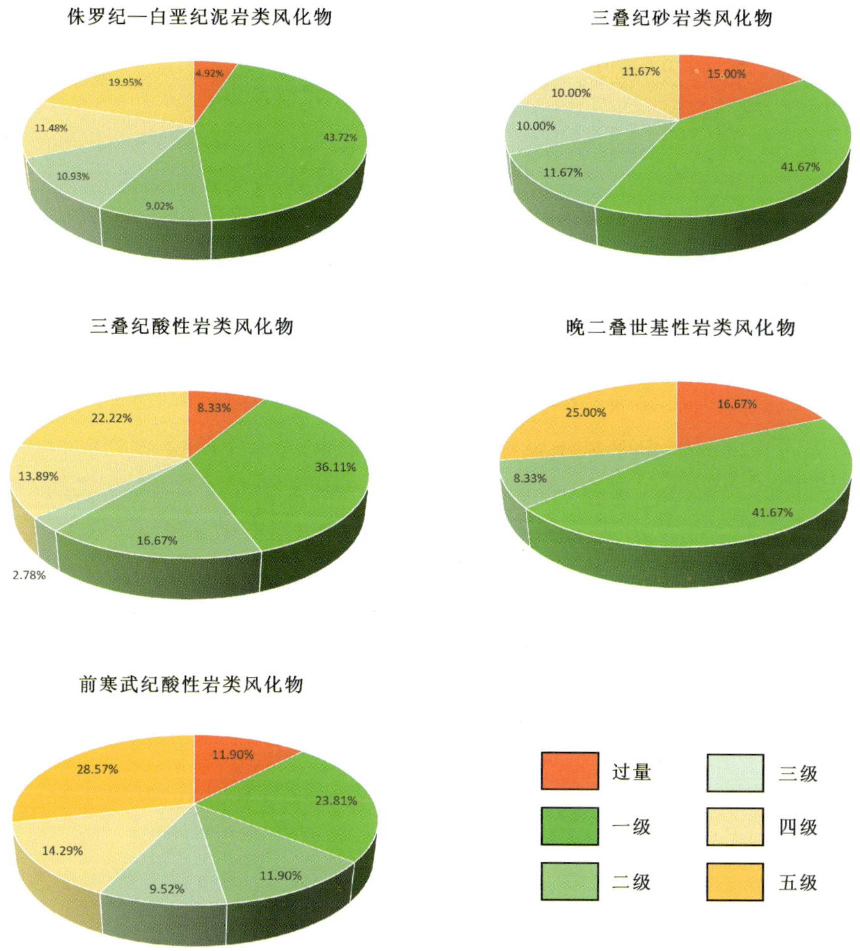

图 2-25 不同母质土壤营养元素评价图

由于植物从土壤溶液中吸收它们所需要的大部分营养，因而土壤的物理、化学以及生物学性质及其相互之间的作用都会影响土壤中营养元素的有效性。图 2-26 描述了不同圈层之间的元素迁移。

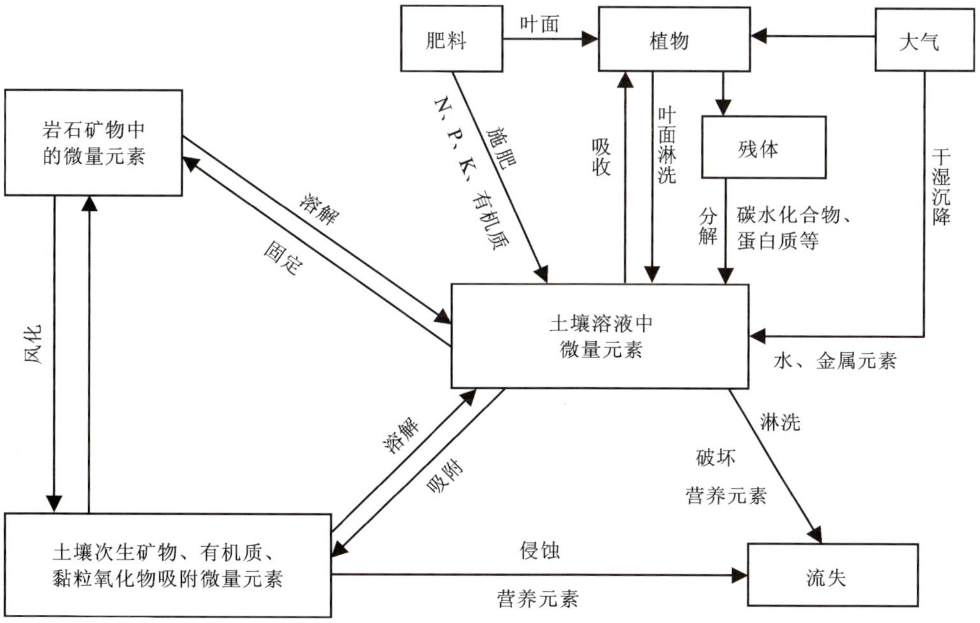

图 2-26 不同圈层间元素迁移图（王果，2009）

二、地质建造单元的生态地质特征

西昌市地质建造单元共分为7个大类，分别为新生代断陷盆地松散堆积建造、中生代陆相盆地碎屑岩建造、中生代中酸性岩浆岩建造、古生代基性岩浆岩建造、古生代被动陆缘碳酸盐岩和碎屑岩建造、前寒武纪中酸性岩浆岩建造及前寒武纪基性岩浆岩建造，下面对其生态地质特征分别进行介绍。

（一）新生代断陷盆地松散堆积建造

新生代断陷盆地松散堆积建造主要沿安宁河谷、安宁河流域、邛海西北侧分布，可进一步分为第四纪陆相松散堆积建造和新近纪陆相泥质碎屑岩建造两个次级建造单元。

地貌类型为断裂控制的河谷和盆地，河谷和盆地海拔一般在1500～2300m之间。断陷盆地在平面上呈长条形，从盆地边缘到中心由山麓洪积物过渡到河流-湖泊沉积物，在垂直方向上有河流冲积和洪积交互沉积记录。河谷呈近南北向宽狭相间展布，谷底宽阔平整。

第四纪陆相松散堆积建造主要由第四纪山地多成因松散堆积物组成。第四纪全新世冲积物结构疏松，风化层较厚，质地较均匀、黏细，在不同环境下风化形成新积土、泥炭土和沼泽土等。不同的土壤经耕作熟化形成水稻土，土壤呈微酸性。新近纪陆相泥质碎屑岩建造由昔格达组粉砂质泥岩、长石石英砂岩和砾岩组成。砂泥岩风化形成的土壤一般为紫色土，经淋溶后，呈弱酸性，富含K、Mg元素，而较贫乏有机质和N元素。总体来看，河谷中的水稻土土层深厚，营养元素丰富，适合作物生长。

建造区Cu元素含量属于适中—丰富；Mo、Mn和B元素含量表现为稍缺—适中；Zn元素含量总体偏低，但在太和镇附近Zn元素含量较为适中。总体来说，由于建造区内成土母质来源渠道较多，从而造成建造区局部元素含量差异较大（图2-27～图2-31）。

建造区内水资源十分丰富。地表水有安宁河、西溪河等大小河流，也存在邛海等断陷湖；地下水以盆地孔隙水和层间水为主，分布于河谷、河漫滩和Ⅰ级阶地。盆地边缘有地下水的排泄口，形成西溪、邛海等湿地。

地质灾害受安宁河等断裂控制，并沿断裂展布。该区属于地质灾害易发区，灾害类型有崩塌、滑坡、泥石流等。第四纪砂质黏土、黏质砂土、砂砾卵石等是泥石流的重要物源。

（二）中生代陆相盆地碎屑岩建造

中生代陆相盆地碎屑岩建造主要分布于安宁河东、西两侧，可进一步分为侏罗纪—白垩纪陆相泥质碎屑岩建造和三叠纪陆相砂质碎屑岩建造两个次级建造。侏罗纪—白垩纪陆相泥质碎屑岩建造大面积分布在安宁河谷东岸地区，在安宁河谷西岸的磨盘—荞地也有少量分布，由雷打树组、小坝组、飞天山组、官沟组、牛滚凼组、新村组和益门组组成。岩性以泥岩为主，含少量砂岩、砾岩。沉积环境为河流-湖泊相，沉积时代为侏罗纪—白垩纪。三叠纪陆相砂质碎屑岩建造主要分布在安宁河谷西岸的银厂、巴汝、马鞍山一带，以及安宁河东岸的大箐、安哈地区，由宝顶组、白果湾组、大荞地组、丙南组和中窝组组成。岩性以砂岩为主，含少量砾岩、泥岩和浅变质岩，沉积环境为河流-湖泊相，沉积时代为三叠纪。

地貌类型为构造侵蚀剥蚀中山和山原，海拔一般在1500～4000m之间。中山受长期的强烈剥蚀和侵蚀，山势陡峻，峡谷、冲沟常见，而山原多属于中山舒缓的高地。

中生代地层主要为红层的砂砾岩和泥岩，岩石中砂和粉砂的含量较高，岩石的固结程度相对较差，主要由泥质、铁质及钙质胶结不同粒径的砾石、砾粒、砂粒和黏粒胶结而成，主要矿物成分为石英，含部分长石。岩石裂隙发育，软硬不一，结构疏松，易风化解体，风化层较厚，砂砾粒含量高。该类岩石风化

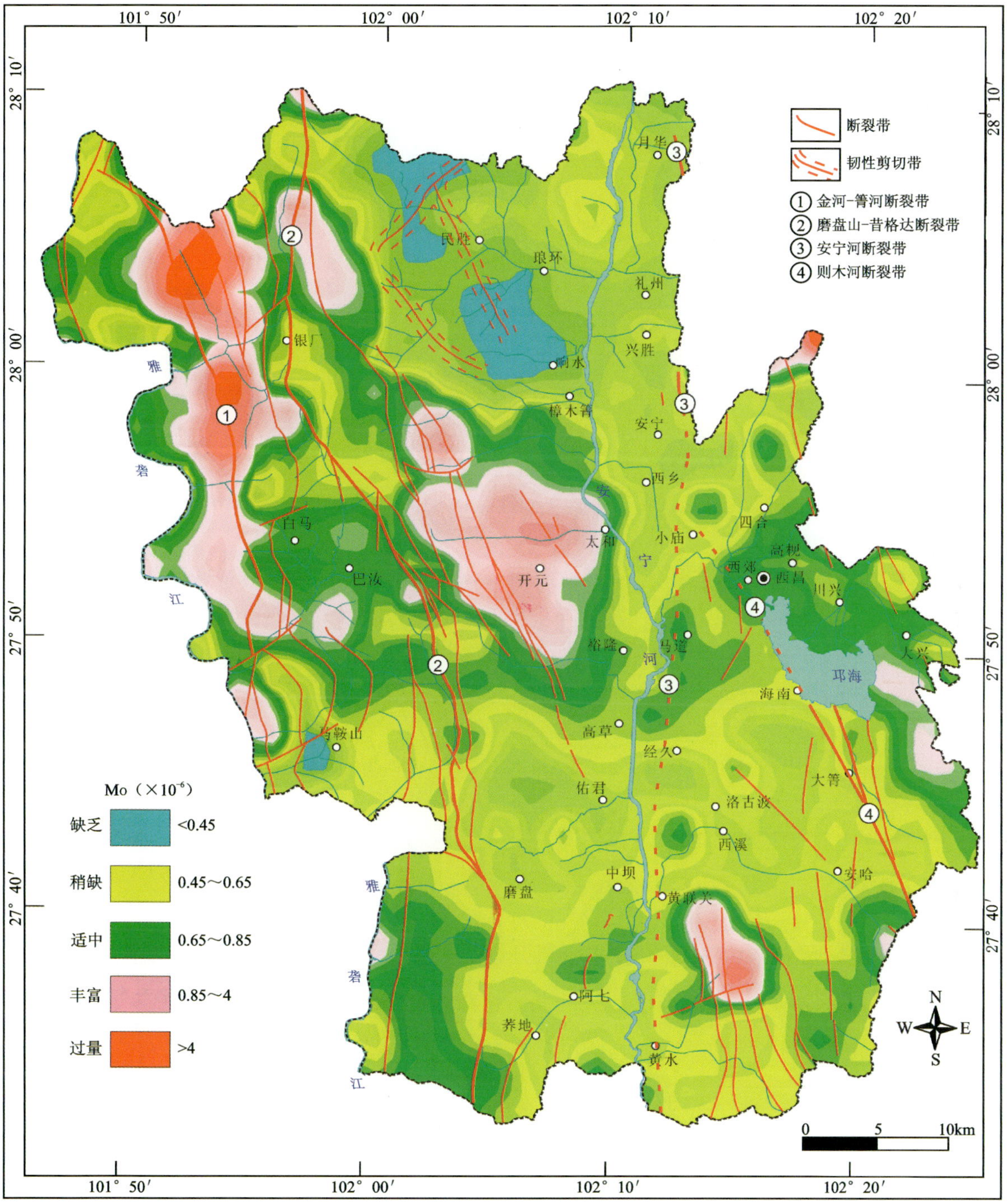

图 2-27　西昌市 Mo 元素适宜性图

形成紫色土，紫色土土体浅薄，质地为重壤或中壤，经淋溶后呈弱酸性，富含 K、Mg 元素，而较贫乏有机质和 N 元素，影响植被及作物生长。植被以针叶林和农作物为主，山麓区有玉米、土豆、蔓菁等经济作物种植。

全区 Cu 元素含量适中，仅西昌市西北部含量稍缺；Mo 元素含量总体上西高东低，在银厂、巴汝、荞地乡西部表现为适中—丰富，其他地区表现为稍缺；Zn 元素含量总体上表现为适中—丰富；Mn 元素总体上以安宁河为界呈现西北较为丰富而东部稍缺的趋势；B 元素含量表现为缺乏—稍缺（图 2-27～图 2-31）。

地表水系较发育，有东河、西河、鹅掌河等大小河流；地下水主要类型为孔隙裂隙水，孔隙裂隙水以

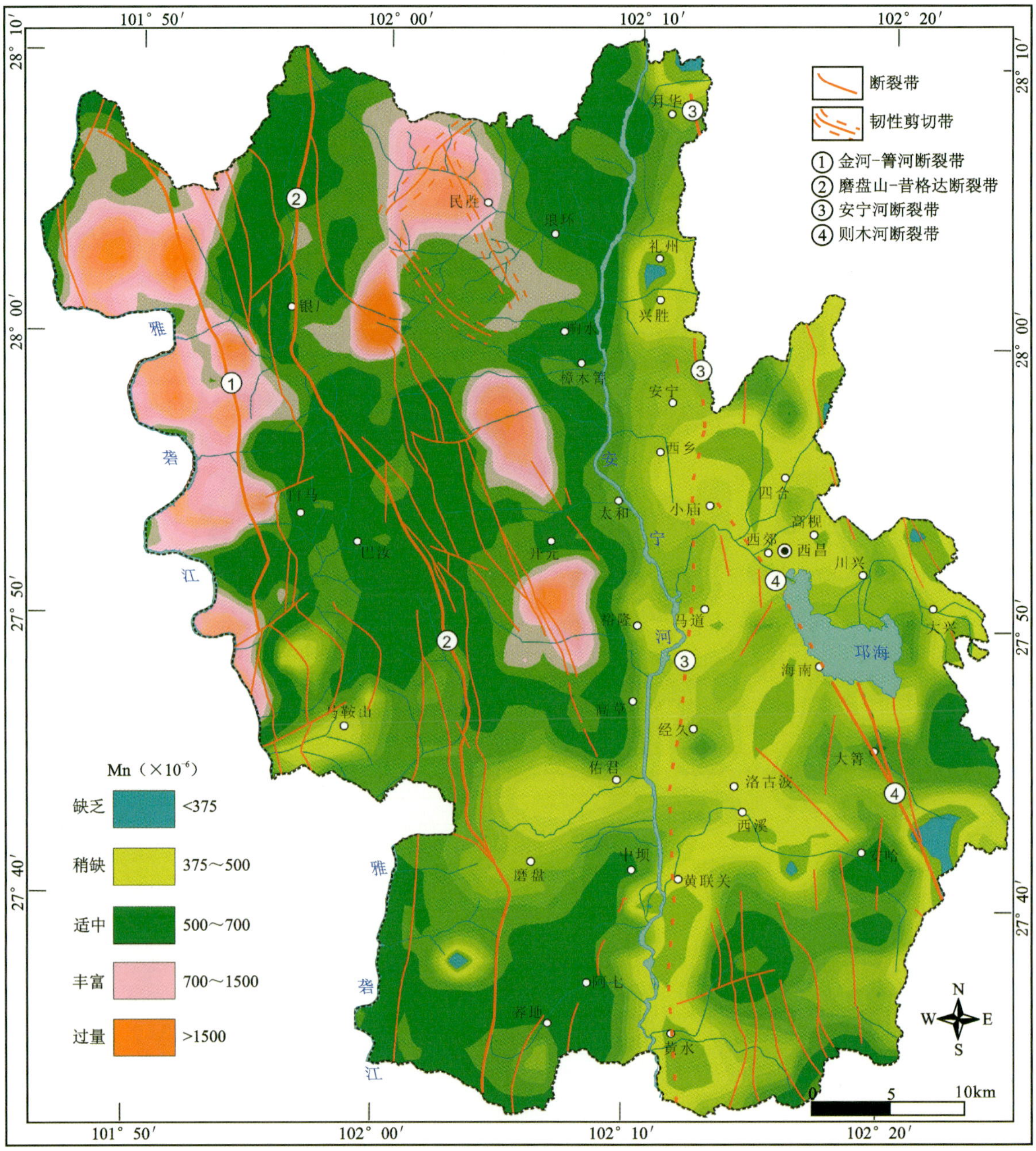

图 2-28 西昌市 Mn 元素适宜性图

大气降水补给为主，水量受季节变化影响大，以裂隙水或层间孔隙水的形式排泄，对生态影响不大。三叠系—白垩系砂岩、砾岩、泥岩等，由于岩石易风化，稳定性较差，易形成滑坡、泥石流，是地质灾害多发的岩性组合。因此，该区属于地质灾害中—高易发区。

（三）中生代中酸性岩浆岩建造

中生代中酸性岩浆岩建造分布在开元—太和以及荞地—阿七一带，由晚三叠世陆内环境的黑云母花岗岩、钠闪石英正长岩、角闪石英正长岩、钠闪正长岩等中酸性侵入岩组成。

地貌类型为构造侵蚀剥蚀中山，地势由北向南倾斜，地形起伏，山脉走向近于南北向，中山地貌受长期的强烈剥蚀和侵蚀，山势较陡峻，冲沟常见。

花岗岩质地坚硬，由石英、长石和云母组成。矿物抗风化能力有差异，长石及云母先风化，而石英不

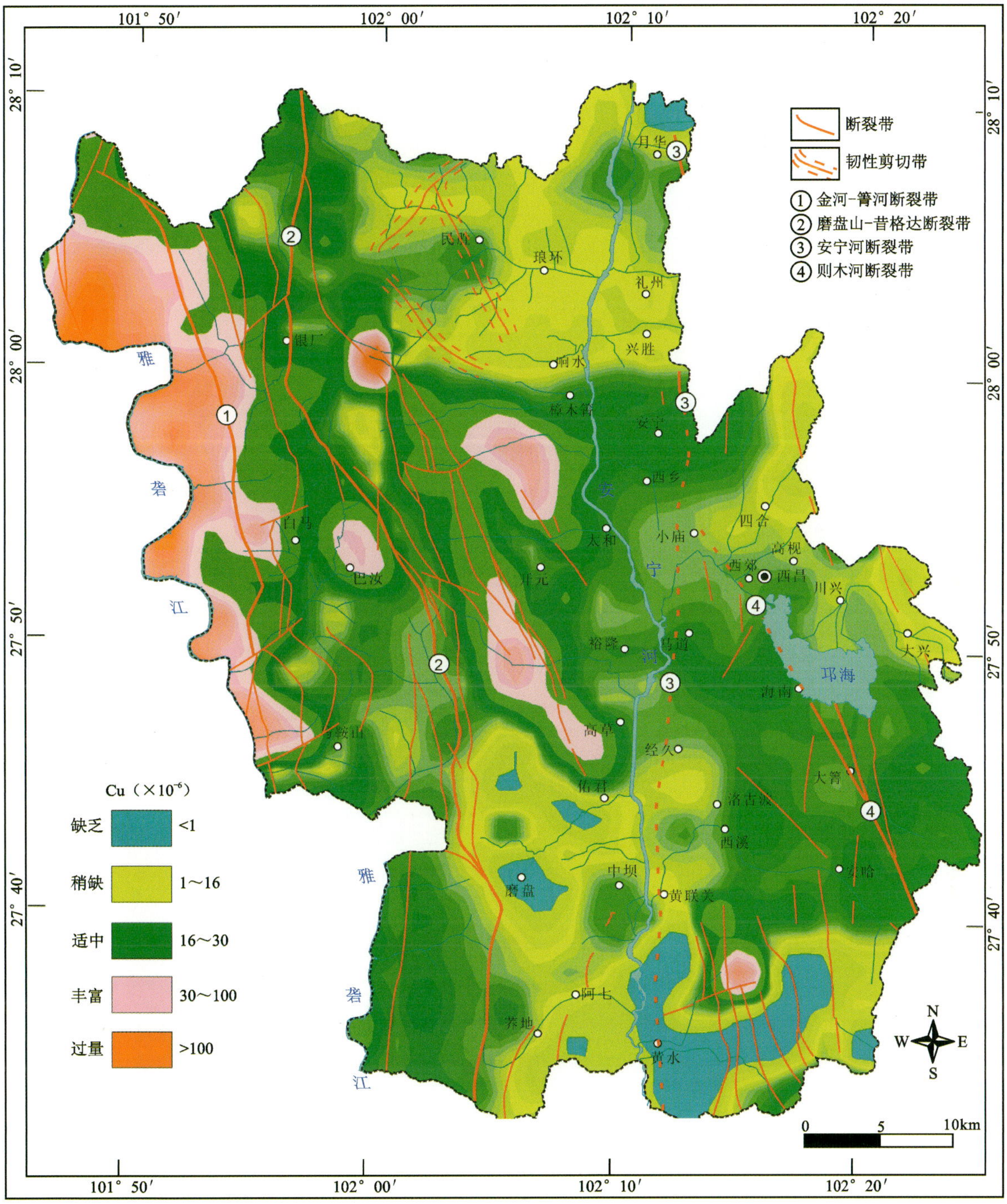

图 2－29　西昌市 Cu 元素适宜性图

易风化。风化层一般较薄，风化残积物体内各颗粒之间的黏结性及凝聚作用差，导致残积物结构松散，易接受雨水侵蚀发生流失。花岗岩风化形成红壤或黄壤，土层一般较厚，质地多为轻壤或中壤土，在成土过程中，盐基淋滤、碱土金属残存不多，土壤中的硅酸盐因遭受破坏后 Si 元素逐渐迁移流失，Fe、Al 元素则相对富集。该类土壤在水土保持措施差的条件下，极易发生土壤侵蚀，使土壤肥力降低、土壤环境质量变差，并最终影响生态环境质量。植被主要是针叶林和针叶阔叶混合林。

从植物所需微量元素含量来看，建造分区的 Cu 元素含量适中，部分地区略高；Zn、Mo 元素含量适中，中部地区较丰富，南部稍缺；Mn 元素含量丰富，而 B 元素含量明显缺乏。

地表水以零星分布的小水系为主，地下水主要为基岩裂隙水，裂隙水为偏硅酸型，径流途径短，以泉

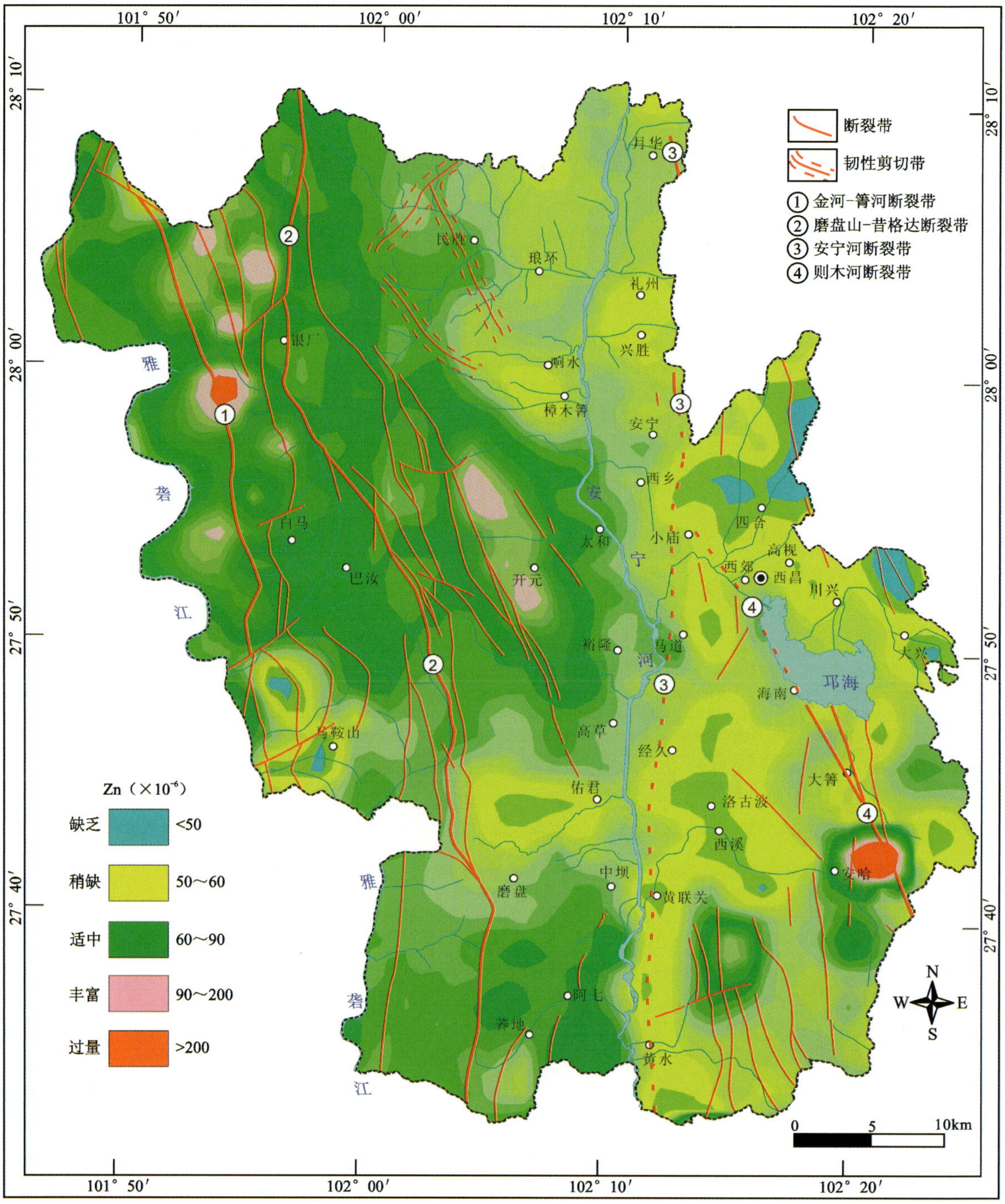

图 2-30　西昌市 Zn 元素适宜性图

水形式排泄。虽然花岗岩坚硬，但所处区域的构造活动强烈，仍发育以泥石流为主的地质灾害，属于地质灾害高易发区（图 2-27～图 2-31）。

（四）古生代基性岩浆岩建造

古生代基性岩浆岩建造分布在雅砻江东岸地区，以及安宁河谷西岸的太和、高草一带，由晚二叠世地幔柱成因的峨眉山玄武岩和晚二叠世辉长岩等组成。

地貌类型为中山地貌，相对高差较大。中山受长期的强烈剥蚀和侵蚀，山势较陡峻，峡谷、冲沟常见，地形的复杂多样易形成不同的水热条件。中山出现垂直景观特征，而坡向、坡度和微地貌也对生物

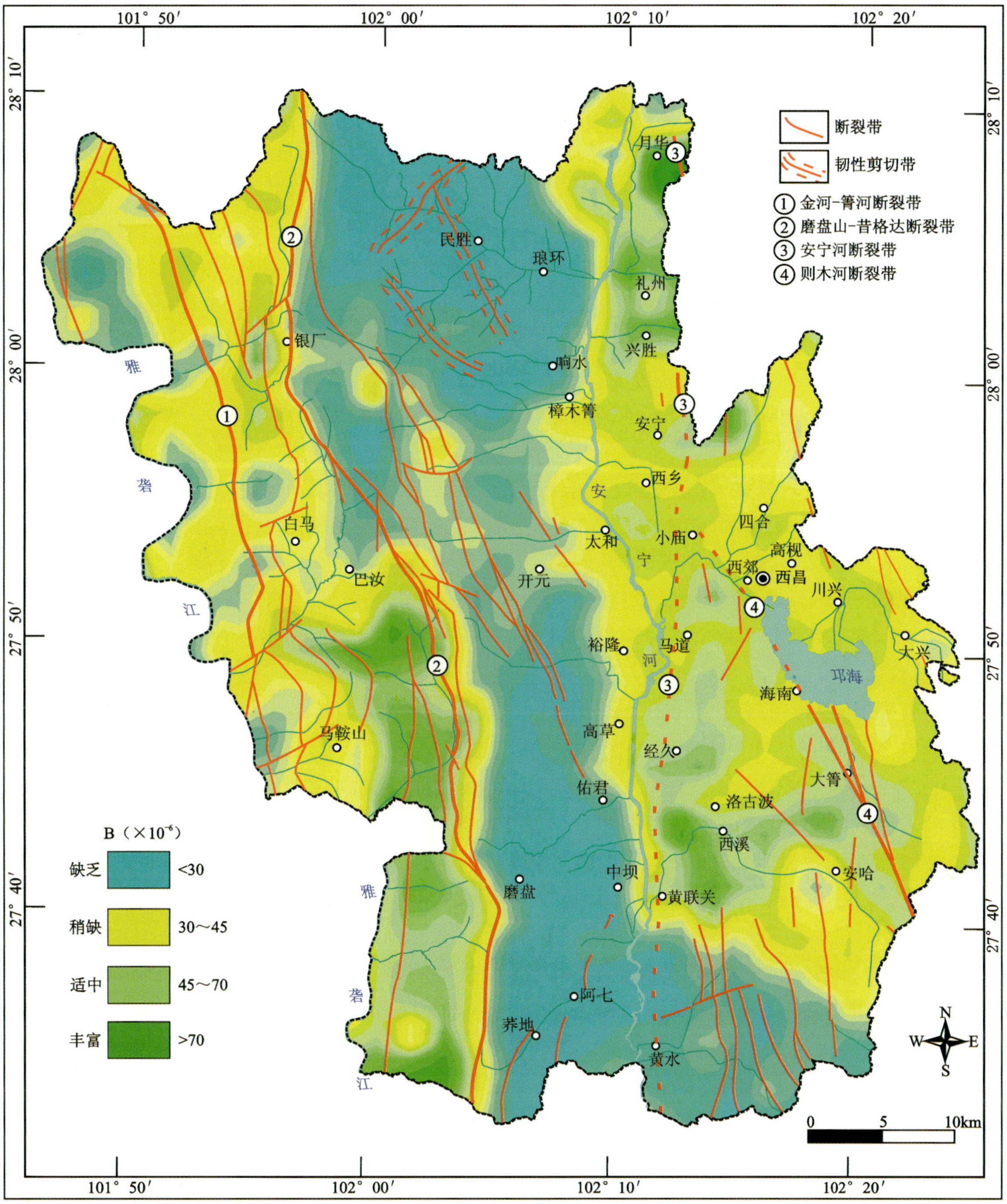

图 2-31　西昌市土壤 B 元素适宜性图

群落产生影响。

玄武岩在不同条件下风化形成棕壤、黄棕壤、红壤等，质地一般为壤质，保水性能强，呈中性或弱碱性，土壤 Al_2O_3、Fe_2O_3、P_2O_5、TiO_2、MnO 以及黏粒成分较高，SiO_2、Na_2O、K_2O 含量偏低，具有良好的宜林性。

本建造区受基性岩浆岩控制，Cu、Mn 元素绝大多数表现为过量；Mo、Zn 元素全部表现为适中；B 元素整体上表现为稍缺—缺乏，而在水系附近含量略有升高。

地表水以沟谷小水沟为主；地下水类型为基岩裂隙水，地下水水位埋深较大，且为重碳酸型水。基岩裂隙水沿地势缓转折处及沟谷地带以泉水形式排泄，对生态影响不大。分区内地质灾害受近南北向断裂控制，沿断裂两侧发育，主要为泥石流、滑坡、崩塌等，总体属于地质灾害中—低易发区（图2-27～图2-31）。

（五）古生代被动陆缘碳酸盐岩和碎屑岩建造

古生代被动陆缘碳酸盐岩和碎屑岩建造可进一步分为震旦纪—二叠纪早期海相碳酸盐岩建造和寒武纪泥质碎屑岩建造两个次级建造。震旦纪—二叠纪早期海相碳酸盐岩建造分布在银厂乡、白马乡、巴汝乡以及马鞍山乡西部，在安宁河谷东岸的安哈地区亦有小面积出露，主要包括阳新组、黄龙组、干沟组、烂泥箐组、曲靖组、破脚组、稗子田组、灯影组和观音崖组等，岩性组合以灰岩、白云岩为主，含少量泥灰岩、白云质泥岩等。沉积环境为被动大陆边缘的潟湖相、潮坪相和浅海陆棚相，沉积时代为晚震旦世—中二叠世。寒武纪泥质碎屑岩建造主要分布在安哈地区，由沧浪铺组、筇竹寺组组成，岩性主要为石英砂岩、泥岩，沉积环境为被动大陆边缘的浅海陆棚相，沉积时代为中晚寒武世。

地貌类型主要为山地峡谷，中山及山间盆地交错分布。总体地势北高南低，一般相对高差为1500～2000m。

该建造区碳酸盐岩较坚硬，强度较高，造岩矿物为方解石或白云石。岩石经风化溶蚀，碳酸钙受酸性水溶解、流失，风化物很薄，由岩石中的少量黏土矿物等残留堆积而成。衍生的土壤质地黏重，易板结，透水性差，表土层极易侵蚀。由于碳酸盐岩地区岩溶发育，上覆土体的水分易随溶洞或地下暗河流失，使土壤显得干旱缺水，植被生长缓慢且稀疏；砂泥岩由于矿物中含大量的石英，抗风化能力较强。风化残积物厚度较薄，多为原岩的碎屑残块堆积，砂砾和砾石较多，可溶性成分和细粒物质流失，缺乏各种营养元素，导致所形成的土壤宜林性较差，在干旱地区造林不易成活。

建造区西部Cu、Mn元素主要表现为丰富—过量，东南部地区的Cu元素表现为稍缺，Mn元素适中；Mo元素在本区主要表现出丰富—过量的趋势，西部山区的Mo元素总体过量，而东南部Mo元素含量较为适中；Zn元素含量总体上为适中，仅在银厂西南附近出现过量趋势；B元素含量整体稍缺。

地表水为沟谷小水系，地下水以碳酸盐岩岩溶水、碎屑岩孔隙裂隙水和基岩裂隙水为主。碳酸盐岩岩溶水主要储存在碳酸盐岩类地层中，一般以大泉、暗河的方式排出地表；碎屑岩孔隙裂隙水主要位于碎屑岩出露区，以大气降水补给为主，含水程度不一，干季、湿季水量变化大，以裂隙水或层间孔隙水的形式排泄；基岩裂隙水径流途径短，常沿地势缓转折处及沟谷地带以泉水形式出露，对生态影响不大。

砂岩、泥灰岩、泥岩在外力作用下极易解体形成大量松散碎屑物，易发生滑坡和泥石流；灰岩出露区易发生崩塌和岩溶塌陷，属于地质灾害高易发区（图2-27～图2-31）。

（六）前寒武纪中酸性岩浆岩建造

前寒武纪中酸性岩浆岩建造可进一步分为前寒武纪中酸性火山碎屑岩建造和前寒武纪中酸性岩浆岩建造。前寒武纪中酸性火山碎屑岩建造分布在西昌市东南角地区黄水—安哈一带以及月华乡北东角，由列古六组和开建桥组组成，岩性主要为流纹岩、英安岩、凝灰岩、凝灰质砾岩、凝灰质砂岩、凝灰质泥岩等。前寒武纪中酸性岩浆岩建造大面积分布在民胜、银厂、磨盘和荞地，由新元古代斜长花岗岩、英云闪长岩、花岗闪长岩、石英闪长岩、二长花岗岩、闪长岩等组成。

地貌类型主要为中山及山间盆地，中山地貌受长期的强烈剥蚀和侵蚀，山势较陡峻，峡谷、冲沟常见。地势北高南低，相对高差为1500～2000m。

花岗岩主要由石英、长石和云母组成，质地坚硬，易发生物理崩解，形成厚层的沙壤质或壤质风化物，形成的土壤类型主要为红壤、黄棕壤、棕壤和黑毡土，通透性良好，SiO_2、Na_2O、K_2O含量较高，Al_2O_3、Fe_2O_3、P_2O_5及黏粒成分含量较低，土壤呈弱酸性，易于微酸性及通气良好的树种生长，尤其是各种松、杉等针叶树种和果林生长。高海拔区以黑毡土为主，气候条件较差，植被较少。

本区中Cu元素整体含量稍缺，而南部地区黄水以东表现出明显的缺乏现象；Mo元素含量整体上稍缺，北部部分地区含量适中；Zn 元素整体趋势适中，仅黄联关东南含量丰富；Mn 元素整体含量丰富，在银厂东部小范围内过量，南部地区小范围稍缺；B 元素含量整体缺乏（图 2－27～图 2－31）。

地表水丰富，地下水以基岩裂隙水为主，裂隙水为偏硅酸型，径流途径短，常沿地势缓转折处及沟谷地带以泉水形式出露。花岗岩虽然岩石坚硬，但所处区域的构造活动强烈，仍然发育以泥石流为主的地质灾害，属于地质灾害中—高易发区。

（七）前寒武纪基性岩浆岩建造

前寒武纪基性岩浆岩建造零星出露在西昌市北部以及名胜、琅环一带。地貌类型为中山地貌，相对高差较大，一般相对高差为 1500～2000m。中山受长期的强烈剥蚀和侵蚀，山势较陡峻，峡谷、冲沟常见。

本建造由新元古代辉长岩组成。辉长岩造岩矿物主要为辉石、角闪石等暗色矿物，因而风化十分迅速，形成较厚的风化层。风化层含有大量的 Ca、Mg、P 等元素，而亏损 K、Na 等元素。在较湿润的地区，可呈中性反应，在干旱地区则呈弱碱性反应，宜林性良好，适合发展各种经济林木和对肥力条件要求比较高的针叶、阔叶树种。

从植物所需微量元素含量来看，本区的 Cu、Zn 元素表现为稍缺—适中；B、Mo 元素含量明显缺乏；Mn 元素含量丰富，局部过量，该建造衍生的土壤可能缺乏 B、Mo 元素，而 Mn 元素含量丰富—过量（图 2－27～图 2－31）。

地表水主要为水沟水等，地下水类型为基岩裂隙水，地下水水位埋深较大，且为重碳酸型水。基岩裂隙水沿地势缓转折处及沟谷地带以泉水形式排泄，对生态影响不大。区内地质灾害主要分布在安宁河断裂带的东侧，主要为泥石流、滑坡等，其他地区基本没有地质灾害。

第五节 森林、草原、湿地分布及变化特征

一、森林、草地、湿地变化特征

通过对 1990 年、2000 年、2010 年和 2018 年西昌市的土地利用类型进行遥感解释，获取了西昌市 4 个时期的林地、草地、湿地分布图（图 2－32），统计了 4 个时期林地、草地、湿地的面积及占市域面积的百分比（未统计建设用地和未利用地），分析了林地、草地、湿地、耕地的空间分布变化情况和演化趋势（表 2－9）。

1. 林地演化趋势与分布特征

西昌市林地面积从 1990 年至 2018 年整体变化趋势为持续增加（图 2－33）。20 世纪 90 年代末之前，由于毁林开荒，森林植被破坏较严重，随着国家“天保工程”的实施及经济发展（陈开伟，2012），国家加大了退耕还林、还草力度，西昌市林地面积持续增加，与耕地面积持续下降呈负相关（图 2－33），二者变化趋势具有很好的负相关耦合性。

从空间分布来看，西昌市安宁河谷地带由于地势平坦、灌溉条件好、农业发达，从 1990 年至 2018 年林地面积变化不大，新增的林地主要分布于四周山地，尤其以牦牛山、螺髻山一带，林地面积增加最多，造成西昌市林地主要分布于牦牛山、螺髻山一带。

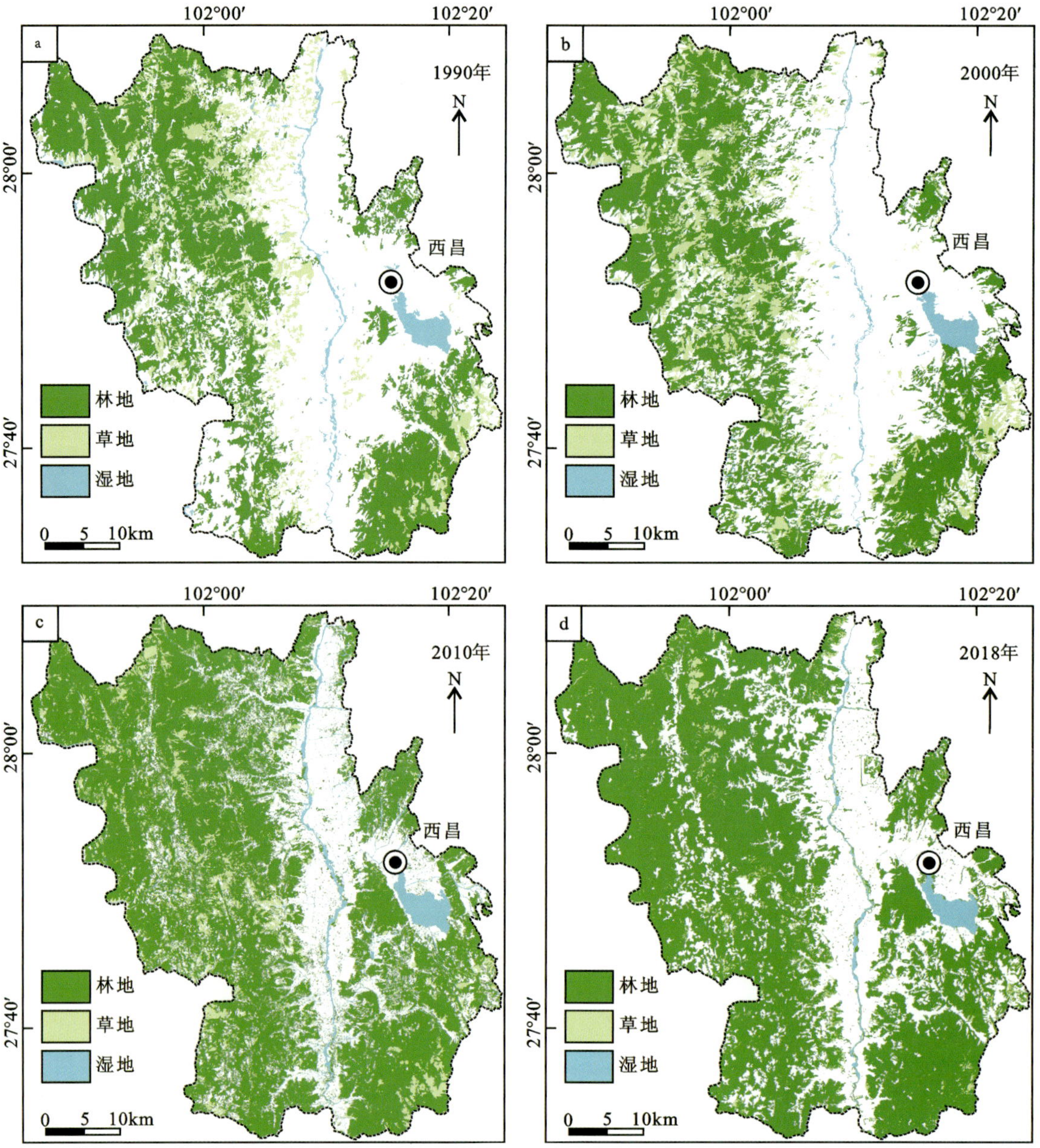

图 2-32 西昌市 1990 年、2000 年、2010 年、2018 年林地、草地、湿地分布图

表 2-9 西昌市 4 个时期林地、草地、湿地和耕地面积统计表

类型	1990 年		2000 年		2010 年		2018 年	
	面积(km²)	比例(%)	面积(km²)	比例(%)	面积(km²)	比例(%)	面积(km²)	比例(%)
林地	1 048.86	37.85	1 037.52	39.08	1 650.46	62.16	1 614.58	60.81
草地	312.35	11.76	286.83	10.80	100.92	3.80	243.85	9.18
湿地	69.94	2.63	73.46	2.77	79.37	2.99	114.59	4.32
耕地	1 201.46	45.25	1 208.43	45.52	791.25	29.80	560.34	21.11

注:未统计建设用地和未利用地。

2. 草地演化趋势与分布特征

西昌市的草地面积从 1990 年至 2018 年变化趋势为先增加，中间减少，然后又增加(图 2－33)。从传统上而言，西昌市并非牧区，除少数高山、亚高山草甸外，其余多数草地为森林经人为过度砍伐后形成的，属森林逆向演替到低级单位的一种次生过渡植被类型，种类组成还含有森林群落的特性，如森林幼树及森林群落下层的植被，呈零星或成片分布在山地。因此，从 1990 年至 2000 年随着森林的破坏，草地面积快速增加；从 2000 年至 2010 年随着森林面积逐步恢复，草地面积又快速减少；而 2010 年以后，随着西昌市加大了退耕还草和人工种草的力度，草地面积呈现较快增长。

从空间分布来看，草地主要呈星岛状分布于牦牛山、螺髻山一带林地之间。

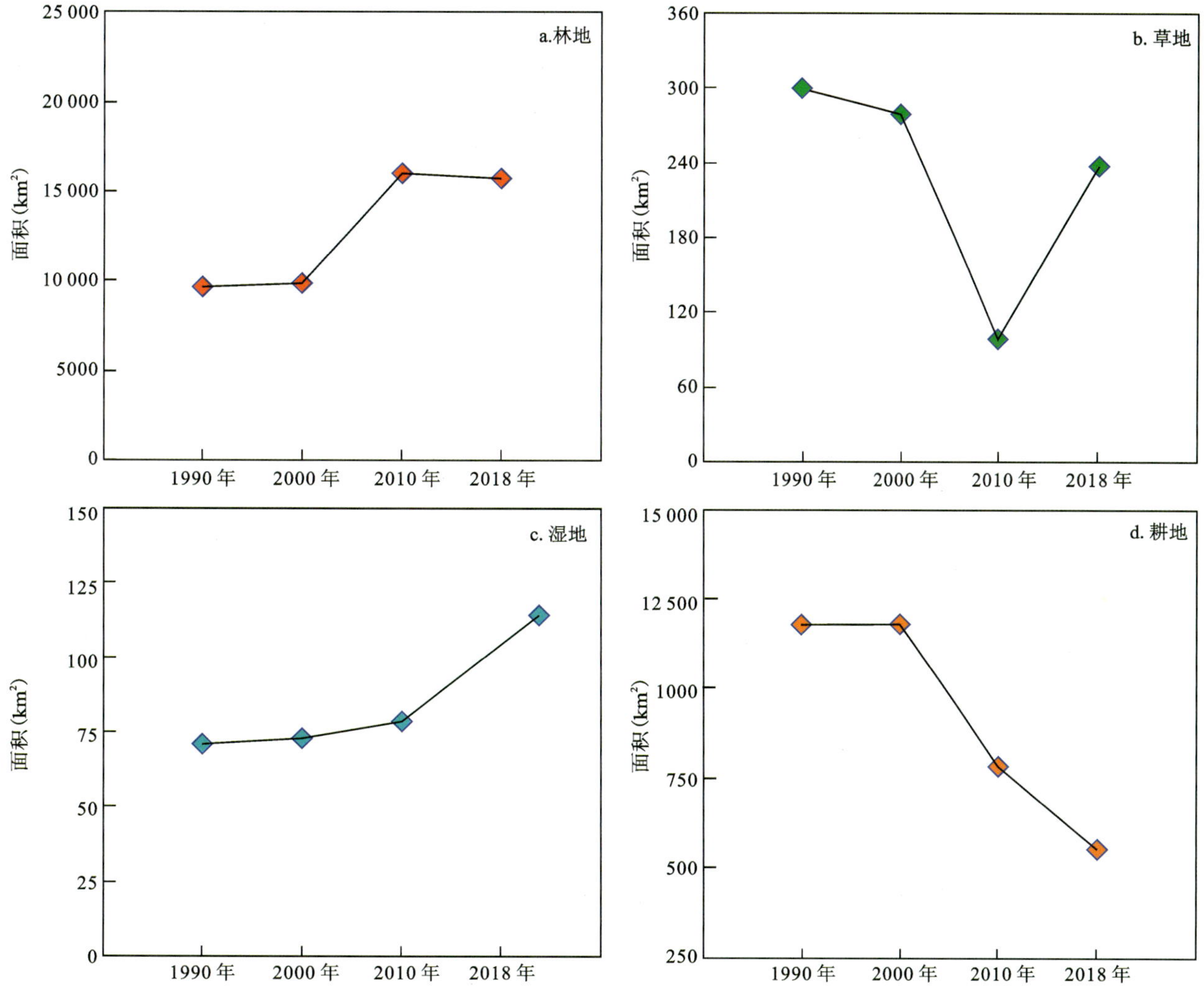

图 2－33　西昌市林地、草地、湿地和耕地 1990—2018 年变化趋势图

3. 湿地演化趋势与分布特征

西昌市的湿地面积从 1990 年至 2018 年变化趋势为先缓慢增加，后快速增加(图 2－33)。从 2010 至 2018 年，水域湿地面积出现快速增长，究其原因主要有二：一是水利工程设施修建，导致水面(主要是水库水面)面积有较大幅度增加；二是湿地保护得到重视，原湿地耕作区域逐步退耕并还原为湿地，区内一些重要湿地得到保护，面积不断扩大，典型的如邛海湿地。从空间分布来看，西昌市湿地分布较局限，

主要沿安宁河即邛海分布，类型主要为河流湿地与湖泊湿地。

综合上述分析，西昌市林地、草地、湿地面积从1990年至2018年整体上处于增长的趋势。

二、植被类型与生态效应

1. 植被组合特征

根据《四川植被》(四川植被协作组，1980)的植被分区，西昌市属于川西南河谷山原植被地区的金沙江下游安宁河植被小区。在《中国植被类型分布图》(中国植被编辑委员会，1980)的基础上结合本次生态地质调查取得的认识，编制了《西昌市植被类型分布图》(图2-34)。

西昌市植被组合主要特征为在干热河谷发育稀树草丛，河谷盆地和阶地上生长着各种热带、亚热带经济植物。中山山地分布着大面积的云南松和松栎混交林，局部沟谷地区保存有亚热带偏干性常绿阔叶林。亚高山有残存的冷杉林及冷杉、云杉混交林分布。高山分布有蒿草、杂草类高山草甸。

2. 森林、草地、湿地生态功能

西昌市森林覆盖率为46.0%。由于地形地貌及垂直气候的差异，形成了中亚热带、北亚热带、暖温带、温带及寒温带等不同性质的森林、灌丛和草甸森林植被(陈开伟，2012)，植被群落在分布上出现明显的垂直性差异。西昌市的森林为保持良好的生态环境提供了基础，然而以次生林和人工林为主，林木生长状况不是很理想，森林的林龄结构亦不合理，林龄构成以幼龄林和中龄林为主，近熟林、成熟林和过熟林所占比例小，郁闭度较低的疏林地和幼林地所占比重较大，森林质量不高。天然林较少不利于生物多样性保护和森林生态系统的稳定及生态功能的充分发挥；疏林地和幼林地及灌木林地林层结构不完整、生物量小，所提供的生态系统服务功能低下。此外，西昌市森林针叶化现象较普遍，作为地带性植被的阔叶林较少，且呈星岛状分布，维护生态系统稳定的景观生态廊道不畅。同时针叶林树种十分单一，以云南松、华山松等为主，森林的针叶化导致森林生态系统稳定性进一步降低，地力衰退，病虫害加剧，森林生态系统自我调节能力下降，生态功能减弱。

传统意义上，西昌市并非牧区，现有的草地植被主要是森林经人为过度砍伐后形成的，属森林逆向演替到低级单位的一种次生过渡植被类型。它的种类组成还含有森林群落的特性，如森林幼树及森林群落下层的植被零星或成片分布在山地，草本植物生长较差，草地连片规模一般较小，不具有完整的系统结构和良好的功能，多数草地生产力较低不能有效地保持水土，且草地的承载力较低不利于草地的利用。因此，除少数成片大面积草场外，对分散的、生产力和覆盖度较低的草地，应通过封育促使其向森林转化，从而实现生态结构与功能趋向完善的正向演替。

邛海为乌蒙山和横断山边缘断裂陷落形成的湖泊湿地，具有相对闭合的地理环境特征，孕育了丰富的生物多样性与特有性，在维持区域生态平衡和保持生物多样性方面具有不可替代的作用。邛海是城市周边弥足珍贵的自然湿地，具有重要的生态服务功能，包括：①为西昌城区及邛海流域居民生活、生产提供了大量的饮用水资源；②调节金沙江流域水文条件，维护流域水生态安全；③调节西昌市区域气候；④还可提供鱼类、甲壳类动物栖息地及产卵区，提供鱼类和水生动物的营养物；⑤孕育了丰富的生物多样性和特有性，是重要的物种基因库(张红实等，2013)。同时作为西昌市重要的城市名片，邛海的自然景观功能也极为重要。

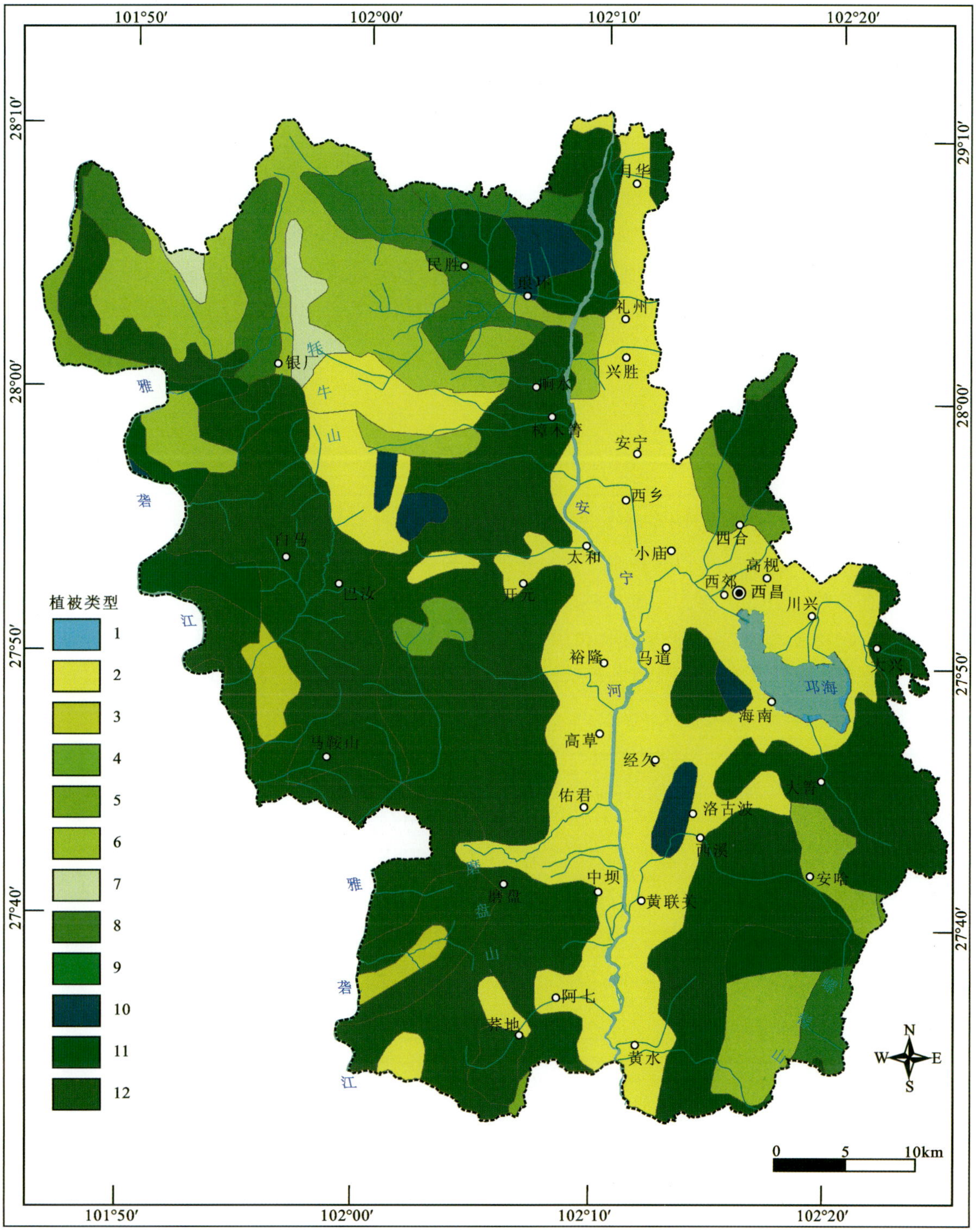

图 2-34 西昌市植被分布类型图

1.无植被地段;2.一年两熟或三熟粮食作物田及常绿果树园、亚热带经济林;3.一年两熟粮食作物田及常绿果树园、亚热带经济林;4.亚热带、热带草丛;5.亚热带、热带常绿阔叶、落叶阔叶灌丛;6.亚高山革质常绿阔叶灌丛;7.蒿草、杂草类高寒草甸;8.亚热带和热带山地针叶林;9.亚热带山地针叶、常绿阔叶、落叶阔叶混交林;10.亚热带常绿阔叶林;11.亚热带硬叶常绿阔叶林;12.亚热带针叶林

第六节 生态地质问题

西昌市四周群山环绕，在地貌上和水系上成为相对独立的地理单元，形成相对独立的气候、土壤和植被，使得生态环境表现出较强的相对独立性。近年来，西昌市社会经济高速发展，人民生活水平有了较大提高。但同时由于人口压力的增加和生产活动的不断增强，也对全市生态系统产生了较大的压力和胁迫。西昌市生态系统较为脆弱，环境容量较小，除安宁河谷外大部分土地承载力低，抗干扰能力弱，受干扰后生态系统自然恢复的速度慢、难度大，虽然西昌市整体生态环境较好，但还存在一些生态地质环境问题。

一、生态系统类型

西昌市的生态系统类型，按照生境和生物种群构成特征可分为森林生态系统（Ⅰ）、草地生态系统（Ⅱ）、农田生态系统（Ⅲ）、农村生态系统（Ⅳ）、城镇生态系统（Ⅴ）和陆地水生生态系统（Ⅵ）6 个大类。其中，森林生态系统可分为常绿针、阔叶林生态系统（$Ⅰ_1$），疏林灌丛生态系统（$Ⅰ_2$）和灌木林生态系统（$Ⅰ_3$）3 个亚类；农田生态系统可分为湿地农田（水田）生态系统（$Ⅲ_1$）和旱作农田生态系统（$Ⅲ_2$）两个亚类；陆地水生生态系统可分为河流湿地生态系统（$Ⅵ_1$），水库、湖泊湿地生态系统（$Ⅵ_2$）两个亚类（表 2－10）。

表 2－10 西昌市主要生态系统类型及所占土地比例

生态系统类型		占全市土地面积比例（%）
森林生态系统（Ⅰ）	常绿针、阔叶林生态系统（$Ⅰ_1$）	45.86
	疏林灌丛生态系统（$Ⅰ_2$）	12.07
	灌木林生态系统（$Ⅰ_3$）	2.88
草地生态系统（Ⅱ）		9.18
农田生态系统（Ⅲ）	湿地农田（水田）生态系统（$Ⅲ_1$）	10.99
	旱作农田生态系统（$Ⅲ_2$）	10.12
农村生态系统（Ⅳ）		3.43
城镇生态系统（Ⅴ）		1.15
陆地水生生态系统（Ⅵ）	河流湿地生态系统（$Ⅵ_1$）	2.94
	水库、湖泊湿地生态系统（$Ⅵ_2$）	1.38

西昌市为典型的山地地形，一方面除安宁河谷与邛海盆地外，地形十分破碎，这决定了它的生态系统也十分破碎，许多生态系统在很小的区域范围内更替穿插，除森林生态系统外，大多数单一生态系统都不能形成大的连片分布；另一方面地形结构和相应的生物气候条件的地域结构存在着地域空间分异，并控制着西昌市社会经济活动的地域空间分异。因此，不同的区域有不同的生态系统组合和分布格局，从而形成不同的、由特定生态系统组合构成的景观生态（或景观）类型区域。西昌市主要的景观生态区（景观区）类型见表 2－11。这些景观类型基本上沿河谷盆地和山脉分布，而河谷盆地往往沿河流的流向相连接，成为相似的景观区（具相似的生态系统组合和相似的结构）分布。

表 2-11　西昌市主要景观生态区(景观区)类型

景观生态区(景观区)	景观生态亚区(景观亚区)	特征
河湖盆谷景观(Ⅰ)	盆谷底部与河谷平地农林景观(I_1)	生态系统的典型组合:果园生态系统-湿地农田生态系统-河流湿地生态系统,叠加以乡镇居民点为结点,以道路为廊道的纯人工生态系统。 分布区域:主要分布于安宁河谷与邛海盆地
	盆谷地外围中低山山地景观(I_2)	生态系统的典型组合:亚热带常绿阔叶林生态系统、针叶林生态系统呈斑块镶嵌分布,中间散布稀疏的小斑块的农田生态系统和农村生态系统,不同群种的森林生态系统呈现一定的垂直分布。 分布区域:主要分布于安宁河谷与邛海盆地四周山地
中山山地景观(Ⅱ)		生态系统的典型组合:山地中上部以亚热带常绿阔叶林生态系统、针叶林生态系统为主,夹杂疏林灌丛或灌草丛生态系统,山地中下部为园地生态系统或灌草地生态系统分布区域,夹杂农田生态系统。 分布区域:主要分布于中山山地
中高山山地景观(Ⅲ)		生态系统典型组合:针叶林斑块与亚高山、高山灌丛和草甸夹杂分布。 分布区域:主要分布于牦牛山、螺髻山等中高山、亚高山地区

二、生态环境现状

1.森林生态系统现状

西昌市林地面积 1 630.74km^2,占 60.8%,全市活立木总蓄积共计 1 122.6×10^4m^3,森林覆盖率为 46.0%。由于地形地貌及垂直气候的差异,西昌市境内森林植被形成了中亚热带、北亚热带、暖温带、温带及寒温带等不同性质的森林、灌丛和草甸森林植被(陈开伟,2012)。植被群落在分布上出现明显的垂直性差异,海拔 1800~2700m 间分布着以云南松为主的亚热带干性常绿阔叶林、云南松林、温暖云南松、华山松、荷木、栎类等针阔叶林和针阔叶混交林;海拔 2700~3500m 间是以铁杉、冷杉、云杉等为主的温带暗针叶林、柏木林和杨树、桦木混生的次生软阔叶林及高山栎类;海拔 3500m 以上为寒温带箭竹、高山杜鹃和地盘松等形成的灌丛。

西昌市的森林为保持良好的生态环境提供了基础,然而森林活立木总蓄积量不高,单位面积活立木蓄积量仅为 70m^3/0.01km^2,说明天然林较少,以次生林和人工林为主,林木生长状况不是很理想,森林的林龄结构亦不合理,林龄构成以幼龄林和中龄林为主,近熟林、成熟林和过熟林所占比例小,郁闭度较低的疏林地和幼林地所占比重较大,森林质量不高。

总体上看,西昌市森林覆盖率一般,森林质量不高,天然林所占比重较小,人工林所占比重较大,且人工林中绝大部分为树种单一的针叶林,森林针叶化现象普遍,森林结构幼龄化突出,森林生态系统趋于简单化,稳定性下降,森林生态功能较弱。

2. 草地生态系统现状

西昌市共有天然草原 751km²,可利用草原面积 626.67km²,从 2011 年开始实施国家天然草原退牧还草工程,到 2014 年止,全市共实施退牧还草 266.67km²(马文等,2017)。

3. 水资源现状

整体而言,西昌市水资源较丰富。西昌市域内水系发达,水资源丰富,属金沙江水系,主要河流为雅砻江及支流安宁河,全市有大小溪流、河流共 131 条,其中流域面积大于 50km² 的有 14 条,主要分布在安宁河流域。西昌市地表水本地产水量 $1.63\times10^8m^3$,入境水量 $43.10\times10^8m^3$,地表水资源总量 $44.81\times10^8m^3$(熊梅和谭光仪,2006)。此外,邛海是四川第二大淡水湖,蓄水量 $3.2\times10^8m^3$。除地表水外,西昌市有较完整的水文地质单元,地下水资源丰富,安宁河谷平原及邛海盆地主要地下水类型为松散堆积层孔隙水类型,具有多层含水结构,埋深浅,含水层厚度大,水量大。安宁河谷两岸山区砂岩、粉砂岩、砾岩、泥岩、花岗岩、闪长岩、灰岩等地层中主要赋存碎屑岩类孔隙、裂隙水,埋藏浅,易开采,总计地下水资源量 $1.46\times10^8m^3$。从数量上看,西昌市水资源量可以满足当前生活、生产及今后发展为中等城市的需水量。

4. 物种多样性现状

西昌市物种种群丰富,仅邛海流域内有高等植物 100 余科、300 余属、400 余种(王堂尧和景志明,2013)。湿地树木种类丰富多样,其中裸子植物 7 种,被子植物 67 种,共 74 种,隶属于 35 个科。水生维管植物 77 种,其中蕨类植物 5 种,被子植物 72 种,分别隶属于 2 科 3 属和 20 科 47 属。邛海湿地动物类型多,分布密,种群量大,生殖与栖息地环境良好,食性与习性稳定。目前,据统计邛海及流域现有鸟类 284 种,邛海冬候鸟种类共有 27 种,分属 7 目 8 科。邛海鸟类资源丰富,形成了较多的观鸟景观,成为我国南方候鸟的重要栖息地之一。另外,邛海还有浮游动物 30 种,底栖动物 32 种,鱼类 40 种。

邛海及流域为冬候鸟的越冬提供了良好的食物、休息、避敌等环境条件,有国家一级保护鸟类 1 种——中华秋沙鸭;有二级保护鸟类彩鹮、鸳鸯、燕隼、红隼、血雉、白腹锦鸡、灰鹤、雀鹰、苍鹰、松雀鹰、凤头鹰 11 种;有四川省重点保护鸟类 9 种,主要包括小辟鸟虎鸟、黑颈辟鸟虎鸟、凤辟鸟虎鸟、普通鸬鹚、红胸田鸡、黑水鸡、水雉、粟斑杜鹃等。国家保护的有益的或者有重要经济、科学研究价值的鸟类为 138 种。

三、主要生态地质问题

近年来,西昌市社会经济高速发展,人口压力和生产活动不断增强,这对全市生态系统产生了较大的压力和胁迫。西昌市主要存在以下生态地质环境问题。

1. 土壤侵蚀与水土流失较严重

西昌市土壤侵蚀以沟蚀的形式为主,尤其是在泥石流发育集中的安宁河两侧中低山地带,山区则以面蚀为主,滑坡、崩塌等重力侵蚀主要在冲沟两侧及道路沿线。水土流失造成土壤大量减少、贫瘠,并导致河道淤积。根据前人资料(刘永碧和赵建民,2004),1988 年和 1999 年安宁河流域土壤侵蚀总面积分别占土地总面积的 38.04%和 28.94%,侵蚀强度以轻度和中度为主。数据表明,1999 年以后安宁河流域生态环境转好,水土流失减少,这是多年生态环境保护的成果。邛海周围泥石流发育,大量泥沙被带进邛海。1985 年以来鹅掌河泥石流扇地以每年 1~2m 的速度向邛海推进,使邛海水面面积逐年减小,

10年间已缩减了3km²。

2. 地质灾害较频发

西昌市地质灾害较发育，2012年共发育地质灾害223处，其中滑坡73处，崩塌10处，泥石流122处，不稳定斜坡18处(四川省地质调查院，2013)，共计受威胁2135户21 364人，受威胁财产达67 937万元。除高枧乡、西乡外，地质灾害点遍布全市35个乡(镇)，数量最多的是樟木箐乡和琅环乡，均为17处；其次为西溪乡、四合乡和月华乡，均在10处以上。全市地质灾害点分布密度为6.55处/100km²，分布密度较大的乡镇有琅环乡、樟木箐乡、西溪乡和四合乡等，分布密度分别达到69.39处/100km²、30.14处/100km²、26处/100km²、23.26处/100km²。

3. 土地沙化较严重

西昌市沙化土地主要分布在安宁河流域，纵贯全境，南北长约80km，涉及17个乡(镇)，52个行政村。2007年林业部门监测结果显示，全市现有沙化土地面积36.59km²，其中流动沙地面积1.28km²，半固定沙地面积2.58km²，固定沙地面积1.28km²，沙化耕地面积31.41km²(王瑛等，2009)。因土地沙化而使西昌市沙区直接经济损失2001年达254万元，2003年达611万元，2005年达873万元。土地沙化依然是该区最为严重的生态环境问题之一。

4. 邛海流域生态功能退化

邛海是四川省第二大天然淡水湖，是我国西南地区特有的封闭与半封闭湿地类型湖泊，在维持区域的生态平衡和保持生物多样性方面具有不可替代的作用。然而，长期以来由于不合理的开发和利用，邛海湿地环境遭到污染和破坏，生态功能明显退化，流域的生态为中度脆弱，流域内的生态问题也较为突出，如水体污染严重、水体富营养化、植被破坏严重、水土流失和泥石流现象突出、湖滨带消失等。

5. 森林生态系统功能降低

西昌市境内原生植被多遭到破坏，在森林总面积增加的同时，天然林尤其是天然阔叶林遭受严重的破坏，天然林面积不断减少，人工林面积迅速扩大，导致全市人工针叶林的比例逐渐占主导地位，森林针叶化严重。同时，树种和林龄结构不合理，幼龄化突出，森林生态系统结构趋于简单化，稳定性下降，生态功能降低。由于天然阔叶林大量消失和破碎化，导致生境退化，野生生物物种数量趋于下降，野生动植物的原生生境遭到不同程度的破坏，国家二级、三级保护植物遭受了严重的破坏，致使种群数量大量减少，不少有价值的作物和畜禽种质资源已经逐渐消失，生物多样性受到较大威胁。

第三章　生态地质脆弱性评价

在遥感解译、野外调查和综合研究的基础上，本次开展了西昌市生态地质脆弱性评价，为西昌市生态保护与修复、国土空间规划提供了科学依据，并为环境管理和决策提供了资料，也为基于生态地质本底条件的生态功能区划奠定了基础。

第一节　生态地质脆弱性内涵

一、生态地质概念与内涵

生态学(ecology)是研究有机体与周围环境相互关系的科学，环境包括非生物和生物环境，前者包括地质环境在内的各种自然环境，而后者包括同种或异种其他有机体(孙儒泳等，2002)。地质学(geology)的研究对象为地球的固体硬壳——地壳或岩石圈，主要研究地球的物质组成、内部构造、外部特征、各层圈之间的相互作用和演变历史的知识体系，是研究地球及其演变的一门自然科学。生态学与地质学结合，诞生了生态地质学。生态地质学是地质学的一个分支，同时也是生态学和地质学之间的新兴边缘科学，目前尚无一个统一的定义。

陈树旺等(2011)认为生态地质的研究对象涉及岩石圈、土壤圈、水圈、大气圈及生物圈。生态地质调查工作的目的是查明生态地质条件、确定生态环境背景以及人类技术活动对地质环境的破坏情况，评价自然或人为作用的活动强度及发展方向，进而研究地球浅表圈层的生态功能及其在生物特别是人为影响下的物质和时空演化规律，为区域资源利用和环境保护提供科学依据。生态地质调查的内容丰富，服务对象多样化，服务内容公益化。从目前的学科发展和生产实践角度看，该项工作具有一定的探索性。

汪振立(2013)认为生态地质是用地质学、生态学的理论和方法研究生物与生物生存的地质环境之间的关系，着重研究地质环境影响生物生存和发展状态的学科，它是农学、医学、生物学、地质学、生态学和环境科学等相互渗透、相互融合形成的一门边缘学科。生物(微生物、植物、动物、人类)与其赖以生存的地壳表层环境(地质环境)有着密不可分的联系，地质环境中诸因子(构造运动、地质构造、地形地貌、成土母岩、土壤、地球化学、地球物理、水文等)对生物的生长、发育、品质有重要影响。其中，最重要、最本质的影响是地球化学元素通过在母岩-土壤-生物系统中的分布、迁移、吸收、转化、积累，最终对生物的生理生化作用产生的影响，并认为生态地质的理论可表述为：研究物质流、能量流、信息流在岩石圈(表层)、土壤圈、水圈、大气圈(下层)和生物圈之间的运动、交换、转化及其对生物生存状态的影响。生态地质通过认识生物和地质环境的关系以及通过改造地质环境以适应生物生存的需求，达到生物与地质环境的和谐相处，培育开发优良生物资源，保护和建设生物及人类生存的优良生态环境。

基于本次在大凉山区开展的生态地质调查实践，本书认为生态地质(eco-geology)的内涵是研究各种生态问题或生态过程的地质学机理、地质作用过程及背景条件。

二、生态地质脆弱性概念与内涵

脆弱性一词最早来自拉丁文"vulnerare",意思是"可能受伤"。脆弱性(vulnerability)问题最初来源于流行病学领域,描述的是哪些地区更容易发生流行病或易被流行病所感染。20 世纪 70 年代开始,专家逐渐将脆弱性一词用来研究生态领域。20 世纪 80 年代,脆弱性一词已经在全球环境生态变化和可持续发展研究中频繁出现,并逐渐延伸到灾害学以及社会经济系统领域。脆弱性分析与评价已是目前环境学、灾害学和社会经济发展研究的一个热点和难点(李鹤等,2008;李莉等,2010)。

21 世纪以来,脆弱性的研究领域不断扩大,研究内容也趋向于自然系统和社会经济系统的综合。由于脆弱性研究领域的扩大,使得界定一个统一的脆弱性的概念更加困难。因此,学者多是根据自身研究特点给出在脆弱性基础上衍生出来的众多子系统脆弱性的定义,一般包含 3 层含义:①它表明该系统、群体或个体存在内在的不稳定性;②该系统、群体或个体对外界的干扰和变化(自然的或人为的)比较敏感;③在外来干扰和外部环境变化的胁迫下,该系统、群体或个体易遭受某种程度的损失或损害,并且难以复原。

综合前人对脆弱性概念的理解和本次在大凉山区开展的生态地质调查实践,本书认为生态地质脆弱性是指地球表层系统(岩石圈、土壤圈)对系统内外扰动的敏感性以及缺乏应对能力,从而使系统的结构和功能容易发生改变的一种属性。它是源于地球系统内部的、与生俱来的一种属性,只是当系统遭受扰动时这种属性才表现出来。地球系统的内部特征是生态地质脆弱性产生的主要、直接原因,而扰动与系统之间的相互作用使其脆弱性放大或缩小。生态地质脆弱性的内涵即为在一定的生态地质条件下,生态地质环境对内外扰动的敏感性以及缺乏应对能力从而使生态地质环境的结构和功能容易发生改变的一种属性。

三、生态地质脆弱性评价方法

生态地质脆弱性评价方法较多,主要方法有指数评价法、图层叠置法、函数模型评价法、模糊物元评价法 4 种。

1. 指数评价法

该方法从生态地质脆弱性表现特征、发生原因等方面建立评价指标体系,利用统计方法或其他数学方法综合成脆弱性指数,来表示评价单元脆弱性程度的相对大小,是目前生态地质脆弱性评价中较常用的一种方法。

指数法由于简单、容易操作,在脆弱性评价中广泛应用,但该方法对脆弱性的评价缺乏系统的观点,忽略脆弱性各构成要素间的相互作用机制,与脆弱性内涵之间缺乏相互对应的关系;同时在指标的选择和权重的确定上缺乏有效的方法;脆弱性形成原因及表现特征在空间上具有较强的区域差异性,在时间上具有动态变化性,因此建立跨区域、跨时段的脆弱性评价指标体系非常困难;此外,指标评价法所得出的评价结果的有效性很少能被验证。

2. 图层叠置法

近几年来,随着 GIS 技术的日益普及和完善,应用 GIS 技术评估生态地质的脆弱性已呈上升趋势。

图层叠置法就是基于GIS技术发展起来的一种脆弱性评价方法，根据其评价的思路可分为两种叠置方法：①脆弱性构成要素图层间的叠置；②针对不同扰动的脆弱性图层间的叠置。前者比较适用于区域生态地质脆弱性评价，能够反映区域生态地质脆弱性的空间差异，但在扰动的类型和数量上存在局限性，当扰动的数量超过一个时，会造成应对能力指标只能选取决定区域对不同扰动类型应对能力的共性指标，致使应对能力指标的选取上缺乏针对性，且最终评价结果不能反映区域针对某种扰动的脆弱性程度。后者为多重扰动（自然的、经济的）背景下的生态地质脆弱性评价提供了研究思路，但该方法没有考虑各种扰动的风险及其对系统整体脆弱性影响程度的差异，因此评价结果中很难反映出影响区域生态地质脆弱性的主要因素。

3. 函数模型评价法

该方法基于对生态地质脆弱性的理解，首先，对生态地质脆弱性的各构成要素进行定量评价；然后，从脆弱性构成要素之间的相互作用关系出发，建立脆弱性评价模型。

与上述几种生态地质脆弱性评价方法相比，函数模型评价法在脆弱性评价的思路上与脆弱性内涵之间对应较强，能够体现脆弱性构成要素之间的相互作用关系，有利于解释生态地质脆弱性成因及特征，评价结果能够反映生态地质整体脆弱程度及脆弱性构成要素的情况。目前关于生态地质和生态地质脆弱性的概念、构成要素及其相互作用关系尚无统一的认识，并且对生态地质脆弱性构成要素的定量表达较困难，使得该评价方法进展较为缓慢，但该方法在生态地质脆弱性评价研究中已越来越受到行业关注。

4. 模糊物元评价法

模糊物元评价法是通过计算各研究区域与一个选定参照状态（生态地质脆弱性最高或最低）的相似程度来判别各研究区域的相对脆弱程度。该方法对生态地质脆弱性的评价角度与前几种不同，不是将众多指标合成一个综合指数，因此不必考虑变量间的相关性问题，可以充分利用原始变量的信息。缺点在于对参照单元的界定缺乏科学合理的方法，评价结果对参照单元选取标准的变化十分敏感，并且评价结果反映出的信息量较少，只能反映各研究区域生态地质脆弱性的相对大小，难以反映脆弱性空间差异的决定因素及脆弱性特征等方面的信息。

第二节　生态地质脆弱性评价指标体系

一、指标筛选思路

综合前人研究，目前对生态地质脆弱性定量评价研究主要有两种思路，一种是针对生态地质问题进行脆弱性评价，另一种是基于生态地质条件（要素）进行脆弱性评价。前述提到，作为地质学的一个分支，生态地质及生态地质脆弱性的概念目前尚无统一的定义。但基于前人研究和本次在大凉山区开展的生态地质调查实践，本书认为生态地质及生态地质脆弱性的内涵比较清楚，生态地质的内涵是研究各种生态问题或生态过程的地质学机理、地质作用过程及背景条件。而生态地质脆弱性的内涵即为在一定的生态地质条件下，生态地质环境对内外扰动的敏感性以及缺乏应对能力从而使生态地质环境的结构和功能容易发生改变的一种属性。无论生态地质还是生态地质脆弱性，它们的内涵都强调生态地质条件，同时根据本次在西昌市开展生态地质调查工作取得的认识，西昌市生态地质脆弱性评价采用基于生态地质条件(要素)来进行评价,并根据实际情况将生态地质脆弱性分为不脆弱、轻度脆弱、中度脆弱、高度脆弱与极脆弱5个等级。本书在生态地质脆弱性评价基础上,指出脆弱性的主控因素,总结区域分异规律,进行脆弱性分区,提出生态保护与修复建议。

二、指标筛选

如果把自然界分为生物与非生物两大类,虽然这两大类几乎总是可区别、可分开的,但它们又不能彼此孤立地存在。生物依赖于环境,它们必须与环境连续地交换物质和能量,需适应于环境才能生存;另一方面,生物又影响环境,不断改造环境条牛,生物与环境在相互作用中形成统一的整体(孙儒泳等,2002),即生物与环境密不可分,它们一起构成了生态环境。如果我们从地球系统科学的角度出发,将岩石圈、生物圈、大气圈、水圈等圈层作为一个系统看待,影响或者说控制这些圈层之间能量与物质交换的动力为地球的内、外营力,结果都是地球内外营力综合作用的结果。

因此,从地球系统科学和多圈层交互作用来看,影响生态环境的因素有气象、水文、地形地貌、地质环境、人类活动等。本次在生态地质调查的基础上结合前人成果,通过对上述因素进行综合分析,找出主导控制因素,筛选评价指标。

(一)非主控因素

1. 气象

西昌市属亚热带西南季风气候,同时又具有高原干燥气候的特点,有充沛的降水。西昌市多年平均气温16.9℃,多年平均日照2 445.4小时,无霜期273天,多年平均降水量为1 013.5mm。从气象条件来说,在整个西昌市范围内,与植被生长关系最为密切的水、光、热、风等条件都非常优越,光热条件与降水都十分适宜植被生长,完全可以满足植被生长所需。因此,除了垂直分带性外,在横向上气象条件并不会造成植被生长的巨大差异。换言之,气象条件并不是西昌市生态(地质)环境的主控因素,对西昌市生态地质脆弱性的影响不大。

2. 水文

西昌市域内水系发达,属金沙江水系,主要河流为雅砻江及支流安宁河,水资源丰富,安宁河是区内的主要河流。安宁河在西昌市境内干流长为86.31km,流域面积为1 852.3km^2,多年平均流量为110m^3/s(漫水湾流量站),多年平均径流量34.7×10^8m^3,是西昌市工农业生产和生活用水的主要水源。全市除安宁河、雅砻江、邛海湖外,大小溪流、河流共131条,其中面积大于50km^2的有14条,主要分布在安宁河流域。

从水文条件来说,西昌市境内降水充沛,地表径流发达,流量大,水资源丰富,完全能够满足植被生长需求,也完全能够满足生态需求,水文也不是西昌市生态(地质)环境的主控因素。

(二)主控因素

由于气象、水文条件不是西昌市生态(地质)环境的主控因素,其他的地形地貌、土壤类型、土壤侵蚀、地质灾害等都受地质条件控制,与地质环境相关。

根据本次调查工作取得的认识并结合前人资料开展综合研究,筛选地形地貌、地质环境、土壤、生态与人类活动4项主要生态地质条件,针对这些生态地质条件,又筛选了坡度、沟壑密度、地层岩性、地质建造、地质灾害、土壤类型、成土母质、土壤侵蚀强度、生态系统类型、人类活动强度10项单因子(要素)

评价指标，构建层次结构模型，在GIS的支持下，采用层次分析法（analytic hierarchy process，简称AHP）进行评价（图3-1）。

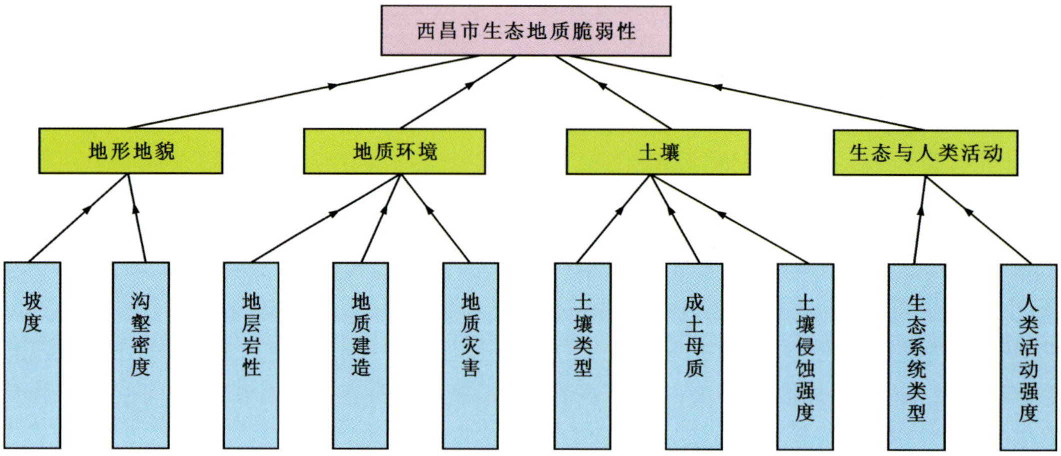

图3-1 西昌市生态地质脆弱性评价层次结构模型

第三节 生态地质脆弱性评价

一、单因子评价

（一）地形地貌

西昌市大部分地区海拔在1500m以上，地形以中山为主，占全市总面积的78.9%，高山、低山分别占1.1%和3.4%，河谷平坝面积占16.4%，是典型的山地地形。山地分布在安宁河东、西两侧。西部牦牛山是市境内山地的主体，占全市总面积的一半，自北向南纵贯全境，构成安宁河与雅砻江的分水岭。牦牛山北段许多山峰海拔超过3500m，向南逐渐降低。整个山体，海拔大部分介于2000～3000m之间。安宁河东侧属螺髻山山脉，北段主脊线在喜德县境，南段主脊线在西昌与普格的分界线上。

在这种地貌形态下，坡度和沟壑密度成为影响生态地质环境脆弱性的重要地形因子（表3-1）。

表3-1 西昌市生态地质脆弱性地形地貌影响因子分级表

分级	不脆弱	轻度脆弱	中度脆弱	高度脆弱	极脆弱
坡度	<8°	8°～15°	15°～25°	25°～35°	>35°
沟壑密度（km/km^2）	0～1.09	1.09～1.69	1.69～2.09	2.09～2.58	2.58～4.05
分级赋值（C）	1	3	5	7	9
分级标准（SS）	1.0～2.0	2.0～4.0	4.0～6.0	6.0～8.0	>8.0

1.坡度单因子脆弱性评价

坡度决定着地表现代侵蚀作用的强度，影响着水土流失的强度、土层厚度甚至土壤的肥力状况，坡度越大，地表物质的不稳定性就越强，土壤越容易遭受侵蚀而变薄（汤小华，2005；张景华等，2018）。同时，坡度还是影响斜坡稳定性的重要因素，坡度越大，斜坡稳定性越差。因此，选用坡度作为西昌市生态地质脆弱性评价的地形指标之一。

根据《水土保持综合治理规划通则》(GB/T 15772—1995)，坡度可分为微坡、缓坡、较缓坡、较陡坡、陡坡和急陡坡6类，坡度范围分别为<3°、3°～8°、8°～15°、15°～25°、25°～35°和>35°。通过1∶5万生态地质调查，本书认为西昌市坡度8°以下的土地一般呈平整大块，土壤侵蚀微弱，地表物质稳定，土地适宜性好，生态地质不脆弱。因此，制订了西昌市生态地质脆弱性坡度单因子评价分级标准。以西昌市数字高程模型(gigital elevation model，简称DEM)为基础数据，在地理信息系统中通过坡度分析得到西昌市坡度图，并按表3-1的坡度分级标准进行分级，得到西昌市生态地质脆弱性坡度单因子评价图(图3-2)。西昌市生态地质坡度单因子脆弱性分为不脆弱、轻度脆弱、中度脆弱、高度脆弱与极脆弱5个等级，不脆弱与轻度脆弱区主要分布于安宁河谷与邛海盆地，中度—极脆弱区主要分布于西部的牦牛山—磨盘山和东部的螺髻山。

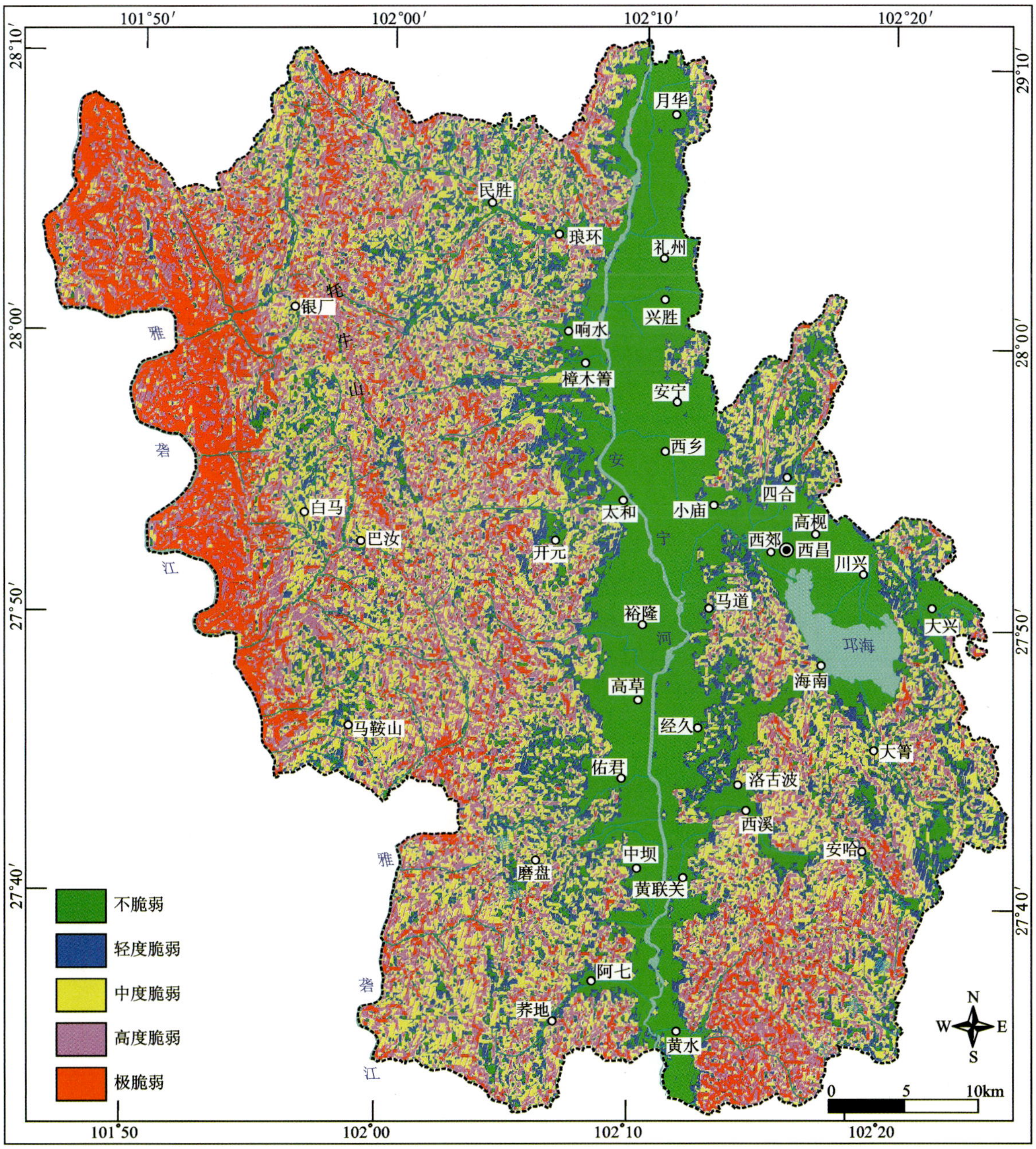

图3-2 西昌市生态地质脆弱性坡度单因子评价图

2. 沟壑密度单因子脆弱性评价

沟壑密度是指每平方千米内侵蚀沟(或水文网)的总长度,以 km/km^2 表示,是衡量地表破碎度的一个指标。沟壑密度越大,地形越破碎,一方面地表斜坡越多,地表物质稳定性越低;另一方面地表径流和土壤冲刷越快,沟蚀发展越剧烈。安宁河纵贯西昌市,支流众多,造成局部沟蚀强烈。因此,选用沟壑密度作为西昌市生态地质脆弱性评价的地形指标之一。

以西昌市 DEM 为基础数据,在地理信息系统中通过水文分析,得到西昌市沟壑密度图。通过统计,西昌市沟壑密度的值域范围为 $0\sim4.05km/km^2$,在地理信息系统中采用自然间断点分级法(Jenks)进行分级,得出西昌市生态地质脆弱性沟壑密度单因子评价分级标准,然后按表 3-1 的沟壑密度分级标准进行分级,得到西昌市生态地质脆弱性沟壑密度单因子评价图(图 3-3)。西昌市生态地质沟壑密度单因子脆弱性分为不脆弱、轻度脆弱、中度脆弱、高度脆弱与极脆弱 5 个等级,各等级区在空间分布上较均

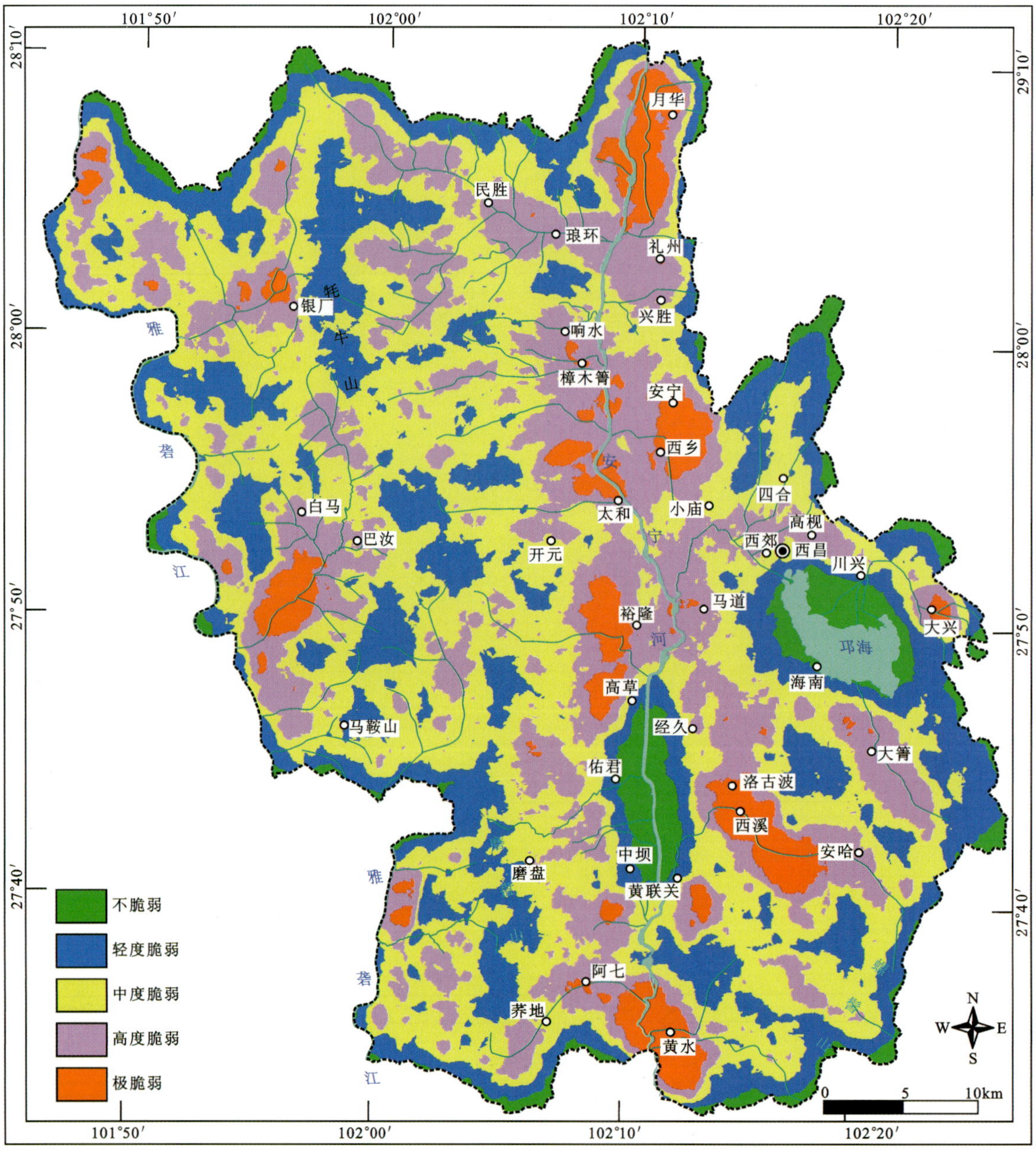

图 3-3　西昌市生态地质脆弱性沟壑密度单因子评价图

匀，无明显分布特征。

（二）地质环境

地质环境（背景）对西昌市生态地质脆弱性有着深远的影响。通过调查与综合研究，影响西昌市生态地质脆弱性的地质环境因素主要为地层岩性、地质建造和地质灾害。

1. 地层岩性

地表岩石经风化作用，破碎形成的松散碎屑，物理性质改变，形成疏松的风化物——成土母质。成土母质是形成土壤的基本的原始物质，是土壤形成的物质基础和植物矿物养分元素的最初来源。很显然，岩性影响成土母质，理论上不同岩性形成不同的成土母质，成土母质影响土壤，而土壤是植物生长的载体与物质基础，植被则是生态环境的重要指标之一。从这个意义上来说，岩性对生态环境有着重要的影响。

岩性对成土母质的影响主要是物理性质，即岩石的抗风化能力，抗风化能力弱的岩石，容易风化成为成土母质，从而形成较厚的成土母质；而抗风化能力强的岩石，难以风化成为成土母质，从而形成较薄的成土母质。

因此，根据西昌市岩性特点，参照工程地质岩组划分方案，根据岩土坚硬程度、结构以及物理力学性质，将西昌市岩层划分为松散岩类、软弱岩组、软硬互层岩组、较坚硬岩组和坚硬岩组 5 种工程地质岩组，其抗风化能力由弱至强，并制订了西昌市生态地质脆弱性地层岩性单因子评价分级标准（表 3－2）。

表 3－2　西昌市生态地质脆弱性地质环境影响因子分级表

分级	不脆弱	轻度脆弱	中度脆弱	高度脆弱	极脆弱
地质单元（地层岩性）	松散岩类（Q、N_2x）	软弱层组（KEl、$K_{1-2}x$、K_1f、J_3g、J_3n、J_2x 和 $J_{1-2}y$）	较硬互层岩组（T_3bd、T_3dq、T_3bq、T_3bn）	较坚硬岩组（$\in_2c$、$\in_2q$、Nh_3lg、Nh_2k、Nh_2s、$Z_{1-2}g$）	坚硬岩组（P_2y、C_2h、D_3gg、D_2ln、D_2q、D_1pj、S_2b、$Z\in d$、玄武岩、花岗岩、闪长岩）
地质建造	第四纪陆相松散堆积建造	新近纪陆相碎屑岩建造、侏罗纪—白垩纪陆相碎屑岩建造、三叠纪陆相碎屑岩建造	二叠纪陆相基性岩建造、前寒武纪基性岩建造	三叠纪陆相中酸性岩建造、前寒武纪中酸性火山岩建造、前寒武纪中酸性岩建造	震旦纪—二叠纪海相—海陆过渡相碳酸盐岩建造
地质灾害	不易发区	低易发区	中易发区	高易发区	极易发区
分级赋值（C）	1	3	5	7	9
分级标准（SS）	1.0～2.0	2.0～4.0	4.0～6.0	6.0～8.0	＞8.0

西昌市出露地质单元较为齐全，与西昌市主体构造线一致，主要地质单元呈南北向展布。松散岩类主要为第四系（Q）和昔格达组（N_2x）；软弱岩组主要为侏罗纪—白垩纪陆相泥质碎屑岩建造，包括雷打树组（KEl）、小坝组（$K_{1-2}x$）、飞天山组（K_1f）、官沟组（J_3g）、牛滚凼组（J_3n）、新村组（J_2x）和益门组（$J_{1-2}y$）等；软硬互层岩组主要为三叠纪陆相砂质碎屑岩建造，包括宝顶组（T_3bd）、白果湾组（T_3bg）、大荞地组（T_3dq）、丙南组（T_3bn）等；较坚硬岩组主要为前寒武纪陆相火山岩和碎屑岩建造，包括沧浪铺组（$\in_2c$）、筇竹寺组（$\in_2q$）、列古六组（Pt_3lg）、开建桥组（Pt_3k）等；坚硬岩组主要为古生代海相碳酸盐岩、碎屑岩以及区内岩浆岩，包括阳新组（P_2y）、黄龙组（C_2h）、干沟组（D_3gg）、烂泥箐组（D_2ln）、曲靖组（D_2q）、坡脚组（D_1pj）、稗子田组（S_2b）、灯影组（$Z\in d$）和观音崖组（$Z_{1-2}g$）等，以及前寒武纪中酸性岩、三叠纪中酸性岩和二叠纪峨眉山玄武岩等。

在地理信息系统中，以西昌市地质图为基础数据，按表 3－2 中的工程地质岩组分级标准进行分级赋值，然后转为栅格图像，得到西昌市生态地质脆弱性地层岩性单因子评价图（图 3－4）。西昌市生态地质地层岩性单因子脆弱性分为不脆弱、轻度脆弱、中度脆弱、高度脆弱与极脆弱 5 个等级，不脆弱区主要分布于安宁河谷与邛海盆地，轻度脆弱区主要分布于西昌市东部邛海周边及西部磨盘山西坡地带，中度—极脆弱区主要分布于西部的牦牛山—磨盘山和东部的螺髻山。

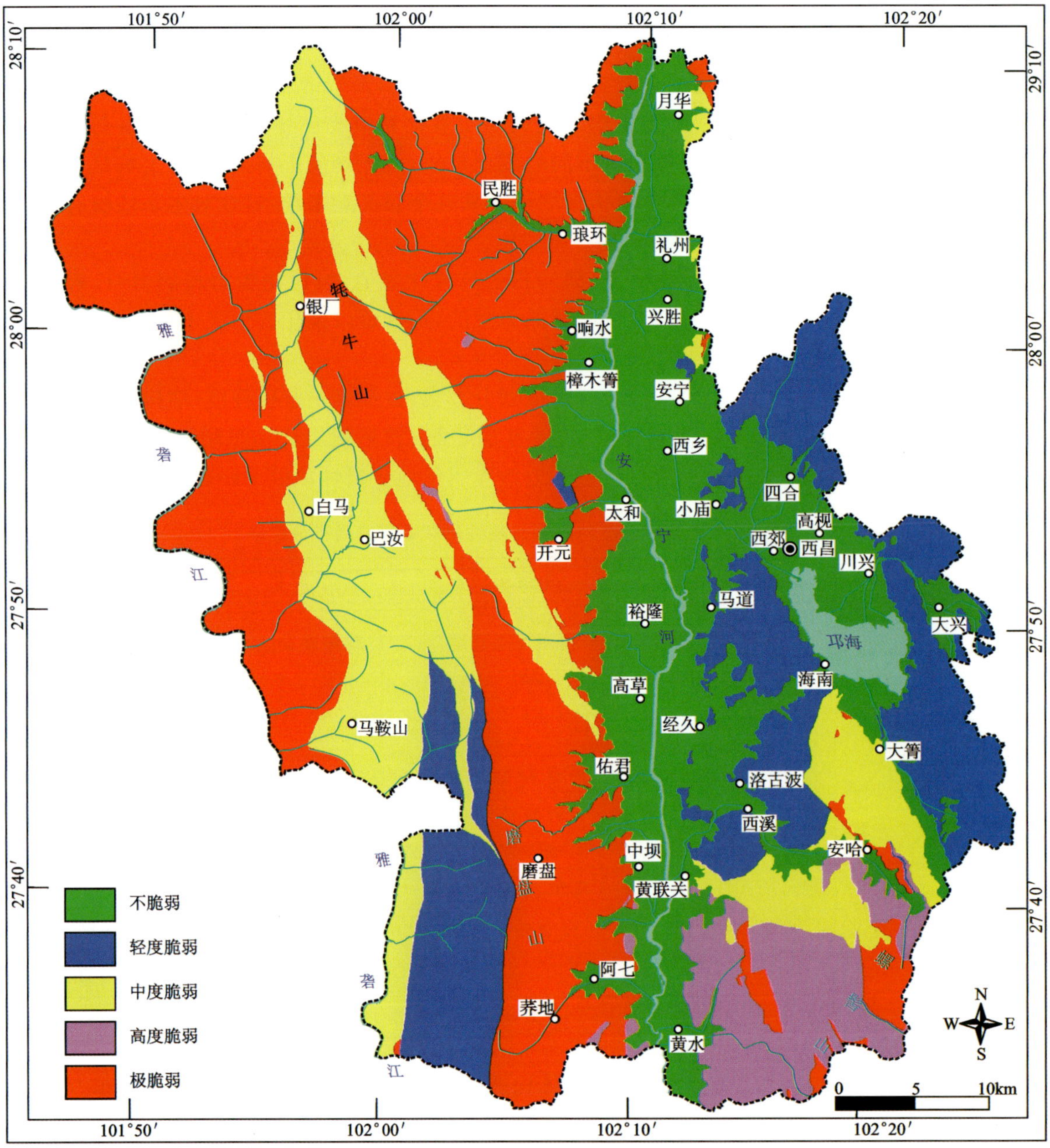

图 3－4　西昌市生态地质脆弱性地层岩性单因子评价图

2. 地质建造

地表现今形态主要是地球外营力和内营力共同作用的结果，不论内营力形成的构造运动、岩浆活动，还是外营力引起的风化、剥蚀、搬运作用，都是地质作用的体现。这些地质作用对生态地质不可避免有着重要的影响，而对一个区域生态地质影响最大的地质环境因素主要就是地质建造（构造）和地层岩性。地质建造(构造)通过控制西昌市地貌形态和岩性分布，进而影响着地面坡度和地表的岩石类型，间接决定着地表现今形态和生态地质脆弱性。因此，在划分西昌市建造单元的基础上，根据每个建造单元特征，制订了西昌市生态地质脆弱性地质建造单因子评价分级标准(表 3-2)。

在地理信息系统中，以西昌市地质建造图为基础数据，按表 3-2 中的地质建造分级标准进行分级赋值，然后转为栅格图像，得到西昌市生态地质脆弱性地质建造单因子评价图(图 3-5)。西昌市生态地质地质建造单因子脆弱性分为不脆弱、轻度脆弱、中度脆弱、高度脆弱与极脆弱 5 个等级，不脆弱区主要分布于安宁河谷与邛海盆地，轻度脆弱区主要分布于西昌市东部邛海周边和西部牦牛山—磨盘山，中度—极脆弱区主要分布于西部的牦牛山—磨盘山和东部的螺髻山。

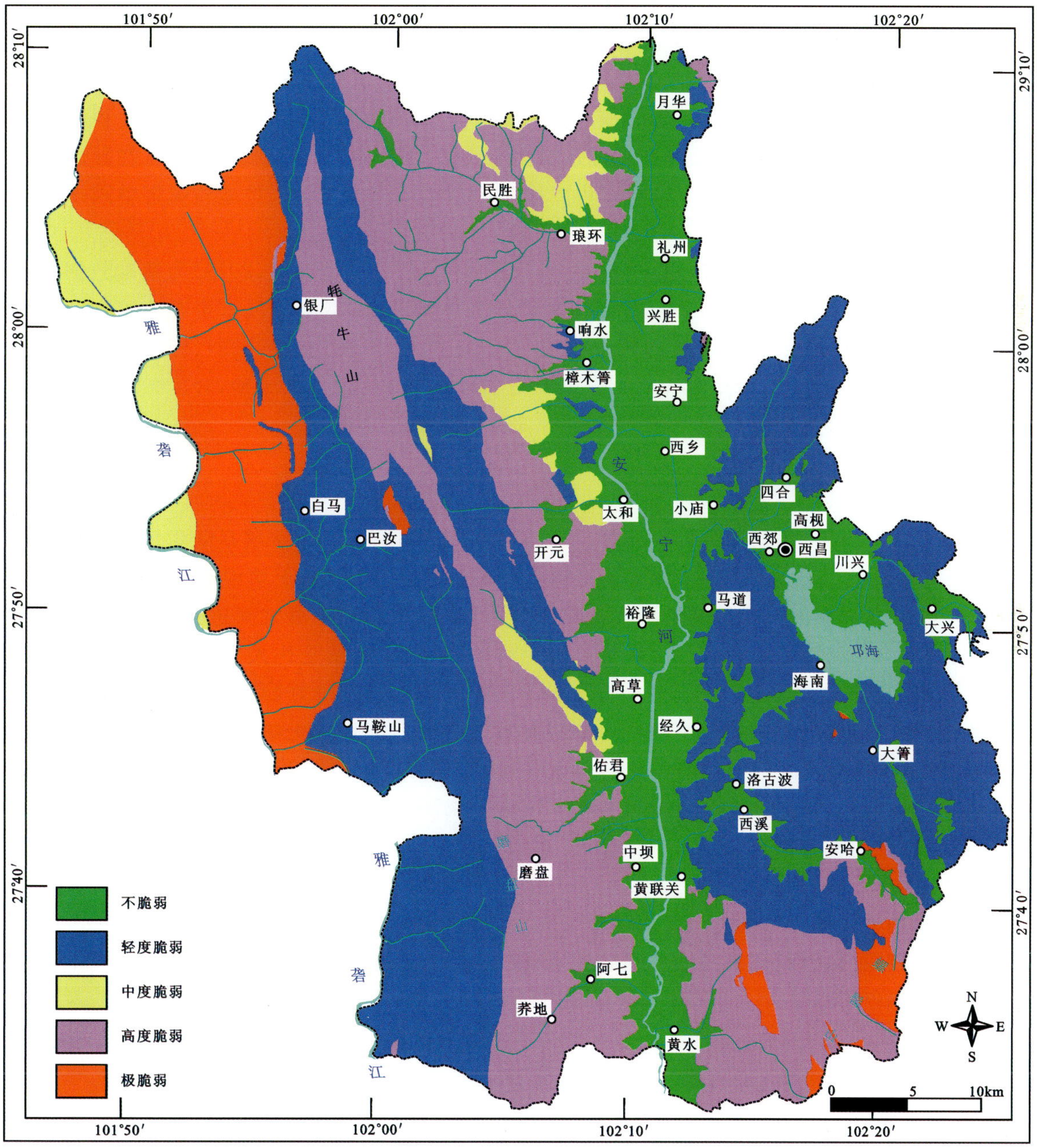

图 3-5　西昌市生态地质脆弱性地质建造单因子评价图

3. 地质灾害

西昌市位于安宁河流域中游，四周群山环绕，安宁河谷平原及邛海盆地镶嵌其中。区内地势北高南低，地质构造复杂，地震活动频繁，岩体普遍变质，结构破碎，地质环境条件复杂，加之气候变化大，水电开发、水利工程、公路建设等工程活动集中且力度大，引发了一系列环境地质问题。西昌市地质灾害以中小型的泥石流、滑坡为主，不同程度地对当地人民群众生命财产安全构成威胁，并在一定程度上制约着西昌市经济建设发展，还对生态环境造成了较大的影响，导致植被破坏、土壤侵蚀加剧等。因此，地质灾害也是影响西昌市生态地质脆弱性的地质环境因素之一。

地质灾害体的面积相对于西昌市域面积而言十分有限，倘若把地质灾害体直接当作地质灾害因子来评价，则会造成评价面积与区域面积不成比例，且不同规模、类型的灾害体无法使用一个统一的评价指标来评价。因此，采用地质灾害易发性作为生态地质脆弱性评价的单因子指标更合适。地质灾害易发性分区的目的是把区内地质灾害发生的地质环境条件接近、灾害种类基本上一致、易发程度和危害程度相当的区域划分在一起，把各方面不相同的区域划分开。显然地质灾害的相似性与差异性也适用生态地质脆弱性评价，因此，采用地质灾害易发程度作为西昌市生态地质脆弱性地质灾害单因子评价分级标准。

在地理信息系统中，以西昌市地质灾害易发分区图（四川省地质调查院，2013）为基础数据，按表 3－2 中的地质灾害易发性分级标准进行分级赋值，然后转为栅格图像，得到西昌市生态地质脆弱性地质灾害单因子评价图（图 3－6）。西昌市生态地质地质灾害单因子脆弱性分为不脆弱、轻度脆弱、中度脆弱、高度脆弱与极脆弱 5 个等级，不脆弱区主要分布于安宁河谷与邛海盆地的平地，轻度—高度脆弱区无明显分布特征，而极脆弱区主要分布于安宁河谷与邛海盆地的山麓地带。

（三）土壤

土壤是陆地生态系统最重要的构成部分，也是陆地生态系统的中心，土壤是陆生植物生活的基质和陆生动物生活的基底。土壤不仅为植物提供必需的营养和水分，而且是土壤中动物赖以生存的栖息场所。对植物来说，植物根系与土壤有着极大的接触面，可以在植物和土壤之间进行频繁的物质交换，因此通过控制土壤因素就可影响植物的生长和产量。对动物来说，土壤是比大气环境更为稳定的生活环境，它的温度和湿度的变化幅度要小得多，因此土壤常常成为动物的极好隐蔽场所，动物在土壤中可以躲避高温、干燥、大风和阳光直射。生态系统中的很多重要过程都是在土壤中进行的，特别是分解和固氮过程。生物遗体只有通过分解过程才能转化为腐殖质，成为可被植物再利用的营养物质，而固氮过程则是土壤氮肥的主要来源。这两个过程都是整个生物圈物质循环所不可缺少的环节。因此，土壤是影响生态地质脆弱性的重要因素。

然而，土壤也是一个非常复杂的系统，用于表征这个复杂系统的要素众多，包括物理的、化学的、生物的等。显然，用来表征土壤的各个要素对生态地质脆弱性的影响也各不相同。本次综合考虑了资料数据、调查认识和可操作性等，最终选择土壤类型、成土母质、土壤侵蚀强度作为影响西昌市生态地质脆弱性的土壤因素。

1. 土壤类型

由于不同土壤成土因素和基本成土过程不一样，导致土壤属性发生分异，从而形成具有不同形态特征的多种多样的土壤类型，不同土壤的组成、性质各异，其对生态地质脆弱性的影响也不同。

土壤的分类体系多种多样。我国现行的土壤分类系统采用土纲、亚纲、土类、亚类、土属、土种、亚种 7 级分类制，其中土类和土种作为基本分类单元，本次工作也采用此分类体系。然而，究竟采用土类还是土种作为西昌市生态地质脆弱性土壤类型单因子评价分类单元，要根据西昌市的土壤特征决定。

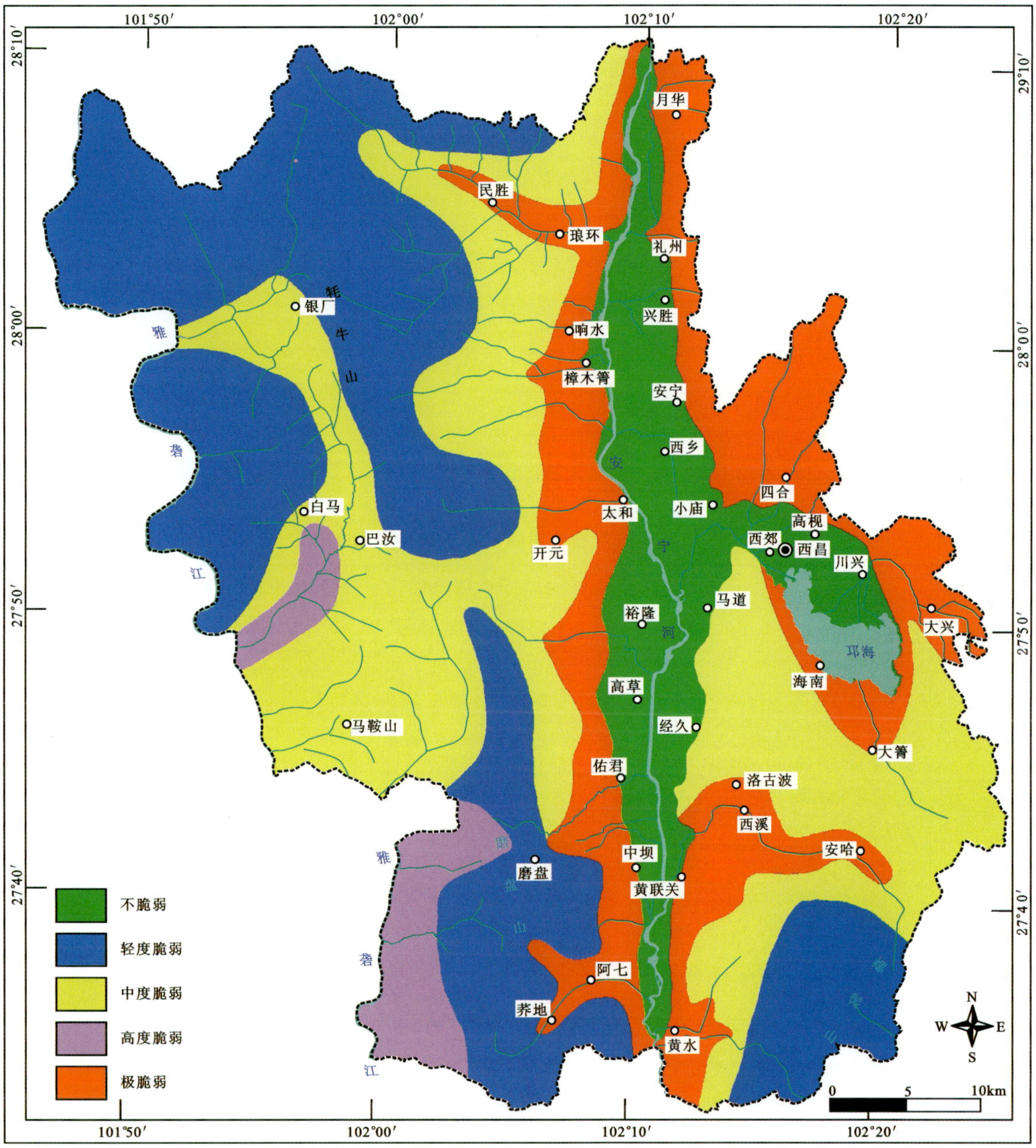

图 3-6　西昌市生态地质脆弱性地质灾害单因子评价图

西昌全市土壤种类主要包括 5 个土纲，6 个土类（表 2-7）。同时，西昌市还有安宁河谷与邛海等大量无自然植被区域，其占区域面积比重较大，而自然植被相对较单一，显然统计不同土壤类型的植被分布，不宜过细，过细则植被分布的规律性会不明显。因此，采用土类作为西昌市生态地质脆弱性土壤类型单因子评价分类单元。

通过将西昌市植被类型图与土壤类型（土类）图进行空间分析，发现西昌市植被的分布与土壤有着密切的联系。不同的土壤类型中各类植被数量有较大差异（表 3-3），说明土壤类型（土类）对整个西昌市植被分布有一定的控制作用。

综合上述，本书采用土类作为西昌市生态地质脆弱性土壤类型单因子评价分类单元，并根据不同土类的特征制订了西昌市生态地质脆弱性土壤类型单因子评价分级标准（表 3-4）。

表 3-3　西昌市不同土壤类型(土类)中植被分布面积统计表

植被类型	面积(km^2)					
	水稻土	红壤	紫色土	棕壤	黄棕壤	黑毡土
栽培植被	297.51	174.19	188.96	27.97	48.40	18.59
草丛		0.29		1.43	7.12	5.08
草甸				9.59	0.54	16.46
灌丛	16.45	93.44	27.37	84.27	86.33	53.07
阔叶林	13.37	37.09	7.72	16.17	61.15	5.00
针阔混交林					0.11	
针叶林	102.66	491.35	242.24	153.67	288.91	54.96
合计	453.55	796.36	466.29	293.08	492.56	153.16

表 3-4　西昌市生态地质脆弱性土壤影响因子分级表

分级	不脆弱	轻度脆弱	中度脆弱	高度脆弱	极脆弱
土壤类型	水稻土	红壤	棕壤、黄棕壤	紫色土	黑毡土
成土母质	第四纪冲洪积风化物、新近纪泥岩类风化物	侏罗纪—白垩纪泥岩类风化物、三叠纪砂岩类类风化物	二叠纪基性岩类风化物、三叠纪中性岩类风化物、三叠纪基性岩类风化物、震旦纪—二叠纪早期碳酸盐岩类风化物、寒武纪泥岩类风化物、前寒武纪基性岩类风化物	三叠纪泥质变质类风化物	三叠纪酸性岩类风化物、前寒武纪酸性岩类风化物
土壤侵蚀强度	微度	轻度	中度	强烈	极强烈、剧烈
分级赋值(C)	1	3	5	7	9
分级标准(SS)	1.0～2.0	2.0～4.0	4.0～6.0	6.0～8.0	>8.0

在地理信息系统中，以《凉山州土壤》中的西昌市土壤类型图(凉山州土壤普查办公室，1987a)为基础数据，按表 3-4 中的土壤类型分级标准进行分级赋值，然后转为栅格图像，得到西昌市生态地质脆弱性土壤类型单因子评价图(图 3-7)。西昌市生态地质土壤类型单因子脆弱性分为不脆弱、轻度脆弱、中度脆弱、高度脆弱与极脆弱 5 个等级，不脆弱区主要分布于安宁河谷与邛海盆地，轻度脆弱区大部分分布于安宁河东、西的山坡地带，少量分布于雅砻江左岸山地，中度—极脆弱区主要分布于西部的牦牛山—磨盘山和东部的螺髻山。

2. 成土母质

在调查的基础上，西昌市成土母质可分为 17 类，然后通过采样与测试分析，统计每一类成土母质中与植物生长关系密切的 Cu、B、Zn、N、Mo、Mn 等元素的适宜性分级(从一级到五级再到超标，表示植物生长适宜性由高到低再到不适宜)数量百分比(表 3-5)，根据适宜性分级百分比确定西昌市生态地质脆弱性成土母质单因子评价分级标准(表 3-4)。

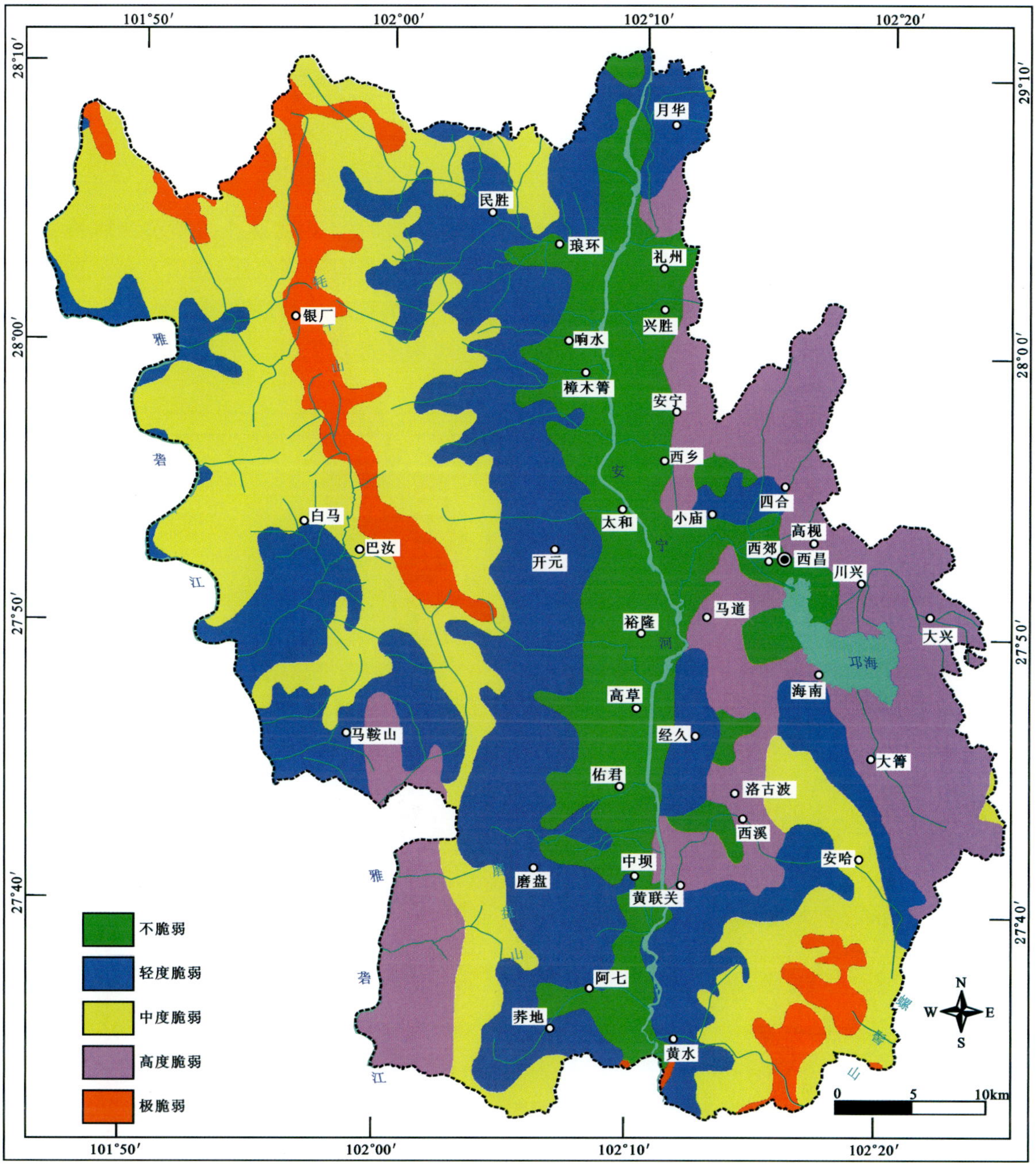

图 3－7　西昌市生态地质脆弱性土壤类型单因子评价图

表 3－5　西昌市成土母质中适宜植物生长的元素级别所占百分比统计表　　单位：%

成土母质	一级	二级	三级	四级	五级	超标
第四纪冲洪积风化物	50.00	11.11	5.56	16.67	16.67	0
新近纪泥岩类风化物	43.33	6.67	13.33	6.67	20.00	10.00
侏罗纪—白垩纪泥岩类风化物	37.80	13.60	9.74	15.18	15.20	8.48
三叠纪砂岩类风化物	41.67	11.67	10.00	10.00	11.67	15.00
三叠纪泥质变质类风化物	34.78	17.39	13.04	8.70	4.35	21.74
三叠纪酸性岩类风化物	36.11	16.67	2.78	13.89	22.22	8.33

续表 3－5

成土母质	一级	二级	三级	四级	五级	超标
二叠纪基性岩类风化物	41.67	8.33	0	0	25.00	16.67
前寒武纪酸性岩类风化物	23.81	11.90	9.52	14.29	28.57	11.90

在地理信息系统中，以西昌市成土母质图为基础数据，按表 3－4 中的成土母质分级标准进行分级赋值，然后转为栅格图像，得到西昌市生态地质脆弱性成土母质单因子评价图（图 3－8）。西昌市生态地质成土母质单因子脆弱性分为不脆弱、轻度脆弱、中度脆弱、高度脆弱与极脆弱 5 个等级，不脆弱区主要分布于安宁河谷与邛海盆地，轻度脆弱区主要分布于邛海周边和牦牛山—磨盘山山脊两侧，中度—极脆弱区主要分布于西部的牦牛山—磨盘山和东部的螺髻山。

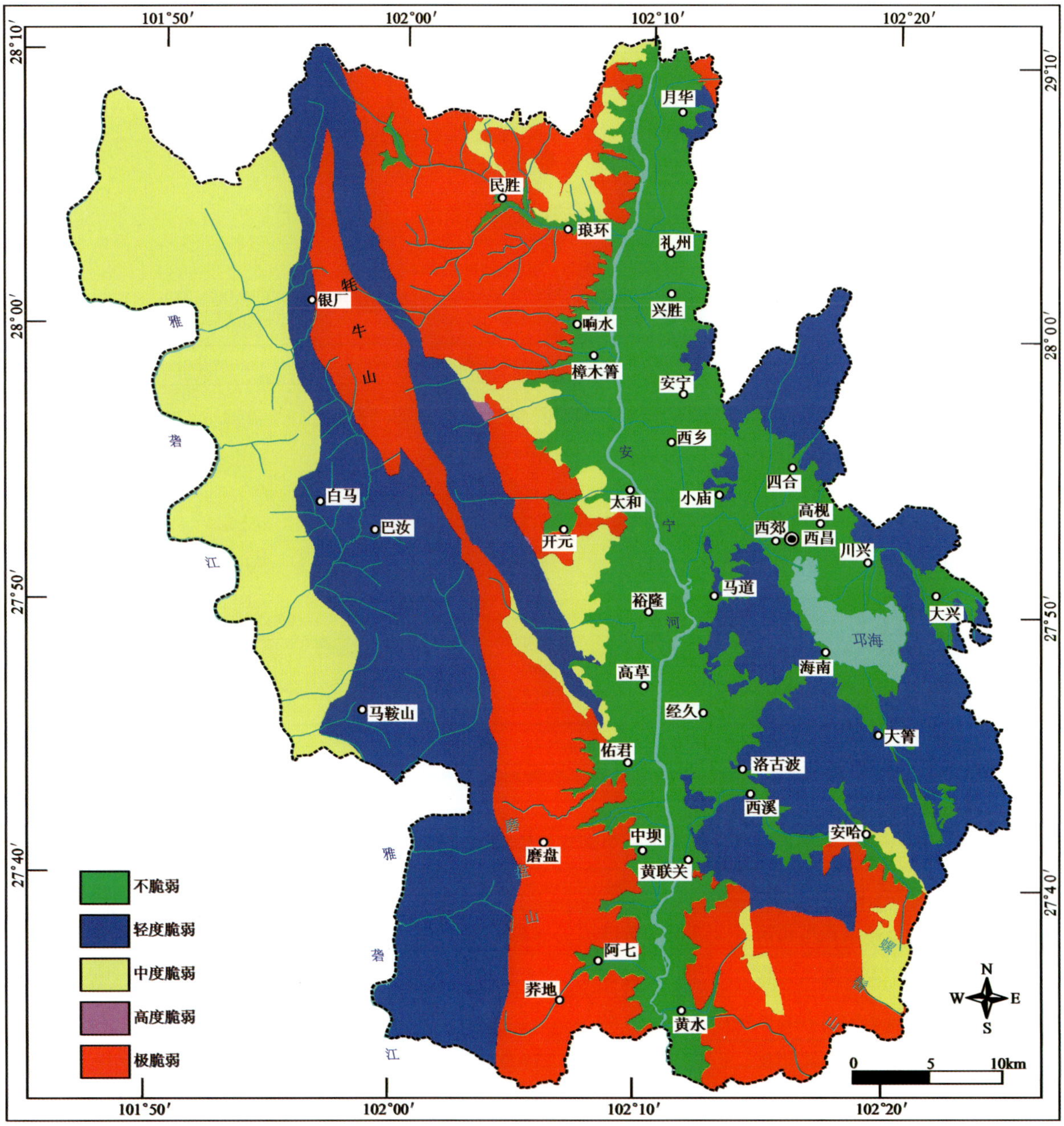

图 3－8　西昌市生态地质脆弱性成土母质单因子评价图

3. 土壤侵蚀强度

土壤侵蚀是土壤或其他地面组成物质在水力、风力、冻融、重力等外营力作用下，被剥蚀、破坏、分离、搬运和沉积的过程。土壤侵蚀破坏土地资源及其他自然资源，使土地退化，破坏生态平衡，引起生物物种的损失，进而对生态系统中的气候因素造成不利影响，引起生态地质失衡。土壤侵蚀已成为世界环境的危害之一，也是我国最大的环境问题，当然也是西昌市乃至大凉山区主要的生态地质问题，它也必然是影响西昌市生态地质脆弱性的土壤因素之一。

土壤侵蚀是地球外营力和内营力共同作用的结果。通常可以依据导致土壤侵蚀的外营力种类、发生时间和发生速率等划分为三大类。其中，按照导致土壤侵蚀的外营力，可划分为水力侵蚀类型、重力侵蚀类型、混合侵蚀类型、风力侵蚀类型、冻融侵蚀类型、冰川侵蚀类型、化学侵蚀类型、植物侵蚀类型和人为侵蚀类型等。不同土壤侵蚀类型又可依据其发生的形态划分为不同的土壤侵蚀形式。依据土壤侵蚀状况，可将其划分为不同的土壤侵蚀强度。西昌市土壤侵蚀以水力侵蚀为主，另有少量重力侵蚀和风力侵蚀。因此，以土壤侵蚀强度作为西昌市生态地质脆弱性土壤侵蚀单因子评价分级标准。

在地理信息系统中，以西昌市土壤侵蚀强度图为基础数据，按土壤侵蚀强度分级标准（表 3 - 4）重分类，得到西昌市生态地质脆弱性土壤侵蚀强度单因子评价图（图 3 - 9）。西昌市生态地质土壤侵蚀强度单因子脆弱性分为不脆弱、轻度脆弱、中度脆弱、高度脆弱与极脆弱 5 个等级，以不脆弱—轻度脆弱区为主，分布较均匀，中度—极脆弱区主要分布于西部的牦牛山—磨盘山和东部的螺髻山，尤其西北部雅砻江左岸一带。

（四）生态与人类活动

地质环境与生态环境有着密切的联系，它们之间既相互作用，又相互影响、相互制约，但同时又构成一个系统，即生态地质系统，地质环境是生态环境的载体，生态环境是地质环境的“屏障”，生态地质自然离不开生态。从人与生态地质（环境）的联系来看，人类活动与生态地质（环境）之间也是相互作用、相互影响、相互制约的，一方面生态地质（环境）限制了人类活动，另一方面人类活动又改造了生态地质（环境）。因此，生态地质脆弱性评价也无法排除人类活动的影响。

1. 生态系统类型

西昌市的生态系统类型，按照生境和生物种群构成特征可分为森林生态系统（Ⅰ）、草地生态系统（Ⅱ）、农田生态系统（Ⅲ）、农村生态系统（Ⅳ）、城镇生态系统（Ⅴ）和陆地水生生态系统（Ⅵ）6 个大类。生态环境作为地质环境的“屏障”，不同的生态系统，“屏障”能力不同，或者说“屏障”作为生态系统的一项生态功能，不同的生态系统有不同的“屏障”功能。显然，森林生态系统的“屏障”功能最强大，陆地水生生态系统次之，草地生态系统又次之，农田生态系统和农村生态系统再次之，而城镇生态系统最弱。因此，以生态系统类型作为西昌市生态地质脆弱性生态系统类型单因子评价分级标准（表 3 - 6）。

在地理信息系统中，以西昌市土地利用/覆盖遥感解译图为基础数据，按生态系统类型定义进行归类，获得西昌市生态系统类型图；然后，按表 3 - 6 中的生态系统类型分级标准进行分级赋值，得到西昌市生态地质脆弱性生态系统类型单因子评价图（图 3 - 10）。西昌市生态地质生态系统类型单因子脆弱性分为不脆弱、轻度脆弱、中度脆弱、高度脆弱与极脆弱 5 个等级，分布呈“两头重、中间轻”，不脆弱区、高度—极脆弱区占绝大多数，轻度—中度脆弱区只占小部分，不脆弱区全市均匀分布，高度—极脆弱区集中分布于安宁河谷与邛海盆地。

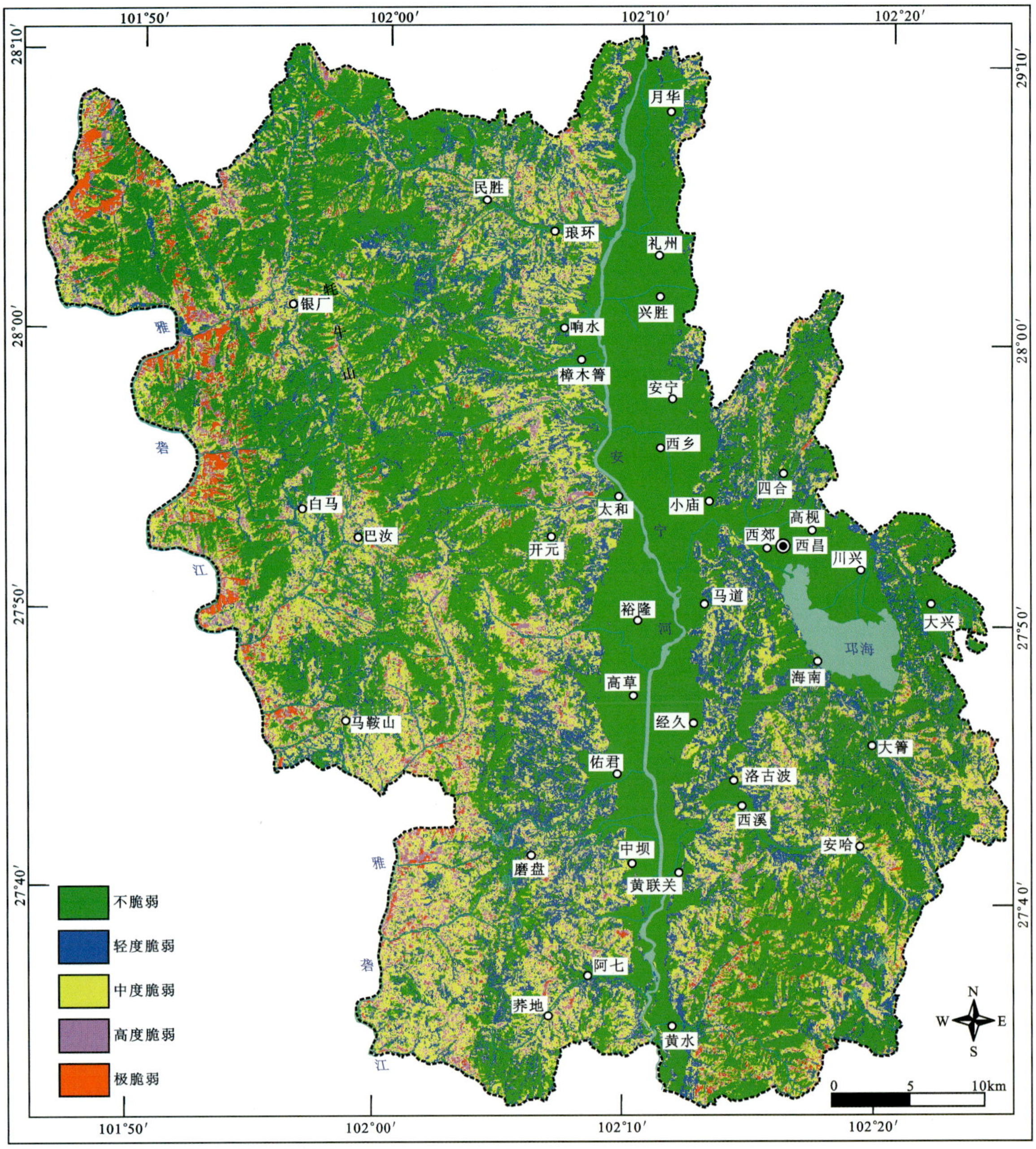

图 3-9　西昌市生态地质脆弱性土壤侵蚀强度单因子评价图

表 3-6　西昌市生态地质脆弱性生态与人类活动影响因子分级表

分级	不脆弱	轻度脆弱	中度脆弱	高度脆弱	极脆弱
生态系统类型	森林生态系统	陆地水生生态系统	草地生态系统	农田生态系统、农村生态系统	城镇生态系统
人类活动强度（人口密度，人/km^2）	<70.98	70.98～190.66	190.66～345.51	345.51～547.32	>547.32
分级赋值(C)	1	3	5	7	9
分级标准(SS)	1.0～2.0	2.0～4.0	4.0～6.0	6.0～8.0	>8.0

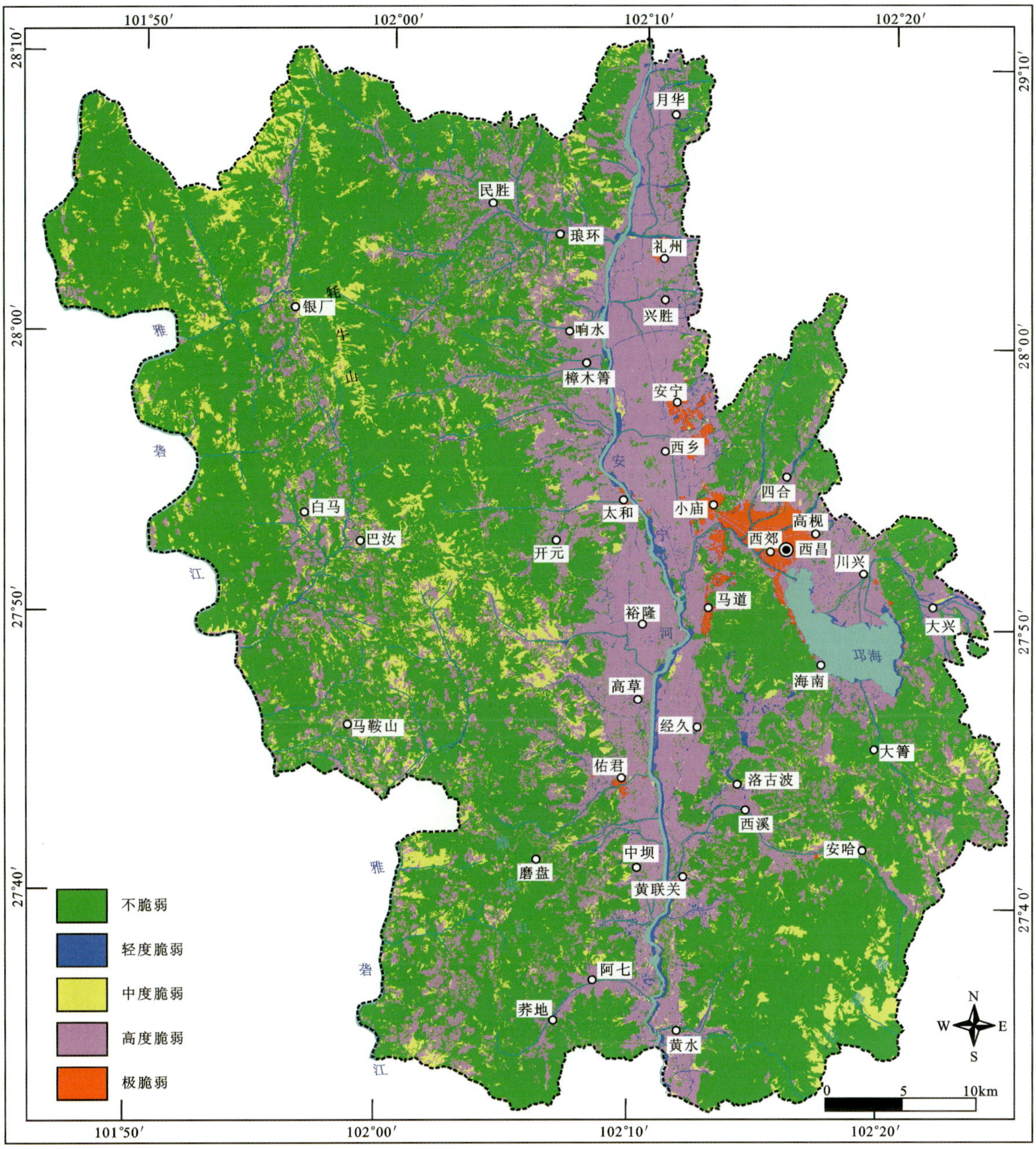

图 3-10　西昌市生态地质脆弱性生态系统类型单因子评价图

2. 人类活动强度

人口是区域人类活动的首要因素，因此采用人口密度来表征西昌市的人类活动强度。以西昌市行政区划图为主要数据结合统计年鉴，分别统计各乡镇的人口密度，制作西昌市人口密度图。

通过统计，西昌市各乡镇人口密度的值域范围为 16.83～1 103.73 人/km^2，在地理信息系统中采用自然间断点分级法(Jenks)进行分级，得出西昌市生态地质脆弱性人类活动强度单因子评价分级标准(表 3-6)，并得到西昌市生态地质脆弱性人类活动强度单因子评价图(图 3-11)。西昌市生态地质人类活动强度单因子脆弱性分为不脆弱、轻度脆弱、中度脆弱、高度脆弱与极脆弱 5 个等级，不脆弱—轻度脆弱区主要分布于西部的牦牛山—磨盘山和东部的螺髻山一带，中度—极脆弱区主要分布于安宁河谷与城区。

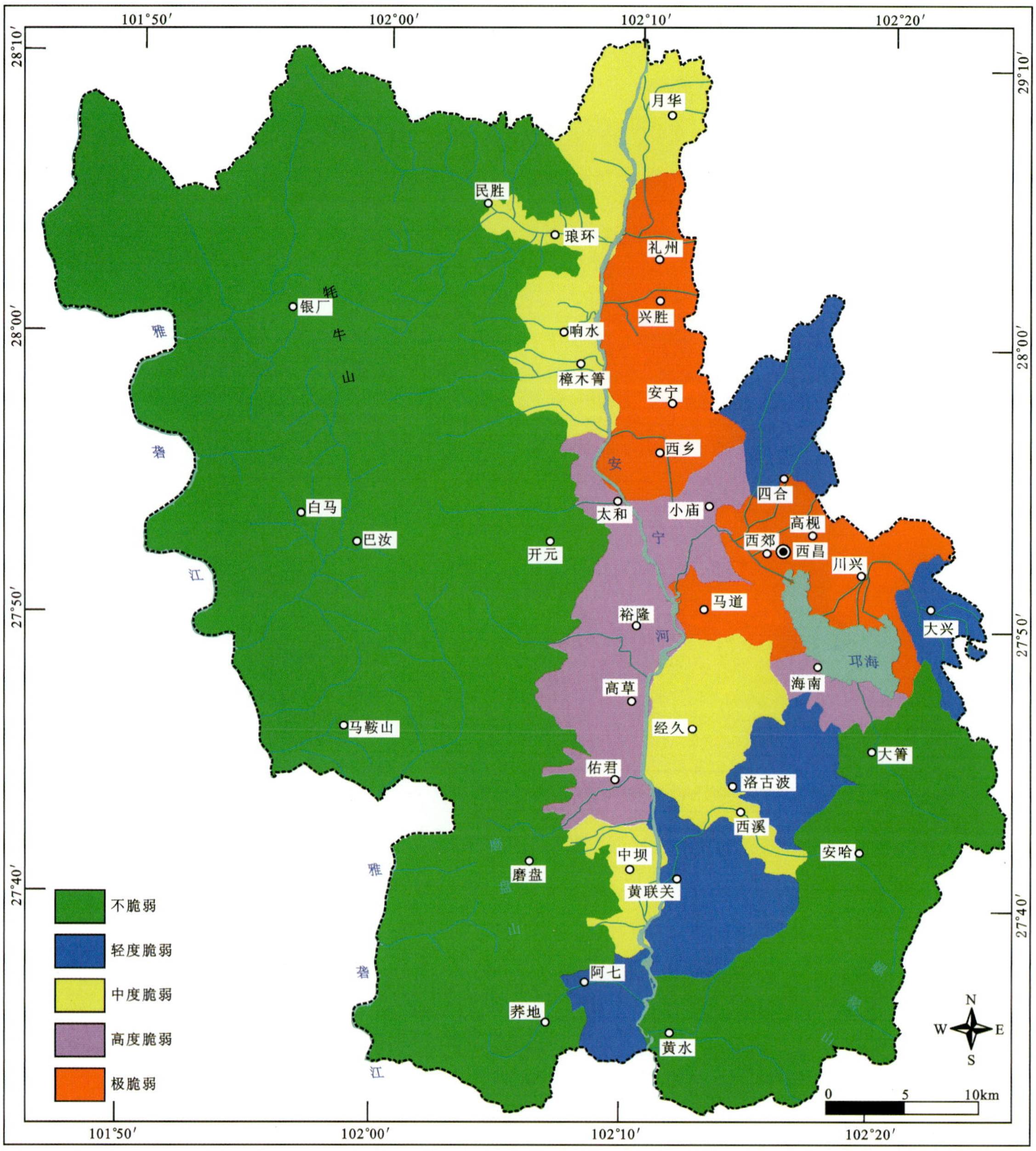

图 3-11　西昌市生态地质脆弱性人类活动强度单因子评价图

二、综合评价

从单因子分析得出的生态地质脆弱性只反映了某一因子的作用程度，要将西昌市生态地质脆弱性的区域差异综合地反映出来，还需要进行生态地质脆弱性综合评价。由于各因子对生态地质的作用机理与影响程度不同，在进行综合评价时应当对单因子赋予不同的权重，运用加权方法进行评价，按以下公式计算西昌市生态地质脆弱性综合指数。西昌市生态地质脆弱性加权指数计算公式：

$$SS_j = \sum_{i=1}^{10} C_i W_i \tag{3-1}$$

式中，SS_j 为 j 空间单元生态地质脆弱性综合指数；C_i 为 i 因子的敏感性等级值；W_i 为 i 因子的敏感性权重。

（一）赋权方法

本次工作采用层次分析法（AHP）进行赋权。

层次分析法是一种定性与定量相结合的决策分析方法，由于它能够将决策者对复杂问题的决策思维过程模型化、数量化，常常被运用于多目标、多准则、多要素、多层次的非结构化的复杂决策问题，具有十分广泛的实用性，在生态环境评价中应用广泛。通过这种方法，可以将复杂问题分解为若干层次和若干因素，在各因素之间进行简单的比较和计算，就可以得出不同方案重要性程度的权重，从而为决策方案的选择提供依据（徐建华，2006）。

层次分析法却存在着较大的随意性。譬如，对于同样一个决策问题，如果在互不干扰、互不影响的条件下，让不同的人都采用层次分析法进行研究，则他们所建立的层次结构模型、所构造的判断矩阵很可能是各不相同的，分析所得出的结论也可能各有差异。为了克服这种缺点，在实际运用中，特别是在多目标、多准则、多要素、多层次的非结构化战略决策问题的研究中，对于问题所涉及的各种要素及层次结构模型的建立，往往需要多部门、多领域的专家共同会商、集体决定，通常采用发放和回收专家调查表的形式进行，即在构造判断矩阵时，对于各个因素之间的重要程度的判断，首先罗列各个因素，然后以调查表的形式，向各领域专家发放，最后回收调查表，根据各个专家的不同意见，取各个专家的判断值的平均数、众数或中位数。

然而在实际操作中，发放和回收专家调查表这种方式依然存在着较大的局限性。首先，为了保证专家意见具有一定的代表性和普遍性，需要向各行业专家发放大量的调查表，有时甚至达到数百份，导致实际操作极为困难；其次，发放的调查表与回收的调查表不成比例，在实际操作中由于各种因素，大量地发放了很多调查表，往往实际回收的调查表却寥寥无几，导致样本数量不够，失去了统计意义；最后，由于调查表是向各行业专家发放的，而专家感兴趣的是他们从事行业内的问题，造成了专家对行业问题重要性的偏好，从而加大了主观性。

在西昌市生态地质脆弱性评价中，针对上述问题在构建判断矩阵时，对各个因素之间的重要程度进行判断。本书提出了在生态地质调查的基础上，通过综合研究各相关因素的作用机理的内在联系及继承关系来比较各相关因素的重要性的方法，用以取代专家打分，从而最大限度地降低主观性。

（二）综合评价

1. 判断矩阵与赋权

通过1∶5万生态地质调查发现，在西昌市域内地质建造（构造）控制地貌形态和岩性分布，进而影响着地面坡度、地表的岩石类型、地质灾害发育程度，而岩石作为成土母质的来源控制着成土母质的类型，还影响着地质灾害的发育分布，成土母质转化为土壤。换言之，地质建造（构造）控制地貌形态和岩性，岩性控制成土母质，成土母质控制土壤，土壤影响生态。由此，通过综合研究西昌市生态地质脆弱性各相关因素的作用机理的内在联系及继承关系来比较各相关因素的重要性，本书构建了西昌市生态地质脆弱性决策分析层次结构模型（图3－12）和$A—B$判断矩阵，然后计算$A—B$判断矩阵，并进行层次排序（既是层次单排序，也是层次总排序），结果见表3－7。

由表3－7可知，$\lambda=11.2958$，$CI=0.1440$，$RI=1.49$，$CR=0.0966$，$CR<0.10$，判断矩阵的一致性较好，判断矩阵构建合理、权重合适。在10个单因素中，地质建造权重最大，排序第一，往下依次是地层岩性、成土母质、土壤类型、生态系统类型、坡度、沟壑密度、土壤侵蚀强度、地质灾害、人类活动强度。

2. 生态地质脆弱性综合评价

在地理信息系统中，把西昌市生态地质脆弱性10个单因子评价图分别赋以表3－7中计算出来的权重，按照式（3－1）进行计算，得出西昌市生态地质脆弱性综合指数，然后按照表3－8的生态地质脆弱性分级标准（SS）进行分级，得到西昌市生态地质脆弱性评价图（图3－13）。

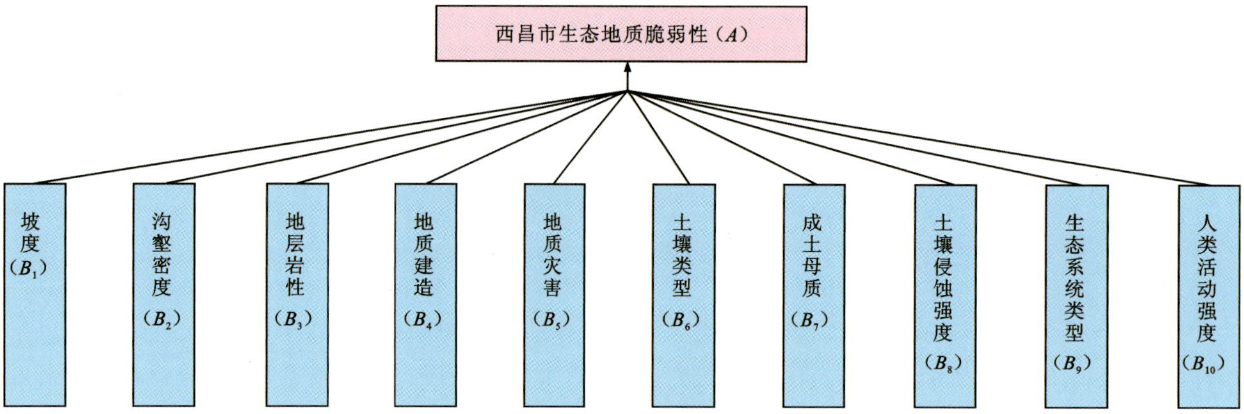

图 3-12 西昌市生态地质脆弱性决策分析层次结构模型

A. 总目标——西昌市生态地质脆弱性；B_1. 坡度单因子脆弱性；B_2. 沟壑密度单因子脆弱性；B_3. 地层岩性单因子脆弱性；B_4. 地质建造单因子脆弱性；B_5. 地质灾害单因子脆弱性；B_6. 土壤类型单因子脆弱性；B_7. 成土母质单因子脆弱性；B_8. 土壤侵蚀强度单因子脆弱性；B_9. 生态系统类型单因子脆弱性；B_{10}. 人类活动强度单因子脆弱性

表 3-7 西昌市生态地质脆弱性评价判断矩阵与层次排序表

A	B_1	B_2	B_3	B_4	B_5	B_6	B_7	B_8	B_9	B_{10}	W	排序
B_1	1	1/3	1/3	1/5	3	1/3	1/3	3	1/3	3	0.055 6	6
B_2	3	1	1/3	1/5	2	1/3	1/3	1/2	1/3	2	0.052 4	7
B_3	3	3	1	1/3	3	3	3	4	3	4	0.175 0	2
B_4	5	5	3	1	4	4	4	5	4	5	0.280 3	1
B_5	1/3	1/2	1/3	1/4	1	1/3	1/3	1/3	1/3	3	0.036 5	9
B_6	3	3	1/3	1/4	3	1	1/3	3	3	4	0.107 5	4
B_7	3	3	1/3	1/4	3	3	1	3	3	4	0.134 5	3
B_8	1/3	2	1/4	1/5	3	1/3	1/3	1	1/3	2	0.048 0	8
B_9	3	3	1/3	1/4	3	1/3	1/3	3	1	3	0.084 0	5
B_{10}	1/3	1/2	1/4	1/5	1/3	1/4	1/4	1/2	1/3	1	0.026 1	10

注：$\lambda=11.295\ 8$，$CI=0.144\ 0$，$RI=1.49$，$CR=0.096\ 6(<0.10)$，W 为权重（判断矩阵的特征向量），λ为判断矩阵的最大特征根，CI 为判断矩阵的一致性指标，RI 为平均随机一致性指标，CR 为判断矩阵的随机一致性比例。

表 3-8 西昌市生态地质脆弱性评价分级表

分级	不脆弱	轻度脆弱	中度脆弱	高度脆弱	极脆弱
分级标准（SS）	1.0～2.0	2.0～4.0	4.0～6.0	6.0～8.0	>8.0

（三）生态地质脆弱性分布格局

西昌市生态地质脆弱性共有 4 个等级，即不脆弱、轻度脆弱、中度脆弱和高度脆弱，没有极脆弱区域（表 3-9）。

总体而言，西昌市生态地质环境较为脆弱，不脆弱—轻度脆弱和中度脆弱—高度脆弱各占一半左右，但没有极脆弱区域。不脆弱区域面积仅有 208.31km^2，仅占市域面积的 7.84%，主要分布于安宁河谷；轻度脆弱区域面积 1 115.41km^2，占市域面积的 41.99%，主要分布于安宁河谷、安宁河谷右岸的月

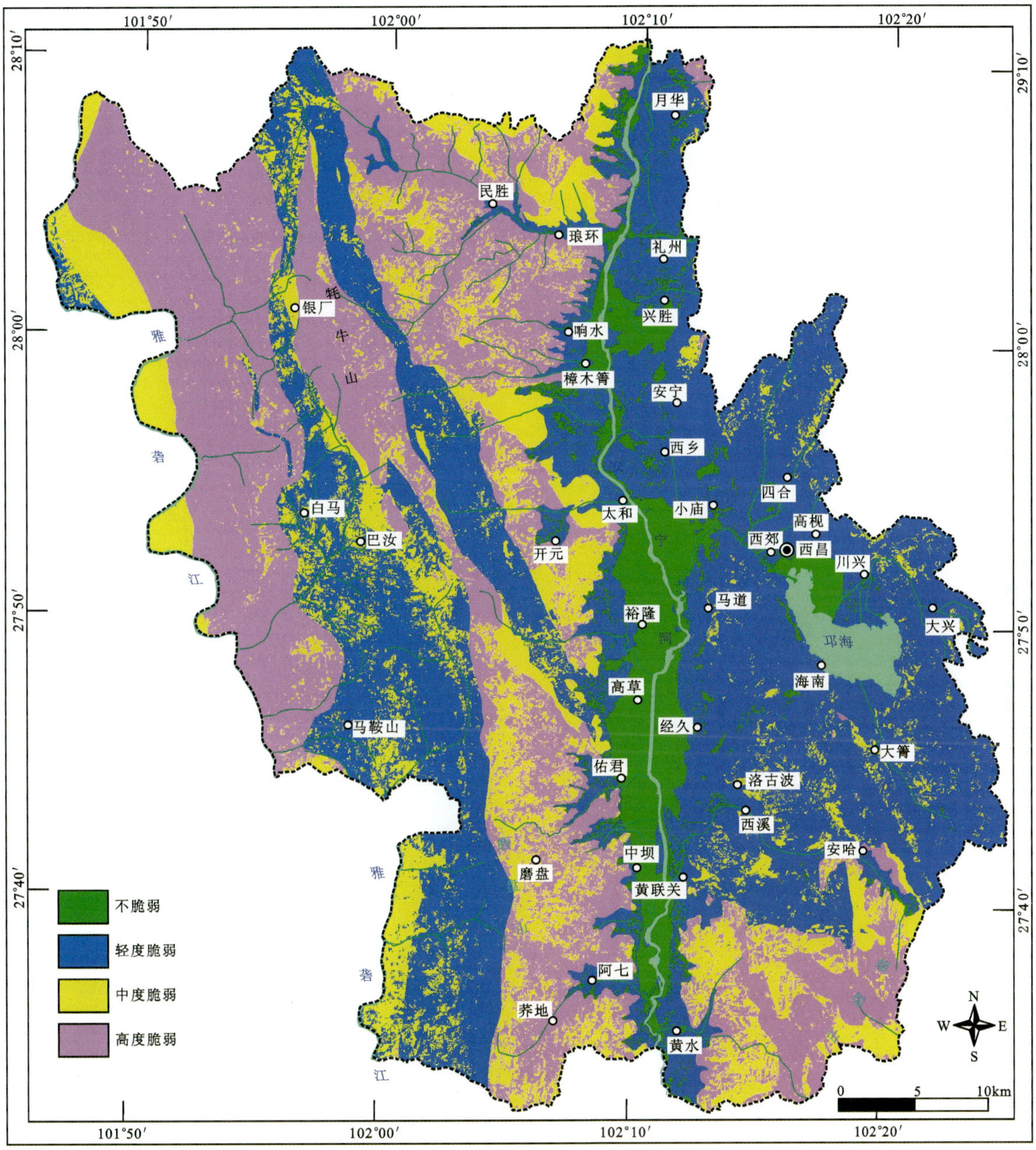

图 3-13　西昌市生态地质脆弱性评价图

华至黄水一带、邛海周围一带及白马—荞地一带；中度脆弱—高度脆弱区域面积合计 1 332.52km²，占市域面积的 50.17%，分布集中，主要分布于市域西部的牦牛山一带和东南部的螺髻山一带。

表 3-9　西昌市生态地质脆弱性面积统计表

生态地质脆弱性分级	面积(km²)	占市域面积比例(%)
不脆弱	208.31	7.84
轻度脆弱	1 115.41	41.99
中度脆弱	543.43	20.46
高度脆弱	789.09	29.71
合计	2 656.25	100.00

三、生态地质脆弱性分区

在生态地质脆弱性评价的基础上，根据生态地质脆弱性等级与空间分布的相似性和差异性，并尽可能地保持西昌市乡镇地域的完整性，开展了生态地质脆弱性分区，将西昌市划分为5个生态地质脆弱性分区（图3-14），分别是安宁河谷生态地质轻度脆弱区（Ⅰ）、大箐生态地质轻度脆弱区（Ⅱ）、巴汝-马鞍山生态地质中度脆弱区（Ⅲ）、螺髻山西坡生态地质高度脆弱区（Ⅳ）和牦牛山生态地质高度脆弱区（Ⅴ），并分析了各区的主要生态地质问题，提出了生态保护与建设的重点与发展方向（表3-10），为西昌市生态保护与修复、国土空间规划提供了科学依据，并为环境管理和决策提供了资料，也为下一步生态功能区划提供了依据。

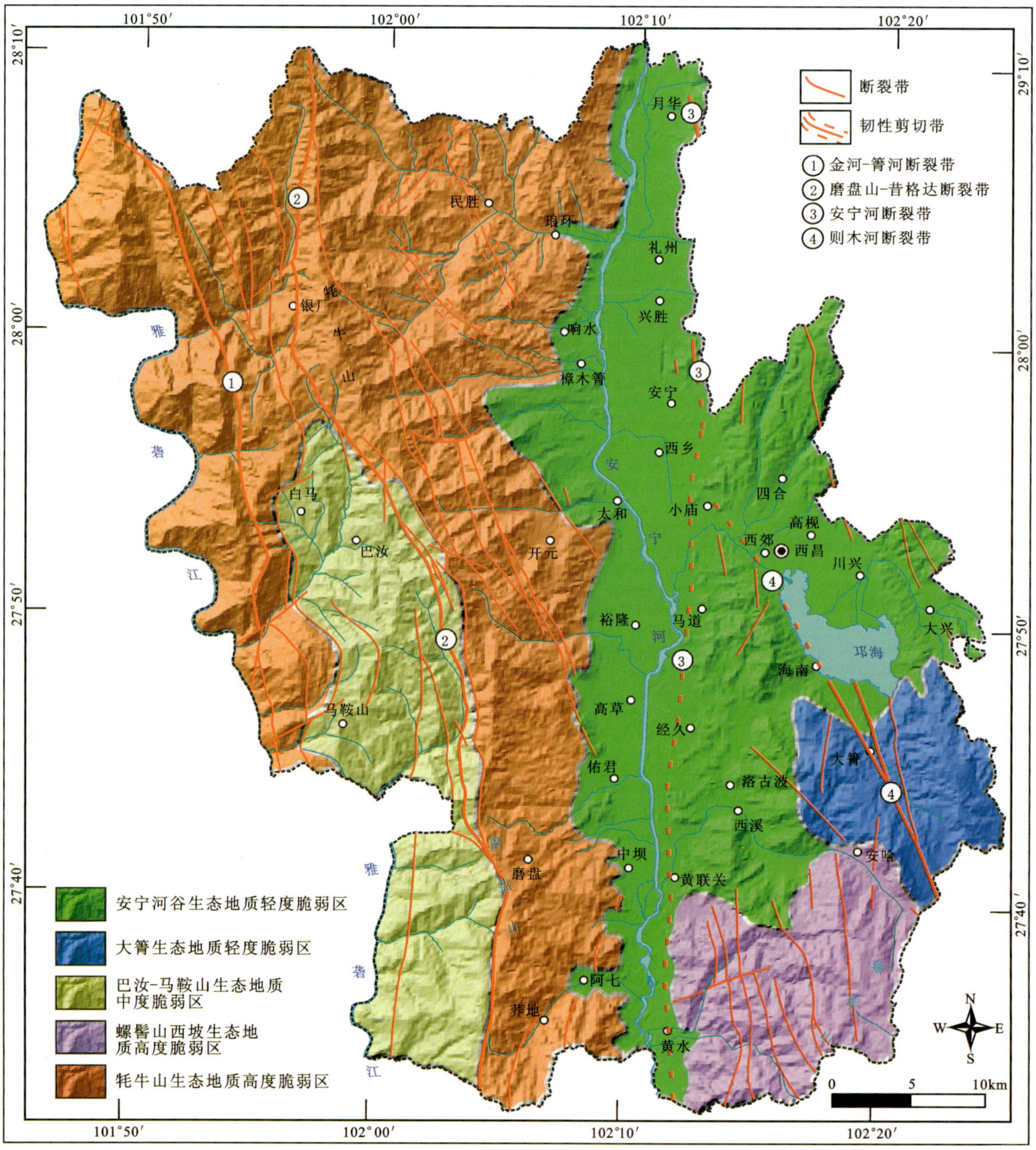

图3-14　西昌市生态地质脆弱性分区图

表 3-10 西昌市生态地质脆弱性分区与保护建议表

生态地质脆弱性分区	面积（km^2）	占比（%）	涉及乡镇	生态地质背景	主要生态地质问题	生态保护与建设重点	产业开发策略
安宁河谷生态地质轻度脆弱区（Ⅰ）	851.75	32.08	月华、礼州、兴胜、响水、樟木箐、安宁、西乡、四合、太和、小庙、裕隆、马道、西郊、川兴、大兴、高草、经久、海南、洛古波、西溪、佑军、黄联关、中坝	该区生态地质脆弱性以轻度脆弱为主，安宁河谷地带不脆弱；地貌主要为中山宽谷平原和构造侵蚀剥蚀中山；出露地层主要为第四系冲洪积物、新近系昔格达组和白垩系小坝组；安宁河断裂带和则木河断裂带纵贯全区	水土流失、地质灾害	加强工业“三废”污染的防治，加快污水处理设施建设，对大气污染进行重点监控，加强城郊面源污染的治理，做好城区和郊区景观生态建设和保护，保护好邛海湿地及水质	工农业综合开发，安宁河谷发展生态农业；在工业发展和城市发展过程中，发展循环经济和清洁产业；依托邛海发展生态旅游业
大箐生态地质轻度脆弱区（Ⅱ）	128.48	4.48	大箐、安哈	该区生态地质脆弱性以轻度脆弱为主；地貌主要为构造侵蚀剥蚀中山；出露地层主要为三叠系白果湾组、侏罗系和白垩系小坝组；则木河断裂带纵贯全区	水土流失	保育好中亚热带常绿针叶、阔叶林生态系统，维护森林生态系统的水源涵养、水土保持和生物多样性维持的功能，为邛海的生态安全、水源保证做出重要贡献	以保护为主，适当发展生态林业
巴汝-马鞍山生态地质中度脆弱区（Ⅲ）	333.50	12.56	巴汝、马鞍山	该区生态地质脆弱性以中度脆弱为主；地貌主要为构造侵蚀剥蚀中山，少量构造侵蚀剥蚀高山；出露地层主要为三叠系宝顶组、侏罗系和白垩系小坝组；磨盘山-昔格达断裂带纵贯全区	水土流失、地质灾害、植被退化	维护和恢复山地森林生态系统，加强植树造林，以改善森林结构，提高水源涵养能力和水土保持能力	以保护为主，适当发展生态林业、牧业，重点维护和恢复山地森林生态系统，改善林业生态环境，从而促进区域经济持续发展

续表 3－10

生态地质脆弱性分区	面积（km^2）	占比（%）	涉及乡镇	生态地质背景	主要生态地质问题	生态保护与建设重点	产业开发策略
螺髻山西坡生态地质高度脆弱区（Ⅳ）	189.47	7.14	黄水、安哈	该区生态地质脆弱性以高度脆弱为主；地貌主要为构造侵蚀剥蚀中山，少量构造侵蚀剥蚀高山；出露地层主要为震旦系灯影组、前寒武系开建桥组；断裂发育	水土流失、地质灾害	着重于生态恢复和水土流失治理，保护地质环境，降低地质灾害的发生频率，陡坡地区森林生态系统水源涵养功能对保证安宁河的稳定和安全十分重要，必须通过山地自然生态恢复与维护来增强水源涵养能力	以保护为主，适当发展生态林业
牦牛山生态地质高度脆弱区（Ⅴ）	1 151.80	43.38	民胜、琅环、银厂、开元、白马、磨盘、荞地、阿七	该区生态地质脆弱性以高度脆弱为主；地貌主要为构造侵蚀剥蚀中山，少量构造侵蚀剥蚀高山；出露地层从震旦系到侏罗系，岩性复杂多样；断裂发育，箐河-金河断裂带和磨盘山-昔格达断裂带纵贯全区	水土流失、地质灾害、植被退化	着重于生态恢复和水土流失治理，保护地质环境，降低地质灾害的发生频率，陡坡地区森林生态系统水源涵养功能对保证雅砻江的稳定和安全十分重要，必须通过山地自然生态恢复与维护来增强水源涵养能力；加强生态公益林的建设和保育，对生态公益林逐步进行改造与建设，使其向常绿阔叶林演化，提高生态公益林的生态保护和水源涵养的功效	以保护为主，适当发展生态林业

第四章 生态功能区划

在生态地质调查和脆弱性分区评价的基础上，本次开展了西昌市生态功能区划，突出地质条件对生态环境的控制作用，从生态地质视角提出西昌市生态保护修复的建议，从而为西昌市生态环境保护与建设规划制订、资源合理利用与工农业生产布局提供科学依据，并为环境管理和决策提供资料。

第一节 生态功能区划概述

一、生态功能区划内涵与意义

区划是指对一定地理空间进行区域划分，它是以地域分异规律学说理论为基础，以地理空间为对象，按区划要素的空间分布特征，将研究目标划分为具有多级结构的区域单元(欧阳志云等，2009)。

生态功能区划是指按照一定区域内生态环境的整体联系性、空间连续性及相似性和相异性，分析生态过程和服务功能的重要性，并以此为依据进行空间区域的划分与合并，生态功能区划的对象是生态环境。通常而言，生态功能区划的过程就是在分析研究区域生态环境特征与问题、生态环境敏感性和生态系统服务功能空间分异规律的基础上，根据生态环境特征、生态环境敏感性和生态系统服务功能在不同地域的差异性和相似性，通过归纳相似性和区分差异性将区域空间划分为不同生态功能区的研究过程(汤小华，2005)。

生态功能区划的结果是通过对区域的生态环境现状、生态环境敏感性、生态服务功能重要性进行评价，获得空间上的分布与分区信息，形成生态环境要素图、生态环境敏感性评价图、生态服务功能重要性评价图以及生态功能区划图等一系列图件。生态功能区划的主要作用是：为区域生态环境规划与管理提供地理空间信息和科学根据；明确区域生态环境特征、面临的主要生态问题以及生态服务功能重要性和生态环境敏感性空间分异规律；确定重点生态保护与建设区以及相应的环境综合整治对策措施；为区域生态环境保护与建设规划制订、资源合理利用与工农业生产布局、区域生态环境保育提供科学依据，并为环境管理部门和决策部门提供管理信息与管理手段，对维护区域生态安全、增强区域社会经济发展的生态环境支撑能力、促进区域的可持续发展具有重要的现实意义。

而基于生态地质调查的生态功能区划，与传统生态功能区划大体相同，不同之处在于：在生态功能区划过程中将生态地质特征作为一个因素，引入生态功能区划过程中，即需要考虑区域生态地质条件对区域生态环境的控制与制约，从生态地质本底条件出发，开展生态功能区划。

二、生态功能区划方法与程序

(一)区划方法

生态功能区划常用方法有叠置法、地理相关分析法、主导标志法等(汤小华,2005)。

1. 叠置法

叠置法采用重叠各个部门区划图(气候区划图、地貌区划图、植被区划图、土壤区划图等)来划分区域单位,也就是把各部门区划图重叠之后,以相重合的网格界线或它们之间的平均位置作为区域单位的界线。运用叠置法进行区划,并非机械地搬用这些叠置网格,而是要在充分分析比较各部分区划轮廓的基础上来确定区域单位的界线。随着电子计算机和地理信息系统(GIS)技术的发展,基于GIS的空间叠置分析方法在区划工作中得到了广泛的应用(图4-1)。

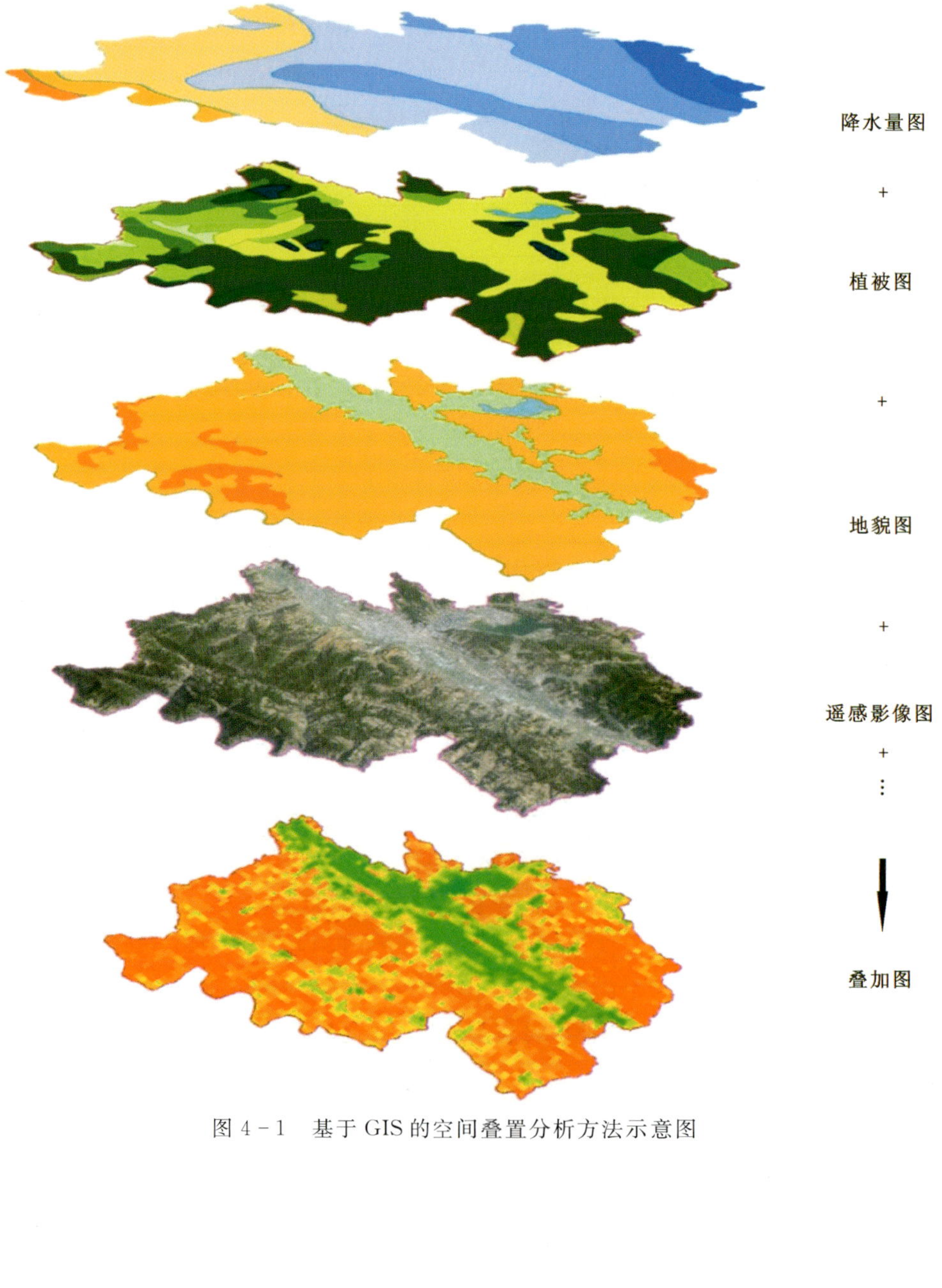

图4-1 基于GIS的空间叠置分析方法示意图

2. 地理相关分析法

地理相关分析法是运用各种专业地图、文献资料和统计资料对区域各种自然要素之间的关系进行相关分析后进行区划的方法。该方法的具体步骤是：首先，将所选定的各种资料、数据和图件的有关内容等标注或转绘在带有坐标网格的工作底图上；然后，对这些资料进行地理相关分析，按相关关系的紧密程度编制综合性的自然要素组合图，在此基础上逐级进行自然区域划分。地理相关分析法在区划工作中运用比较广泛，如果与叠置法配合使用，会取得较好的效果。

3. 主导标志法

主导标志法是贯彻主导因素原则经常运用的方法。运用主导标志法进行区划，是通过综合分析选取反映地域分异主导因素的标志或指标，作为划定区界的主要依据，并且在进行某一级分区时按照统一的指标划分。应该指出，每一级区域单位都存在自己的分异主导因素，但反映这一主导因素的不仅仅是某一主要标志，而往往是一组相互联系的标志和指标。因此，当运用主要标志或指标(如某一气候指标等值线)划分区界时，还需要参考其他自然地理要素和指标(如其他气候指标、地貌、水文、土壤、植被等)对区界进行订正。

上述由自然区划发展而来的区划方法，已经为生态区划等其他类型区划所借鉴和采用。但这些常用的区划方法都是以定性分析为主的方法，存在主观性强、不够精确的缺陷。针对这种情况，近年来一些数学分析的方法如聚类分析、主成分分析、相关分析、对应分析、逐步判别分析等，被引入区划工作中。随着 GIS 技术的迅速发展，在空间分析的基础上将定性与定量分析相结合的专家集成方法成为了生态功能区划的主要方法，也是本书采用的主要方法。

(二)区划程序

区域生态功能区划工作流程见图 4 - 2。

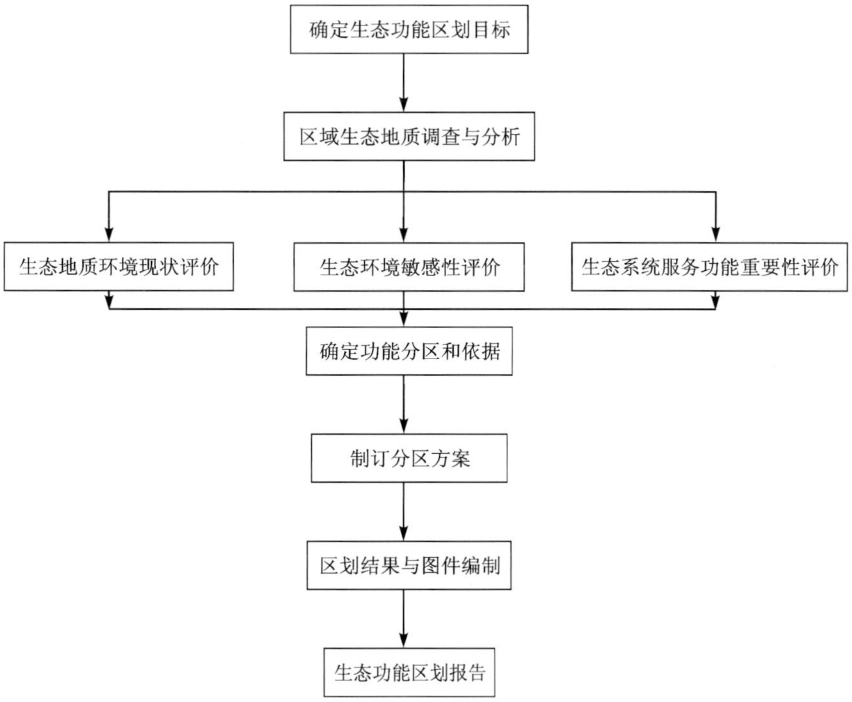

图 4 - 2 区域生态功能区划工作流程图(据欧阳志云等，2009 修改)

第二节　生态环境敏感性评价

一、生态环境敏感性评价概述

(一)生态环境敏感性评价内涵

生态环境敏感性是指生态系统对区域中各种干扰的敏感程度,它反映的是区域生态系统在遇到干扰时,发生生态环境问题的难易程度和可能性的大小,也就是在同样的干扰强度或外力作用下,各类生态系统产生生态环境问题的可能性的大小(欧阳志云等,2000)。敏感性高的区域,当受到人类不合理活动影响时,就容易产生生态环境问题,因此应该是生态环境保护和恢复建设的重点(刘康等,2003)。生态环境敏感性评价是根据区域主要生态环境问题及形成机制,通过分析影响各主要生态环境问题敏感性的主导因素,评价特定生态环境问题敏感性及空间分布特征,然后对区域主要生态环境问题的敏感性进行综合评价,明确特定生态环境问题可能发生的地区范围与可能程度以及区域生态环境敏感性的总体区域分异规律,为生态功能区的划分提供依据。

(二)评价内容、方法与步骤

1. 评价内容

区域生态环境敏感性评价根据区内主要生态环境问题及形成机制,首先针对特定生态环境问题分别进行评价,然后对所有主要生态环境问题的敏感性进行综合评价,以明确特定生态环境问题可能发生的地区范围与可能程度,以及区域生态环境敏感性的总体区域分异规律。

2. 评价方法

区域生态环境敏感性评价采用定性与定量相结合的方法进行,在评价中应用遥感、地理信息系统技术和数学分析方法。敏感性评价等级一般分为5级,即极敏感、高度敏感、中度敏感、轻度敏感、不敏感。

3. 评价步骤

区域生态环境敏感性评价是逐级进行的。首先,通过对区域特定生态环境问题及形成机制进行综合分析,找出主要影响因子,确定各因子的评价指标及敏感性等级并分别赋值,应用地理信息系统软件生成各因子的敏感性分布图,进行单因子敏感性评价;然后,根据各影响因子敏感性等级的赋值,采用加权或等权的方法,计算特定生态环境问题的敏感性综合指数,应用地理信息系统软件生成特定生态环境问题的敏感性综合评价图,并进行综合评价;最后,根据各特定生态环境问题的敏感性综合指数,应用地理信息系统软件生成区域生态环境敏感性综合评价图,并进行综合评价。

二、特定生态问题敏感性评价

(一)土壤侵蚀敏感性评价

土壤侵蚀敏感性是指在自然状况下,发生土壤侵蚀的可能性的大小。土壤侵蚀敏感性评价是为了识别容易形成土壤侵蚀的区域，评价土壤侵蚀对人类活动的敏感程度。

1. 评价指标筛选

区域土壤侵蚀受到多种因素的影响和制约，影响因素包括气候、水文、地貌、土壤和植被等自然因素，以及土地利用、水土保持措施等人为因素。

降雨是引起土壤侵蚀的最重要的因子，它主要是由降雨雨滴所携带的动能对土粒产生冲击而引发土壤侵蚀，与土壤侵蚀关系比较密切的降雨特征参数较多，有降雨量、降雨强度、降雨历时、瞬时雨率、降雨雨型等。在实际研究工作中，一般采用降雨复合参数——降雨侵蚀力 R 值，来反映降雨对土壤流失的影响(王万忠和焦菊英，1996)。降雨侵蚀力 R 值反映了降雨对土壤侵蚀的影响，是降雨能量和强度的函数。

影响土壤侵蚀的地形因素主要有坡度、坡长、坡向和坡型等。西昌市为典型山地地貌，在这种地貌形态下，坡度决定着地表现代侵蚀作用的强度，影响着水土流失的强度、土层厚度，甚至土壤的肥力状况，坡度越大，地表物质的不稳定性就越强，土壤越容易遭受侵蚀而变薄。同时，坡度还是影响斜坡稳定性的重要因素，坡度越大，斜坡稳定性越差。因此，采用坡度作为土壤侵蚀敏感性评价的地形指标。

土壤侵蚀营力是产生土壤流失的外部因素，而土壤本身的性质是内部因素。在侵蚀外营力一定的情况下，水土流失的强弱程度在很大程度上与土壤抗侵蚀能力相关。研究表明，土壤抗蚀能力和土壤质地关系密切(王万忠和焦菊英，1996)。因此，土壤质地也是土壤侵蚀敏感性评价的指标之一。

植被是防止土壤侵蚀的一个重要因子。植被防止侵蚀的作用主要包括对降雨能量的削减作用、保水作用和抗侵蚀作用。有大量的研究表明，不同的地表植被类型防止侵蚀的作用差别较大，由森林到草地到荒漠，防止侵蚀的作用依次减小(王万忠和焦菊英，1996)。因此，植被也是土壤侵蚀敏感性评价的指标之一。

综合上述，在自然状况下，降雨、土壤质地、地形和植被因子对土壤侵蚀有重要的影响，因此选择降雨侵蚀力 R 值、土壤质地、坡度和植被类型 4 项因子作为西昌市土壤侵蚀敏感性的评价指标，具体分级见表 4－1。

表 4－1 土壤侵蚀影响因子的敏感性分级表

分级	不敏感	轻度敏感	中度敏感	高度敏感	极敏感
降雨侵蚀力 R 值	<25	25～100	100～400	400～600	>600
土壤质地	砾、砂	粗砂土、细砂土、黏土	细砂土、壤土、黏壤土、砂黏壤土	砂壤土、粉黏土、壤黏土	砂粉土、粉土
坡度	<8°	8°～15°	15°～25°	25°～35°	>35°
植被类型	草本沼泽、稻田	阔叶林、针叶林、草甸、灌丛、竹林	稀疏灌木草地、果园、一年两熟旱作	荒漠、一年一熟旱作	无植被
分级赋值(C)	1	3	5	7	9
分级标准(SS)	1.0～2.0	2.0～4.0	4.0～6.0	6.0～8.0	>8.0

2. 单因子评价

1)降水

采用降雨复合参数——降雨侵蚀力 R 值，来反映降雨对土壤流失的影响(王万忠和焦菊英，1996)。降雨侵蚀力 R 值反映了降雨对土壤侵蚀的影响，是降雨能量和强度的函数，适合我国绝大多数地区降雨特性对降雨侵蚀力 R 值计算，运用全国降雨特性指标与土壤流失关系特性分析结果，建立估算年降雨侵蚀力 R 值关系式：

$$R = 1.67 \times (P_{\geqslant 10} \times I_{60}/100)^{0.953} \tag{4-1}$$

式中，R 为年侵蚀力(m. t. cm/hm^2. h. y)；$P_{\geqslant 10}$ 为次降雨≥10mm 的年降雨量(mm)；I_{60} 为年最大 60 分钟的降雨量(mm)。

如果缺乏降雨量≥10mm 的降雨资料，亦可采用年降雨量(P)，用下式估算：

$$R = 0.207 \times (P \times I_{60}/100)^{1.205} \tag{4-2}$$

根据全国 125 个重点站之一的西昌站监测数据，西昌市 I_{60} 取值为 35.2mm，以西昌市降雨量等值线图为基础数据，采用式(4－2)计算西昌市降雨侵蚀力 R 值，计算出来的西昌市降雨侵蚀力 R 值为 242.41～301.97。依据表 4－1 中的降雨侵蚀力 R 值敏感性分级标准，生成西昌市土壤侵蚀降雨侵蚀力 R 值单因子敏感性评价图(图 4－3a)。西昌市土壤侵蚀降雨侵蚀力 R 值单因子敏感性只有中度敏感 1 个等级。

2)地形

以西昌市 DEM 为基础数据，在地理信息系统中通过栅格计算和空间分析得到坡度图，并按表 4－1 中的坡度敏感性分级标准进行分级，得到西昌市土壤侵蚀坡度单因子敏感性评价(图 4－3b)。西昌市土壤侵蚀坡度单因子敏感性分为不敏感、轻度敏感、中度敏感、高度敏感与极敏感 5 个等级，不敏感与轻度敏感区主要分布于安宁河谷与邛海盆地，中度—极敏感区主要分布于西部的牦牛山—磨盘山和东部的螺髻山。

3)土壤质地

根据西昌市土壤图和相关资料，应用地理信息系统得到土壤质地分布的图形数据，然后按表 4－1 中的土壤质地敏感性分级标准进行赋值，并转换为栅格图像，得到西昌市土壤侵蚀土壤质地单因子敏感性评价图(图 4－3c)。西昌市土壤侵蚀土壤质地单因子敏感性分为不敏感、轻度敏感、中度敏感、高度敏感与极敏感 5 个等级，以中度—高度敏感为主，主要分布于牦牛山、磨盘山和螺髻山半坡地带。

4)植被

根据西昌市土地利用/覆盖遥感解译图，在地理信息系统中按表 4－1 中的植被类型敏感性分级标准进行分级赋值，并转换为栅格图像，得到西昌市土壤侵蚀植被类型单因子敏感性评价图(图 4－3d)。西昌市土壤侵蚀植被类型单因子敏感性分为不敏感、轻度敏感、中度敏感、高度敏感与极敏感 5 个等级，以不敏感和轻度敏感区占绝大多数，不敏感区主要分布于安宁河谷，轻度敏感区全市分布，无明显分布特征。

3. 土壤侵蚀敏感性综合评价

从单因子分析得出的土壤侵蚀敏感性，只反映了某一因子的作用程度，要将土壤侵蚀敏感性的区域差异综合地反映出来，还需要进行土壤侵蚀敏感性综合评价(张景华等，2018)。由于在不同区域降水、地形、土壤质地与植被对土壤侵蚀的作用不同，在进行综合评价时，应当对单因子赋予不同的权重，运用加权方法进行评价，按以下公式计算土壤侵蚀敏感性综合指数。

$$SS_j = \sum_{i=1}^{4} C_i W_i \tag{4-3}$$

式中，SS_j 为空间单元土壤侵蚀敏感性综合指数；C_i 为 i 因子的敏感性等级值；W_i 为 i 因子的敏感性权重。

既然采用加权方法计算土壤侵蚀敏感性综合指数，那么就存在采用何种方法进行赋权的问题，即如何计算权重。本次采用层次分析法(AHP)进行赋权，包括生态环境敏感性评价、生态功能服务重要性评价均采用层次分析法进行赋权。

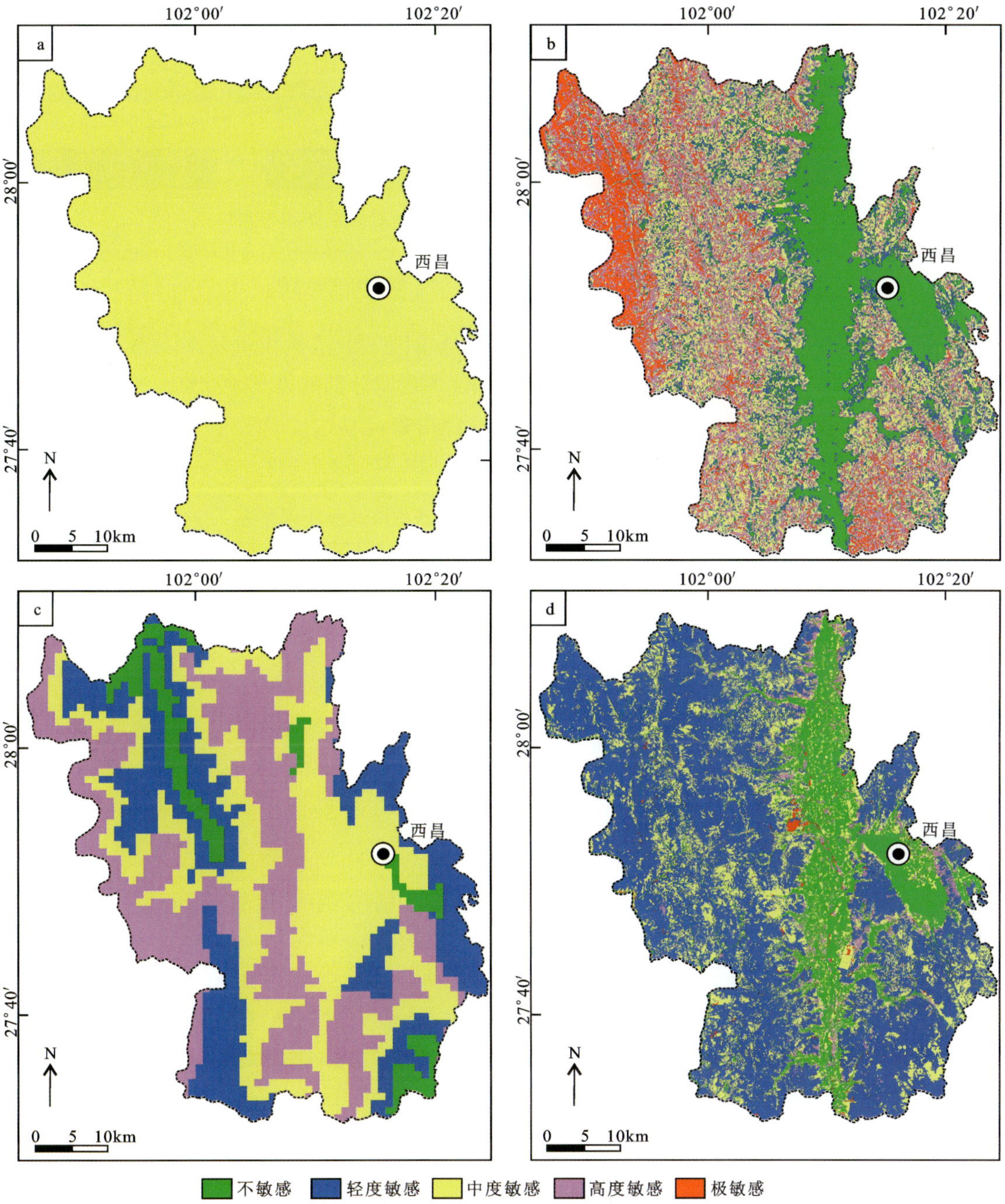

图 4-3 西昌市土壤侵蚀单因子敏感性评价图

a. 降雨侵蚀力 R 值单因子敏感性评价图；b. 坡度单因子敏感性评价图；

c. 土壤质地单因子敏感性评价图；d. 植被类型单因子敏感性评价图

首先，要构建西昌市土壤侵蚀敏感性决策分析层次结构模型（图 4-4）。

根据西昌市的实际情况，通过分析认为：B_1 比 B_2 稍微重要一点，B_1 比 B_3 重要一点，B_1 比 B_4 稍微重要一点，B_2 比 B_3 重要一点，B_2 比 B_4 稍微重要一点，B_4 比 B_3 稍微重要一点。由此，构建 A—B 判断矩阵，并在 MATLAB 中计算，得出 A—B 判断矩阵及层次排序（既是层次单排序，也是层次总排序），结果见表 4-2。

由表 4-2 中可知，$\lambda=4.0710$，$CI=0.0237$，$RI=0.90$，$CR=0.0263$，CR 小于 0.10，判断矩阵的一致性较好；坡度单因子敏感性权重最大，为 0.4155；降雨侵蚀力 R 值单因子敏感性权重次之，为0.2926，

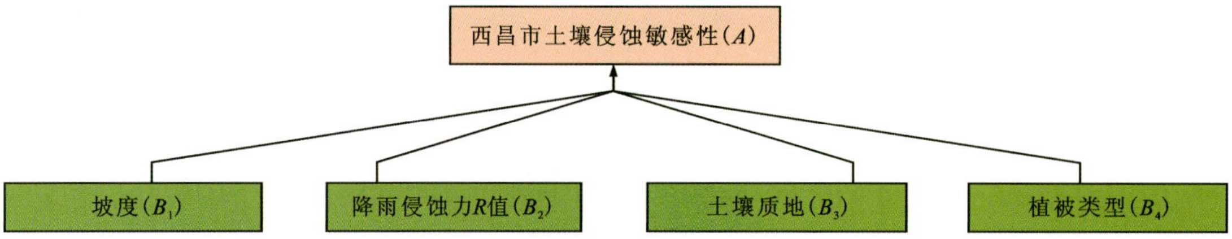

图 4-4　西昌市土壤侵蚀敏感性决策分析层次结构模型

A. 总目标——西昌市土壤侵蚀敏感性；B_1. 坡度单因子敏感性；B_2. 降雨侵蚀力 R 值单因子敏感性；B_3. 土壤质地单因子敏感性；B_4. 植被类型单因子敏感性

植被类型单因子敏感性权重再次之，为 0.184 9；土壤质地单因子敏感性权重最小，为 0.107 0。

首先，在地理信息系统中把 4 个土壤侵蚀单因子敏感性评价图分别赋以上述计算出来的权重(表 4-2)，按照式(4-3)进行计算，得出西昌市土壤侵蚀敏感性综合指数；然后，按照表 4-1 的土壤侵蚀敏感性分级标准进行分级，得到西昌市土壤侵蚀敏感性综合评价图(图 4-5)。

表 4-2　西昌市土壤侵蚀敏感性判断矩阵与层次排序表

A	B_1	B_2	B_3	B_4	W	排序
B_1	1	2	3	2	0.415 5	1
B_2	1/2	1	3	2	0.292 6	2
B_3	1/3	1/3	1	1/2	0.107 0	4
B_4	1/2	1/2	2	1	0.184 9	3

注：$\lambda=4.071\ 0$，$CI=0.023\ 7$，$RI=0.90$，$CR=0.026\ 3(<0.10)$。

4. 土壤侵蚀敏感性分布格局

西昌市土壤侵蚀敏感性共分为 5 个等级，即不敏感、轻度敏感、中度敏感、高度敏感与极敏感，各敏感性等级分布面积见表 4-3。

通过统计，西昌市土壤侵蚀敏感性以中度敏感—极敏感为主，三者合计 1 721.68km^2，占市域面积的 64.85%。整体而言，西昌市土壤侵蚀敏感性等级较高，全市大部分地区土壤侵蚀较敏感，高度敏感和极敏感区域主要分布于西部的牦牛山、磨盘山和东南部的螺髻山一带，不敏感的区域主要分布在安宁河谷和邛海盆地的平原地区。

（二）酸雨敏感性评价

1. 酸雨敏感性评价指标

不同生态系统和不同的系统组分都将以不同的方式响应酸输入。它与区域的气候、土壤、成土母质、植被及土地利用方式等因素有关，尤其是与土壤的物理化学特性密切相关。

土壤对酸输入的耐受能力包括中和与缓冲两个方面。土壤的中和能力与土壤的成土母质(基岩)的矿物种类和风化速率等因素有关。风化速率大的岩石对酸输入的中和能力较强。不同的基岩类型，岩石风化产生的可溶性盐多少不一，对酸沉降的缓冲能力也就不一样。也就是说，对酸输入的中和能力与成土母质类型有关。因此，可以将成土母质类型作为西昌市酸雨敏感性评价指标之一。

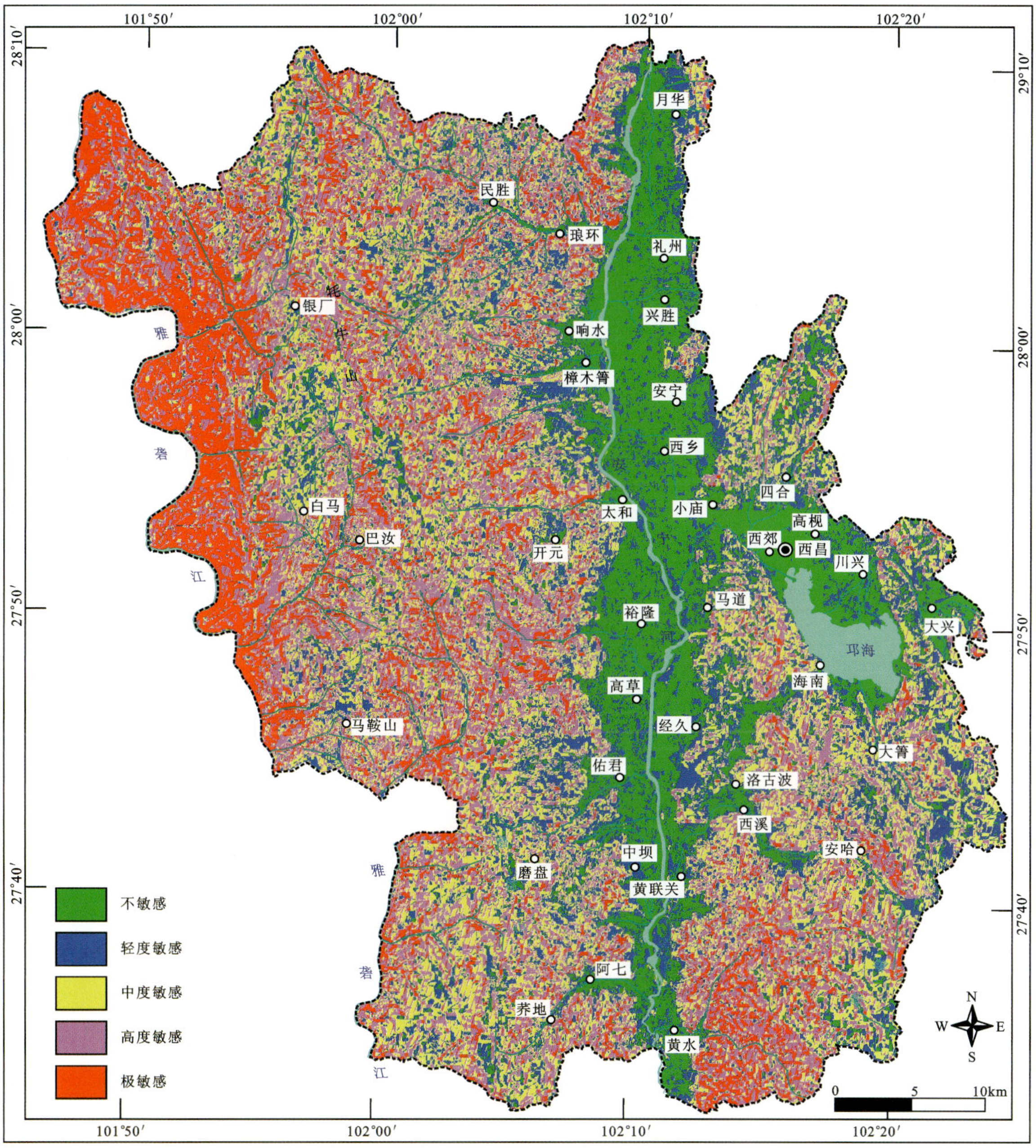

图 4-5 西昌市土壤侵蚀敏感性综合评价图

表 4-3 西昌市土壤侵蚀敏感性统计表

敏感性等级	面积(km²)	占市域面积比例(%)
不敏感	444.67	16.75
轻度敏感	488.64	18.40
中度敏感	700.96	26.40
高度敏感	670.79	25.27
极敏感	349.93	13.18
合计	2 655.00	100.00

土壤类型是成土母质、气候、植被和土地利用方式等各类条件对土壤形成综合影响的结果，各类土壤一般都具有特定范围的阳离子交换量与盐基饱和度等理化性质，为此常把土壤类型作为土壤酸缓冲能力的重要指标。不同的植被类型和土地利用方式对酸沉降的敏感性各不相同。一般认为无植被区域对酸沉降最敏感；灌木林、疏林和草地次之；有林地再次；而耕地、果园、经济林等生态系统，由于耕作、施肥、施用石灰、灌溉等措施，使土壤保持一定的 pH 值与盐基饱和度水平，从而对酸沉降最不敏感。

降水量（*P*）和可能最大蒸发量（*PE*）的比值是评价地区水分平衡的一种指标。可能最大蒸发量是指下垫面足够湿润、水分能充分供应时的年蒸发量。有些研究者在酸雨敏感性评价中利用这一比值识别不同敏感性的地区（郝吉明等，2001）。当 *P*∶*PE* 较小（0.25～0.5）时，土壤中不存在盐基阳离子的强烈淋溶，矿物成分含量高，一年中水分的净运动向上，由地表有机物质分解和土壤矿物风化产生的盐基阳离子随渗流水进入土壤上层，从而导致可溶性碱性物质在土壤上层的积累，因而这样的地区对酸沉降不敏感。相反地，当 *P*∶*PE* 较大（例如大于 1）时，土壤湿度高，土壤可能由于淋溶作用而失去大量盐基阳离子并且缺乏可风化矿物，因而酸缓冲能力较低，对酸沉降相应地较为敏感。因此，降水量（*P*）和可能最大蒸发量（*PE*）的比值，即 *P*∶*PE*，可以表征水分输送对敏感性的影响。

综合上述，并参考周修萍（1996）建立的亚热带生态系统对酸雨敏感性评价指标体系，根据西昌市的实际情况，主要选取了成土母质类型、土壤类型、植被与土地利用类型和 *P*∶*PE* 共 4 项因子作为酸雨敏感性评价指标，最终西昌市酸雨影响因子敏感性分级见表 4－4。

表 4－4　西昌市酸雨影响因子敏感性分级表

分级	不敏感	轻度敏感	敏感	高度敏感	极敏感
成土母质类型	晚二叠世基性岩类风化物、震旦纪—二叠纪早期碳酸盐岩类风化物、前寒武纪基性岩类风化物	三叠纪泥质变质岩类风化物、三叠纪中性岩类风化物、前寒武纪火山碎屑岩类风化物、前寒武纪中性岩类风化物	侏罗纪—白垩纪泥岩类风化物、三叠纪砂岩类风化物	第四纪冲洪积风化物、新近纪泥岩类风化物、寒武纪泥岩类风化物	三叠纪酸性岩类风化物、前寒武纪酸性岩类风化物
土壤类型	水稻土	黑毡土	黄棕壤	棕壤、红壤	紫色土
植被与土地利用类型	水田	旱地	有林地	灌木林地、疏林地、草地	无植被
P∶*PE*	＜0.25	0.25～0.50	0.50～0.75	0.75～1.00	＞1.00
分级赋值（*C*）	1	3	5	7	9
分级标准（*SS*）	1.0～2.0	2.0～4.0	4.0～6.0	6.0～8.0	＞8.0

2. 酸雨敏感性单因子评价

1）成土母质

采用西昌市成土母质图，应用地理信息系统按表 4－4 中的成土母质类型，对酸雨的敏感性分级标准进行赋值，然后转换为栅格图像，得到西昌市酸雨成土母质单因子敏感性评价图（图 4－6a）。西昌市酸雨成土母质单因子敏感性分为不敏感、轻度敏感、中度敏感、高度敏感与极敏感 5 个等级，以中度—极敏感为主，主要分布于安宁河谷与牦牛山—磨盘山一带，不敏感—轻度敏感区主要分布于西北部与东南部。

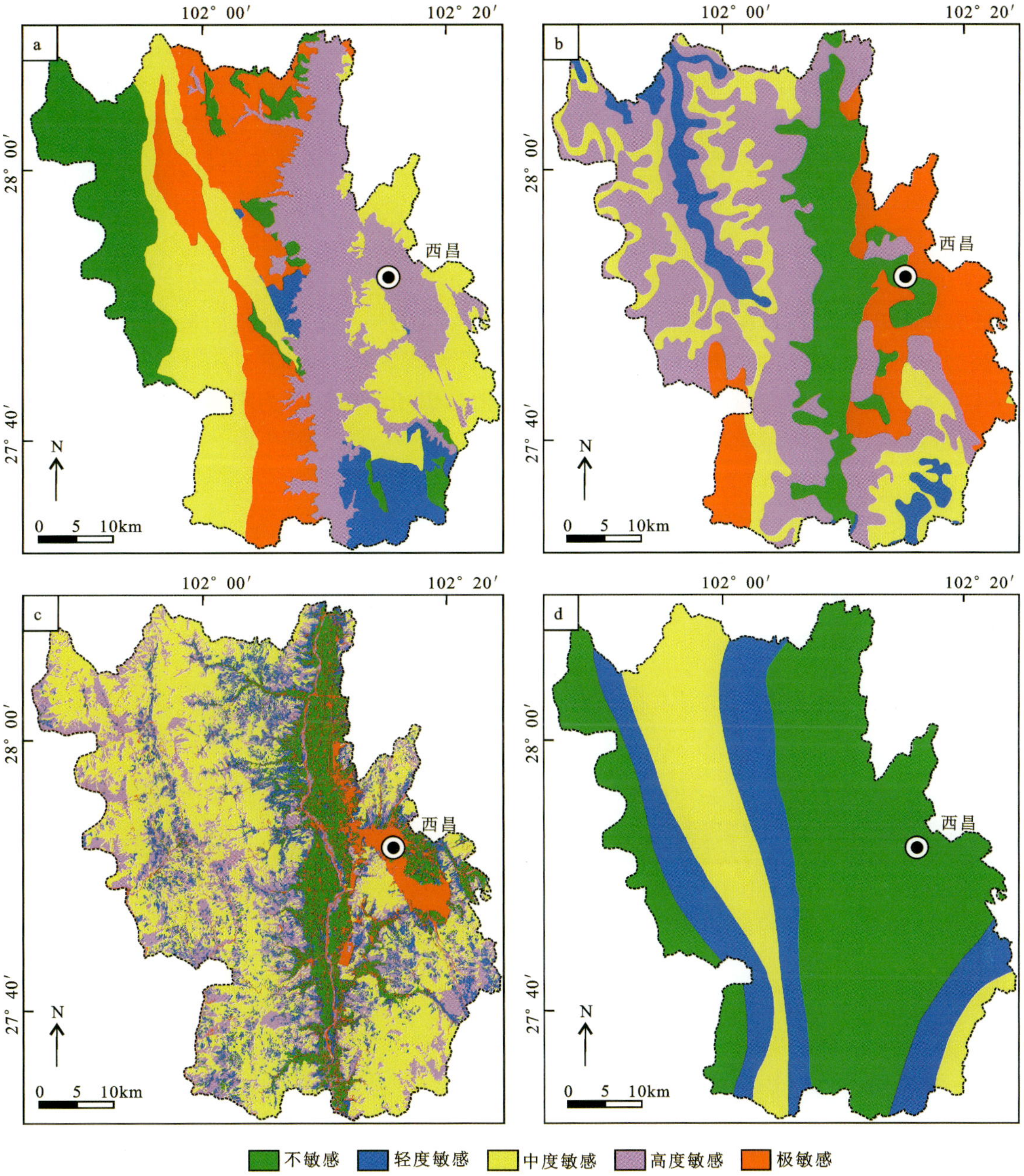

图 4-6　西昌市酸雨单因子敏感性评价图

a. 成土母质单因子敏感性评价图；b. 土壤类型单因子敏感性评价图；c. 植被与土地利用类型单因子敏感性评价图；d. 降水量与可能最大蒸发量比值（$P:PE$）单因子敏感性评价图

2）土壤类型

采用西昌市土壤类型分布图，应用地理信息系统按表 4-4 中的土壤类型对酸雨的敏感性分级标准进行赋值，然后转换为栅格图像，得到西昌市酸雨土壤单因子敏感性评价图（图 4-6b）。西昌市酸雨土壤类型单因子敏感性分为不敏感、轻度敏感、中度敏感、高度敏感与极敏感 5 个等级，以高度—极敏感为主，不敏感区主要分布于安宁河谷，轻度—极敏感区主要分布于牦牛山—磨盘山和螺髻山一带。

3）植被与土地利用类型

不同的植被类型和土地利用方式对酸沉降的敏感性各不相同。西昌市的植被和土地利用类型分为 5 类：第一类为无植被地，包括建设用地、水面、滩地等；第二类为灌木林地、疏林地、草地；第三类为有林地；第四类为旱地；第五类为水田。从第一类到第五类，酸雨敏感性依次降低（陈定茂等，1998）。

采用西昌市土地利用/覆盖遥感解译图，在地理信息系统中按表 4－4 中的植被与土地利用类型对酸雨的敏感性分级标准进行赋值，然后转换为栅格图像，得到西昌市酸雨植被与土地利用单因子敏感性评价图（图 4－6c）。西昌市酸雨植被与土地利用单因子敏感性分为不敏感、轻度敏感、中度敏感、高度敏感与极敏感 5 个等级，不敏感区主要分布于安宁河谷，轻度—高度敏感区无明显分布特征，极敏感主要分布于安宁河和邛海等水域。

4）降水量与可能最大蒸发量比值（$P:PE$）

根据凉山州气象局多年（27 年）实测资料，西昌市多年平均蒸发量为 1945mm。利用西昌市降水等值线图，计算 $P:PE$ 值，然后在地理信息系统中按表 4－4 的 $P:PE$ 对酸雨的敏感性分级标准进行赋值，再转换为栅格图像，得到西昌市酸雨降水量与可能最大蒸发量比值（$P:PE$）单因子敏感性评价图（图 4－6d）。西昌市酸雨降雨量与可能最大蒸发量比值单因子敏感性分为不敏感、轻度敏感、中度敏感 3 个等级，大部分地区为不敏感区和轻度敏感区，中度敏感区主要分布于牦牛山—磨盘山和螺髻山一带。

3. 酸雨敏感性综合评价

从单因子分析得出的酸雨敏感性，只反映了某一因子的作用程度，要将酸雨敏感性的区域差异综合地反映出来，还需要进行酸雨敏感性综合评价。首先，要构建西昌市酸雨敏感性决策分析层次结构模型（图 4－7）。

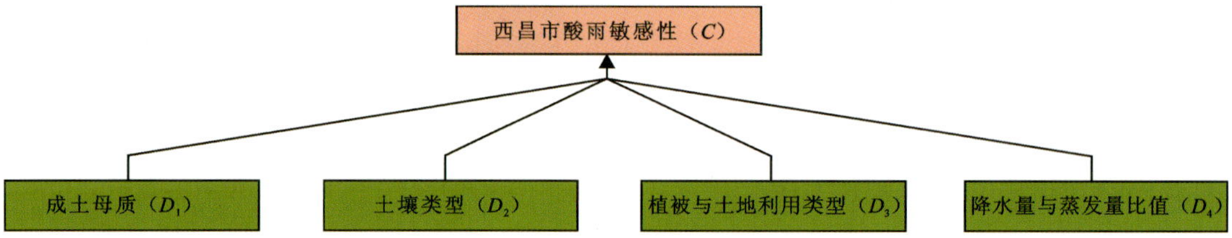

图 4－7　西昌市酸雨敏感性决策分析层次结构模型

C. 总目标——西昌市酸雨敏感性；D_1. 成土母质单因子敏感性；D_2. 土壤类型单因子敏感性；D_3. 植被与土地利用类型单因子敏感性；D_4. 降水量与可能最大蒸发量比值（$P:PE$）单因子敏感性

根据西昌市的实际情况，通过分析认为：D_1 比 D_2 稍微重要一点，D_1 比 D_3 重要一点，D_1 比 D_4 更重要，D_2 比 D_3 重要一点，D_2 比 D_4 重要一点，D_3 比 D_4 稍微重要一点。由此，构建 $C—D$ 判断矩阵，并在 MATLAB 中计算，得出 $C—D$ 判断矩阵及层次排序（既是层次单排序，也是层次总排序），结果见表 4－5。

表 4－5　西昌市酸雨敏感性判断矩阵与层次排序表

C	D_1	D_2	D_3	D_4	W	排序
D_1	1	2	3	5	0.466 0	1
D_2	1/2	1	3	3	0.299 3	2
D_3	1/3	1/3	1	3	0.156 4	3
D_4	1/5	1/3	1/3	1	0.078 3	4

注：$\lambda=4.131\ 5$，$CI=0.043\ 8$，$RI=0.90$，$CR=0.048\ 7(<0.10)$。

由表 4－5 中可知，$\lambda=4.131\ 5$，$CI=0.043\ 8$，$RI=0.90$，$CR=0.048\ 7$，CR 小于 0.10，判断矩阵的一致性较好；成土母质单因子敏感性权重最大，为 0.466 0；土壤类型单因子敏感性权重次之，为 0.299 3；植被与土地利用类型单因子敏感性权重再次之，为 0.156 4；降水量与可能最大蒸发量比值（$P:PE$）单因子敏感性权重最小，为 0.078 3。

在地理信息系统中，把4个酸雨单因子敏感性评价图分别赋予上述计算出来的权重(表4-5)，按照式(4-1)进行计算，得出西昌市酸雨敏感性综合指数，然后按照表4-4的酸雨敏感性分级标准进行分级，得到西昌市酸雨敏感性综合评价图(图4-8)。

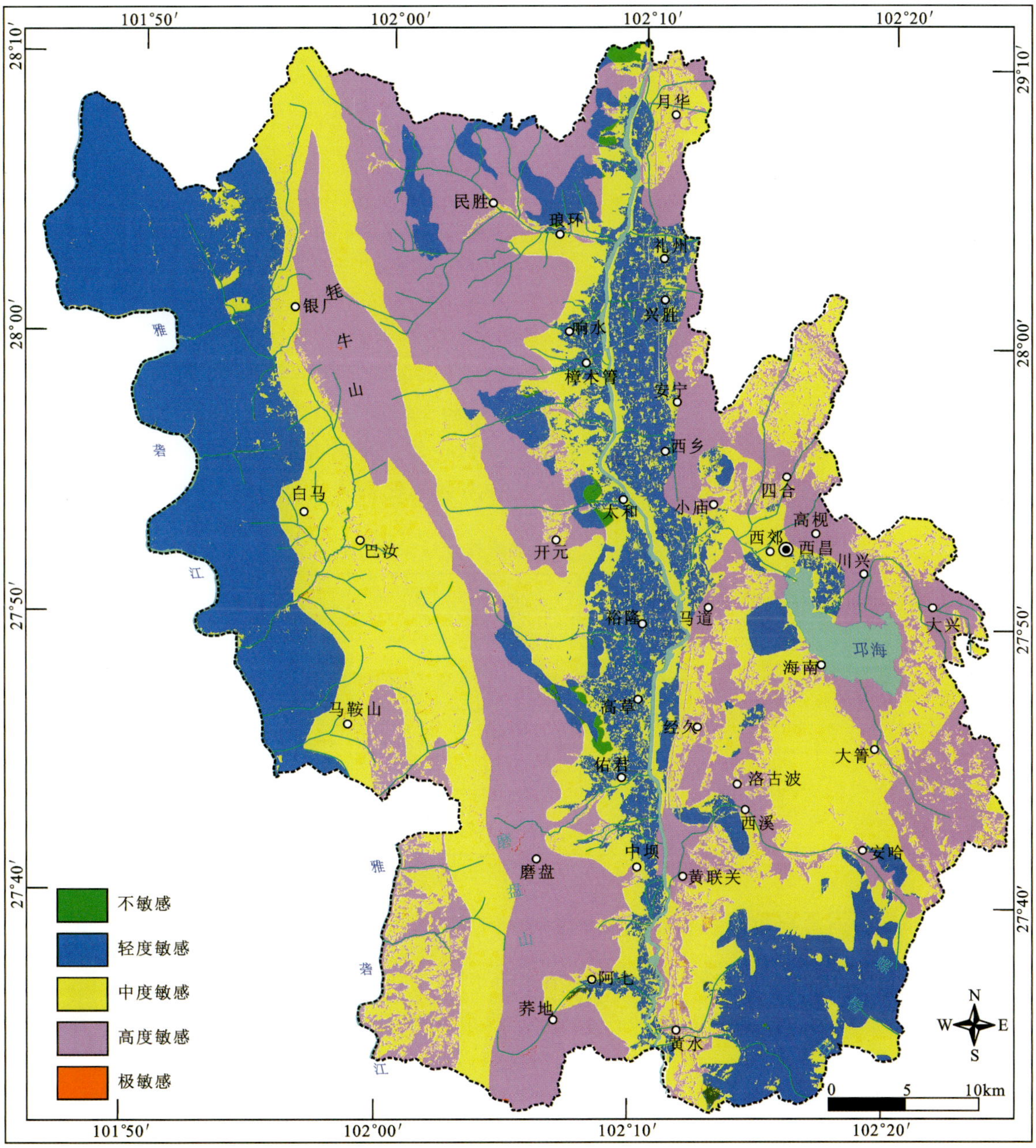

图4-8 西昌市酸雨敏感性综合评价图

4. 酸雨敏感性分布格局

西昌市酸雨敏感性共分为5个等级，即不敏感、轻度敏感、中度敏感、高度敏感与极敏感，各敏感性等级分布见表4-6。

通过统计，西昌市酸雨敏感性表现为“两头轻、中间重”，以轻度敏感—高度敏感为主，三者合计2 646.45km²，占市域面积的99.68%。整体而言，西昌市酸雨敏感性等级较高，全市大部分地区对酸雨比较敏感，安宁河谷整体以轻度敏感为主。

表 4－6　西昌市酸雨敏感性统计表

敏感性等级	面积(km^2)	占市域面积比例(%)
不敏感	7.99	0.30
轻度敏感	712.04	26.82
中度敏感	1 070.44	40.32
高度敏感	863.97	32.54
极敏感	0.56	0.02
合计	2 655.00	100.00

(三)生境敏感性评价

1. 生境敏感性评价指标

生境敏感性是指重要物种的栖息地对人类活动的敏感程度。评价生境敏感性,可根据生境物种丰富度,即评价地区保护物种的数量进行评价。采用保护物种作为评价指标,以西昌市的国家一级、二级保护物种数量占全四川省国家一级、二级重点保护物种总数的比例来进行分级,具体分级见表 4－7。

表 4－7　生境敏感性分级指标

生境敏感性等级	极敏感	高度敏感	敏感	轻度敏感	不敏感
市内国家一级、二级保护物种占四川省的百分比(%)	>30	15～30	5～15	<5	无保护物种
分级赋值(C)	9	7	5	3	1
分级标准(SS)	>8.0	6.0～8.0	4.0～6.0	2.0～4.0	1.0～2.0

2. 生境敏感性单因子评价

根据国家颁布的《中华人民共和国野生植物保护条例》(中华人民共和国国务院,1996)及《国家重点保护野生植物名录》(中华人民共和国国务院,1999),四川省有国家一级保护植物 18 种、二级保护植物 49 种。根据国家颁布的《野生动物保护法》及《四川省重点保护野生动物名录》,四川省有国家一级保护动物 97 种、二级保护动物 48 种。西昌市现有国家一级、二级保护植物 34 种,占四川省一级、二级保护植物的 50.74%,主要分布于螺髻山、牦牛山一带;现有国家一级、二级保护动物 30 种,占四川省一级、二级保护动物的 20.69%,主要分布于邛海和螺髻山一带。

1)保护植物生境敏感性评价

以西昌市行政区划图和土地利用现状图为基础数据,在地理信息系统中制作保护植物分布图,根据表 4－7 中的赋值标准进行赋值,最后转为栅格图像,得到西昌市保护植物生境敏感性评价图(图 4－9a)。西昌市保护植物生境敏感性分为不敏感、极敏感 2 个等级,全市大部不敏感,牦牛山局部与螺髻山极敏感。

2)保护动物生境敏感性评价

以西昌市行政区划图和土地利用现状图为基础数据,在地理信息系统中制作保护动物分布图,根据

表 4－7 中的赋值标准进行赋值，最后转为栅格图像，得到西昌市保护动物生境敏感性评价图(图 4－9b)。西昌市保护动物生境敏感性分为不敏感、中度敏感、高度敏感 3 个等级，全市大部不敏感，牦牛山局部中度敏感，螺髻山与邛海高度敏感。

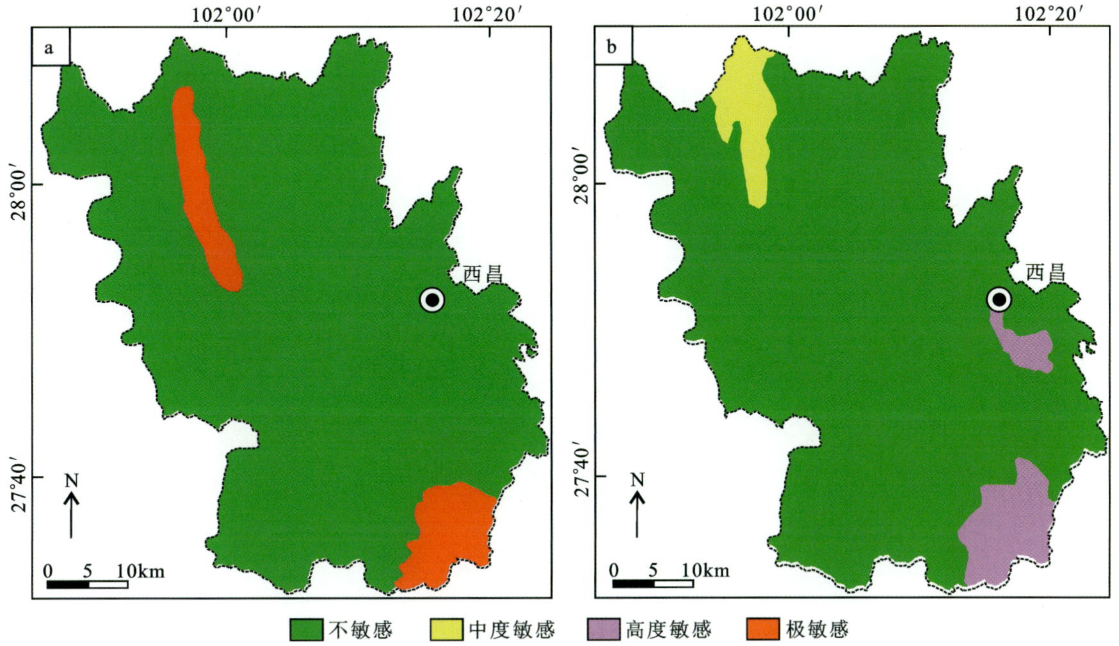

图 4－9 西昌市保护植物生境和保护动物生境敏感性评价图

a. 保护植物生境；b. 保护动物生境

3. 西昌市生境敏感性综合评价

将西昌市保护植物、动物生境敏感性评价图进行叠加，并按表 4－7 的分级标准进行分级，得到西昌市生境敏感性综合评价图(图 4－10)。

4. 西昌市生境敏感性分布格局

西昌市生境敏感性共分为 4 个等级，即不敏感、轻度敏感、中度敏感与高度敏感。

通过统计，西昌市生境敏感性整体为不敏感，以不敏感占绝大多数(表 4－8)，中度敏感和高度敏感区域主要分布于牦牛山和螺髻山一带(图 4－10)。

(四)地质灾害敏感性评价

1. 地质灾害敏感性评价指标

地质灾害敏感性主要就自然和人为因素共同作用下引发的滑坡、崩塌、不稳定斜坡、地面塌陷和泥石流 5 种地质灾害进行评价。根据西昌市地质灾害发育特征、分布规律和主要成因来筛选影响地质灾害的主要因子作为评价指标。西昌市地质灾害的发生是地形地貌、地质构造、岩(土)体结构类型、植被发育、降水、地震、河流侵蚀、人类工程活动等诸多因素共同作用的结果，其中地形地貌、地质构造、岩(土)体结构类型等是地质灾害产生的基础条件，降水、地震、人类工程活动、河流侵蚀等是地质灾害形成的诱发因素(四川省地质调查院，2013)。根据西昌市主要地质灾害类型、发育分布特征及影响因素，筛选坡度、年降水量、岩(土)体类型、断裂发育程度、植被覆盖度 5 项因子作为地质灾害敏感性评价指标，具体分级见表 4－9。

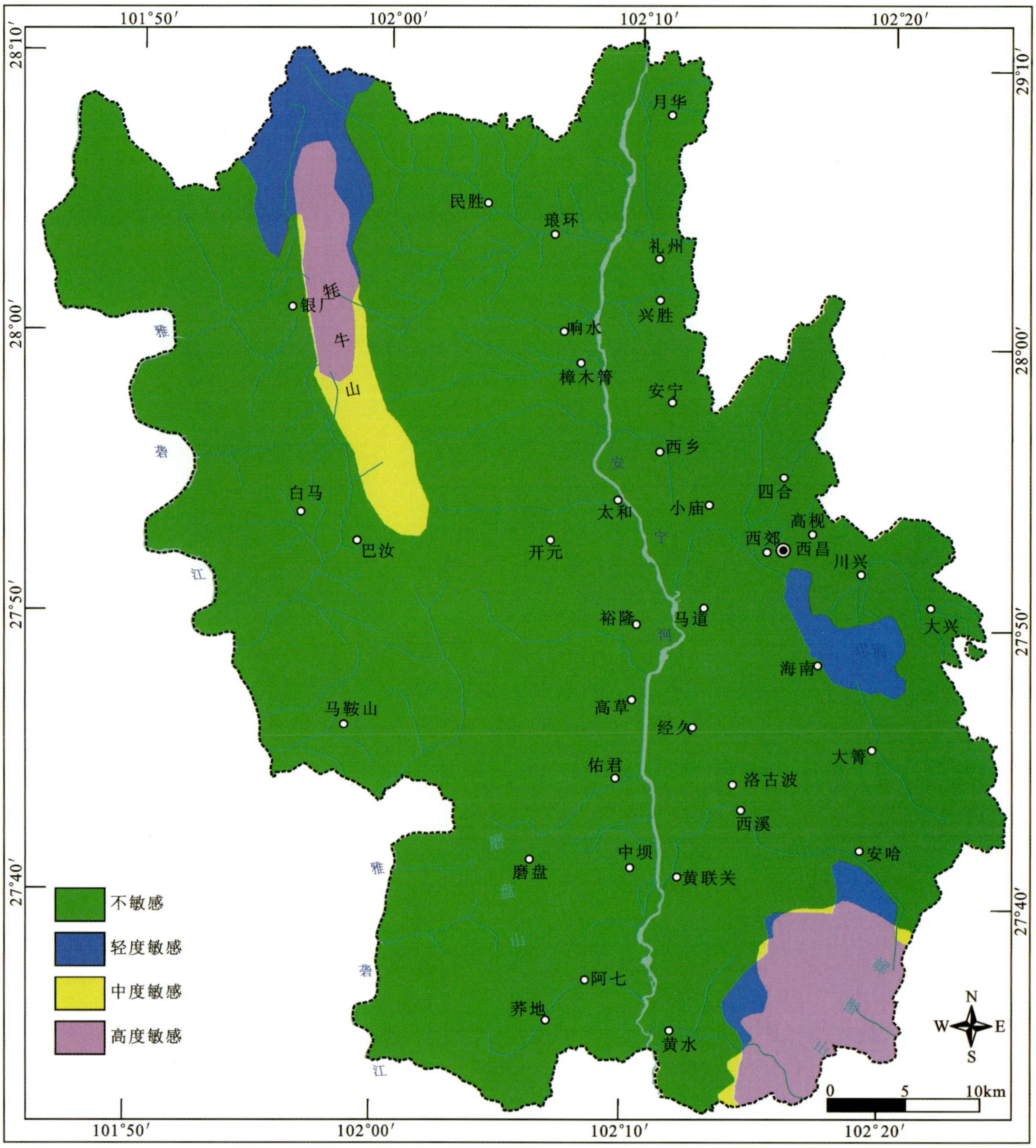

图 4-10　西昌市生境敏感性评价图

表 4-8　西昌市生境敏感性统计表

敏感性等级	面积(km²)	占市域面积比例(%)
不敏感	2 354.50	88.68
轻度敏感	108.29	4.08
中度敏感	50.35	1.90
高度敏感	141.86	5.34
极敏感	0	0
合计	2 655.00	100.00

表 4－9 西昌市地质灾害影响因子的敏感性分级表

分级	不敏感	轻度敏感	中度敏感	高度敏感	极敏感
坡度	0～5°	5°～10°	10°～15°	15°～35°	＞35°
年降水量(mm)	＜1000	1000～1200	1200～1400	1400～1600	＞1600
岩(土)体类型	坚硬岩类	较坚硬岩类	软硬互层岩类	软弱岩类	松散岩类
断裂发育程度(断裂等密度 $km/25km^2$)	0～20	20～40	40～60	60～80	＞80
植被覆盖度(％)	高覆盖(＞60)	中高覆盖(45～60)	中低覆盖(30～45)	低覆盖(10～30)	裸地(＜10)
分级赋值(C)	1	3	5	7	9
分级标准(SS)	1.0～2.0	2.0～4.0	4.0～6.0	6.0～8.0	＞8.0

2. 地质灾害单因子敏感性评价

1)坡度

山坡坡度对地质灾害发育有明显的影响。据调查资料统计，西昌市滑坡和不稳定斜坡多产生于15°～35°斜坡区，崩塌多产生于坡度大于35°的斜坡区。采用西昌市DEM基础数据，在地理信息系统中进行坡度分析，获得坡度图，然后按表4－9中的坡度分级标准对坡度图进行分级，得到西昌市地质灾害坡度单因子敏感性评价图(图4－11a)。西昌市地质灾害坡度单因子敏感性分为不敏感、轻度敏感、中度敏感、高度敏感与极敏感5个等级，以高度—极敏感为主，不敏感与轻度敏感区主要分布于安宁河谷和邛海盆地，中度—极敏感区主要分布于西部的牦牛山—磨盘山和东部的螺髻山。

2)降水

降水是诱发地质灾害产生的最主要外在因素。降水对滑坡的作用主要是通过下渗补给地下水，对岩(土)体进行潜蚀作用及浸润软化作用，产生地下水动、静水压力的变化，增大岩(土)体的容重，降低抗剪强度，从而诱发产生滑坡。崩塌与降水关系密切，降水一方面冲击掏空节理裂隙面，使它的原有平衡状态改变，另一方面使节理裂隙内地下水位升高，使它的力学性质改变而产生崩塌。泥石流与降水的关系则更为密切，降水是泥石流三大形成条件中的水源条件的主因。在地理信息系统中，以西昌市降水等值线图为基础数据，按表4－9中的年降雨量分级标准进行分级赋值，然后转为栅格图像得到西昌市地质灾害年降水量单因子敏感性评价图(图4－11b)。西昌市地质灾害降雨单因子敏感性分为不敏感、轻度敏感、中度敏感3个等级，大部分地区为不敏感区和轻度敏感区，中度敏感区主要分布于牦牛山—磨盘山和螺髻山一带。

3)岩(土)体类型

根据岩(土)体的坚硬程度、结构以及物理力学性质，可将西昌市岩层划分为坚硬岩组、较坚硬岩组、软硬互层岩组、软弱岩组和松散岩组5种工程地质岩组(表4－10)。

在地理信息系统中，以西昌市工程地质岩组分布图为基础数据，按表4－10中的岩(土)体类型分级标准进行分级赋值，然后转为栅格图像，得到西昌市地质灾害岩(土)体类型单因子敏感性评价图(图4－11c)。西昌市地质灾害岩土体类型单因子敏感性分为不敏感、轻度敏感、中度敏感、高度敏感与极敏感5个等级，安宁河谷与邛海周边以中度—极敏感为主。

4)断裂发育程度

断裂构造对地质灾害的发育有着重要影响。西昌市断裂构造发育，岩石经过了多次构造运动的破坏，岩体中的片理和裂隙较为发育，均一性和完整性均较差，断裂、节理发育的碎裂结构硬质岩类斜坡和

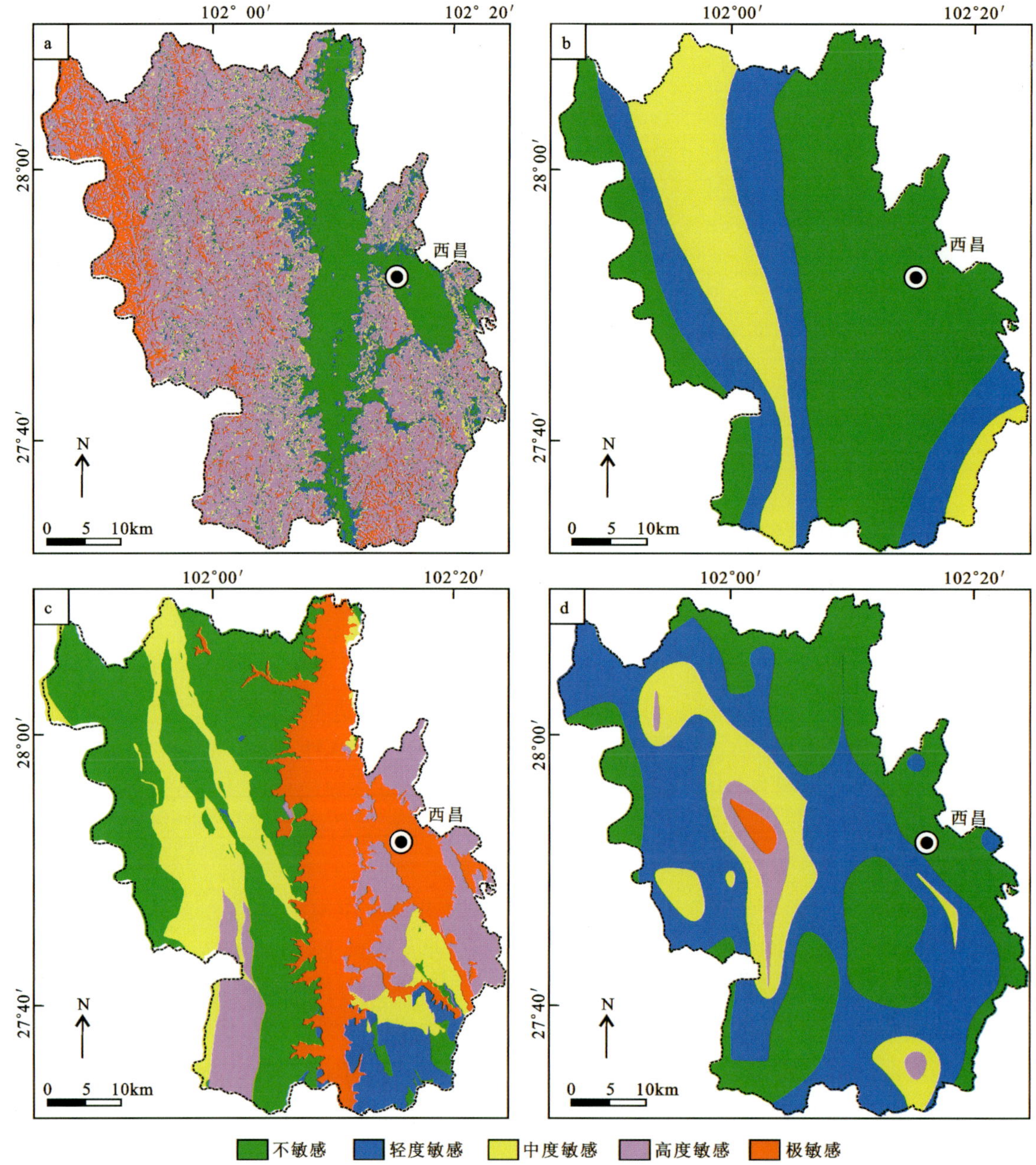

图 4-11 西昌市地质灾害单因子敏感性评价图

a. 坡度单因子敏感性评价图；b. 降水量单因子敏感性评价图；c. 岩(土)体类型单因子敏感性评价图；
d. 断裂发育程度单因子敏感性评价图

软硬相间结构斜坡易发生岩质滑坡。崩塌的发育程度取决于岩石的节理裂隙发育程度。

运用数理统计的方法对断裂构造进行定量分析能够更加科学地表征断裂发育程度，定量分析的基础数据是断裂构造的长度、方位与频度，采用断裂构造等密度分析来研究断裂的发育程度。断裂构造等密度分析是以一定的采样网格对断裂构造进行采样，在统计每个网格内断裂构造长度、频度的基础上插值绘出研究区的断裂构造密度图，它反映了断裂构造在空间上密度分布的数值特征和结构特征，即断裂构造密度值反映了断裂的发育程度。

本次工作以 5000m×5000m 的网格进行采样，最后编制西昌市断裂构造等密度等值线图。在地理信息系统中，以西昌市断裂构造等密度等值线图为基础数据，按表 4-9 中的断裂构造等密度值分级标准进行分级赋值，然后转为栅格图像，得到西昌市地质灾害断裂发育程度单因子敏感性评价图(图 4-11d)。

西昌市地质灾害断裂发育程度单因子敏感性分为不敏感、轻度敏感、中度敏感、高度敏感与极敏感5个等级，牦牛山—磨盘山和螺髻山一带为中度—极敏感，其他区域为不敏感、轻度敏感。

表4-10 西昌市工程地质岩组分类表

工程地质岩组	地质单元代号	岩性	分级赋值(C)
坚硬岩组	P_2y、C_2h、D_3gg、D_2ln、D_2q、D_1pj、S_2b、$Z\in d$、玄武岩、花岗岩、闪长岩	中—厚层灰岩、白云质灰岩、白云岩、燧石灰岩、玄武岩等	1
较坚硬岩组	$\in_2c$、$\in_2q$、Nh_3lg、Nh_2k、Nh_2s、$Z_{1-2}g$	灰岩、白云岩夹泥灰岩、泥质灰岩、泥岩、页岩	3
软硬互层岩组	T_3bd、T_3bg、T_3dq、T_3bn	灰岩、白云岩与砂岩、泥岩互层；砂岩与泥岩、页岩互层	5
软弱岩组	KEl、$K_{1-2}x$、K_1f、J_3g、J_3n、J_2x和$J_{1-2}y$	泥岩、页岩、粉砂岩夹少量砂岩、薄层泥灰岩及含泥质砾岩、辉绿岩等	7
松散岩组	Q^{apl}、N_2x	黏土、亚黏土、砂土、亚砂土、碎石土等	9

5）植被覆盖度

地表的植被覆盖情况与地质灾害发育有较为密切的关系，一般来说，植被覆盖度越高，越不容易发生地质灾害。在地理信息系统中，以西昌市植被覆盖度图为基础数据，按表4-9中的植被覆盖度分级标准进行分级赋值，进行重分类，得到西昌市地质灾害植被覆盖度单因子敏感性评价图（图4-12）。西昌市地质灾害植被覆盖度单因子敏感性分为不敏感、轻度敏感、中度敏感、高度敏感与极敏感5个等级，以不敏感为主。

3. 地质灾害敏感性综合评价

从单因子分析得出的地质灾害敏感性，只反映了某一因子的作用程度，要将地质灾害敏感性的区域差异综合地反映出来，还需要进行地质灾害敏感性综合评价。由于在不同区域坡度、降水量、岩（土）体类型、断裂发育程度和植被覆盖度对地质灾害发育的作用不同，在进行综合评价时，应当对单因子赋予不同的权重，运用加权方法进行评价。

首先，构建西昌市地质灾害敏感性决策分析层次结构模型（图4-13）。

根据西昌市的实际情况，通过分析认为：F_1比F_2重要一点，F_3比F_1重要一点，F_4比F_1重要一点，F_1比F_5重要一点，F_3比F_2重要一点，F_4比F_2重要一点，F_2比F_5重要一点，F_3与F_4同等重要，F_3比F_5重要一点，F_4比F_5重要一点。由此，构建E—F判断矩阵，并在MATLAB中计算，得出E—F判断矩阵及层次排序（既是层次单排序，也是层次总排序），结果见表4-11。

由表4-11中可知，$\lambda=5.349\,4$，$CI=0.087\,3$，$RI=1.12$，$CR=0.078\,0$，CR小于0.10，并列判断矩阵的一致性较好；岩（土）体类型和断裂发育程度单因子敏感性权重相等且最大，为0.320 9，排序并列第一；坡度单因子敏感性权重次之，为0.175 3，排序第二；年降水量单因子敏感性权重再次之，为0.111 7，排序第三；植被覆盖度单因子敏感性权重最小，为0.071 2，排序最末。

在地理信息系统中，把5个地质灾害单因子敏感性评价图分别赋予上述计算出来的权重（表4-11），按照式（4-1）进行计算，得出西昌市地质灾害单因子敏感性综合指数，然后按照表4-9的地质灾害敏感性分级标准（SS），对地质灾害敏感性进行分级，得到西昌市地质灾害敏感性综合评价图（图4-14）。

4. 地质灾害敏感性分布格局

从地质灾害敏感性分布图来看，西昌市地质灾害敏感性共分为5个等级，即不敏感、轻度敏感、中度敏感、高度敏感与极敏感。

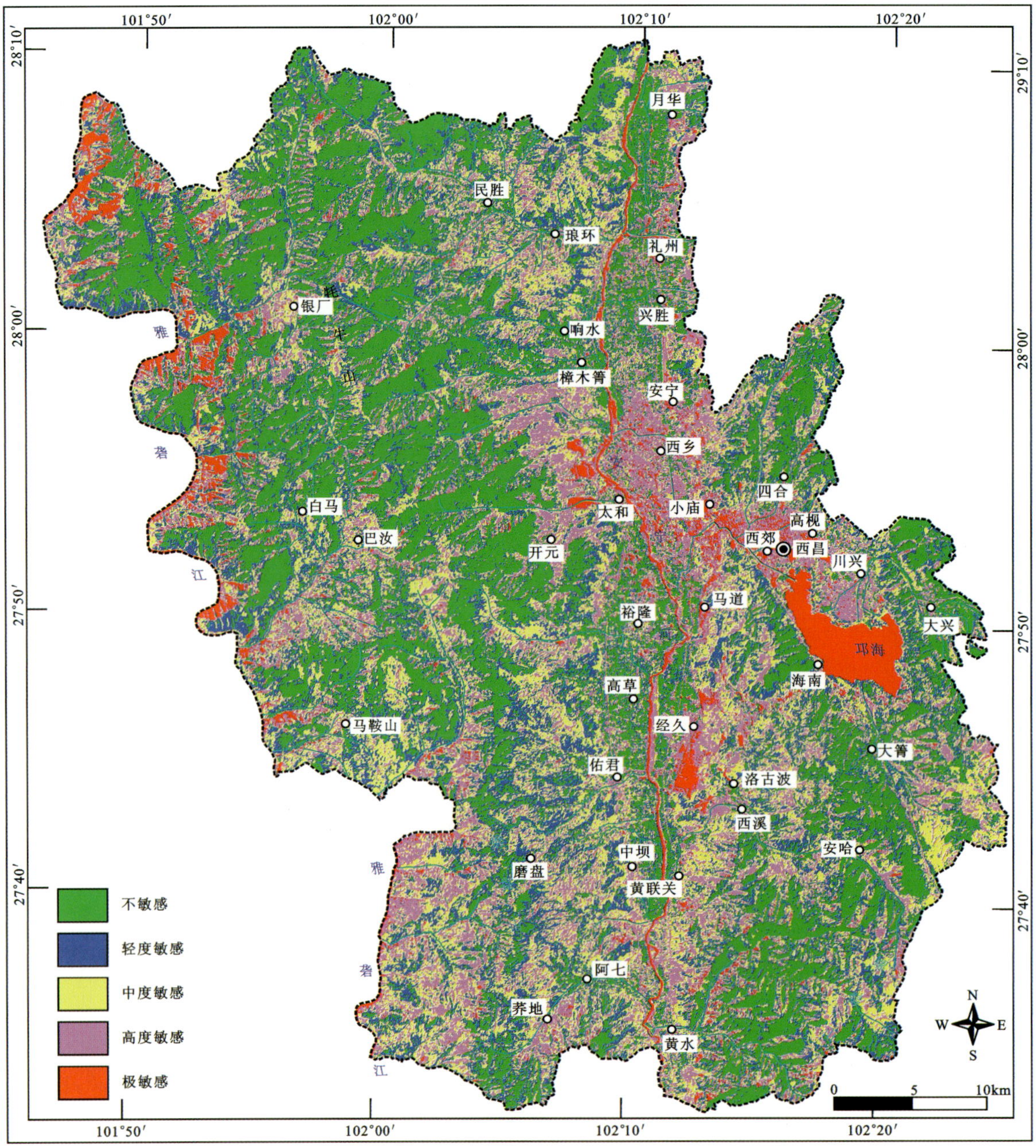

图 4-12 西昌市地质灾害植被覆盖度单因子敏感性评价图

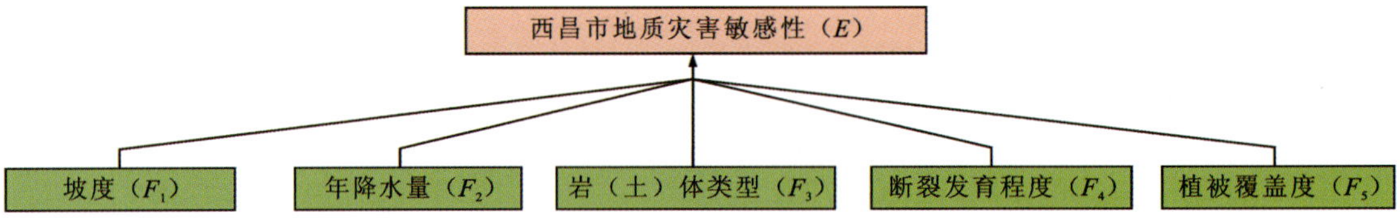

图 4-13 西昌市地质灾害敏感性决策分析层次结构模型

E.总目标——西昌市地质灾害敏感性；F_1.坡度单因子敏感性；F_2.年降水量单因子敏感性；F_3.岩（土）体类型单因子敏感性；F_4.断裂发育程度单因子敏感性；F_5.植被覆盖度单因子敏感性

表 4-11 西昌市地质灾害敏感性判断矩阵与层次排序表

E	F_1	F_2	F_3	F_4	F_5	W	排序
F_1	1	3	1/3	1/3	3	0.175 3	2
F_2	1/3	1	1/3	1/3	3	0.111 7	3
F_3	3	3	1	1	3	0.320 9	1
F_4	3	3	1	1	3	0.320 9	1
F_5	1/3	1/3	1/3	1/3	1	0.071 2	4

注：$\lambda=5.349\ 4$，$CI=0.087\ 3$，$RI=1.12$，$CR=0.078\ 0(<0.10)$。

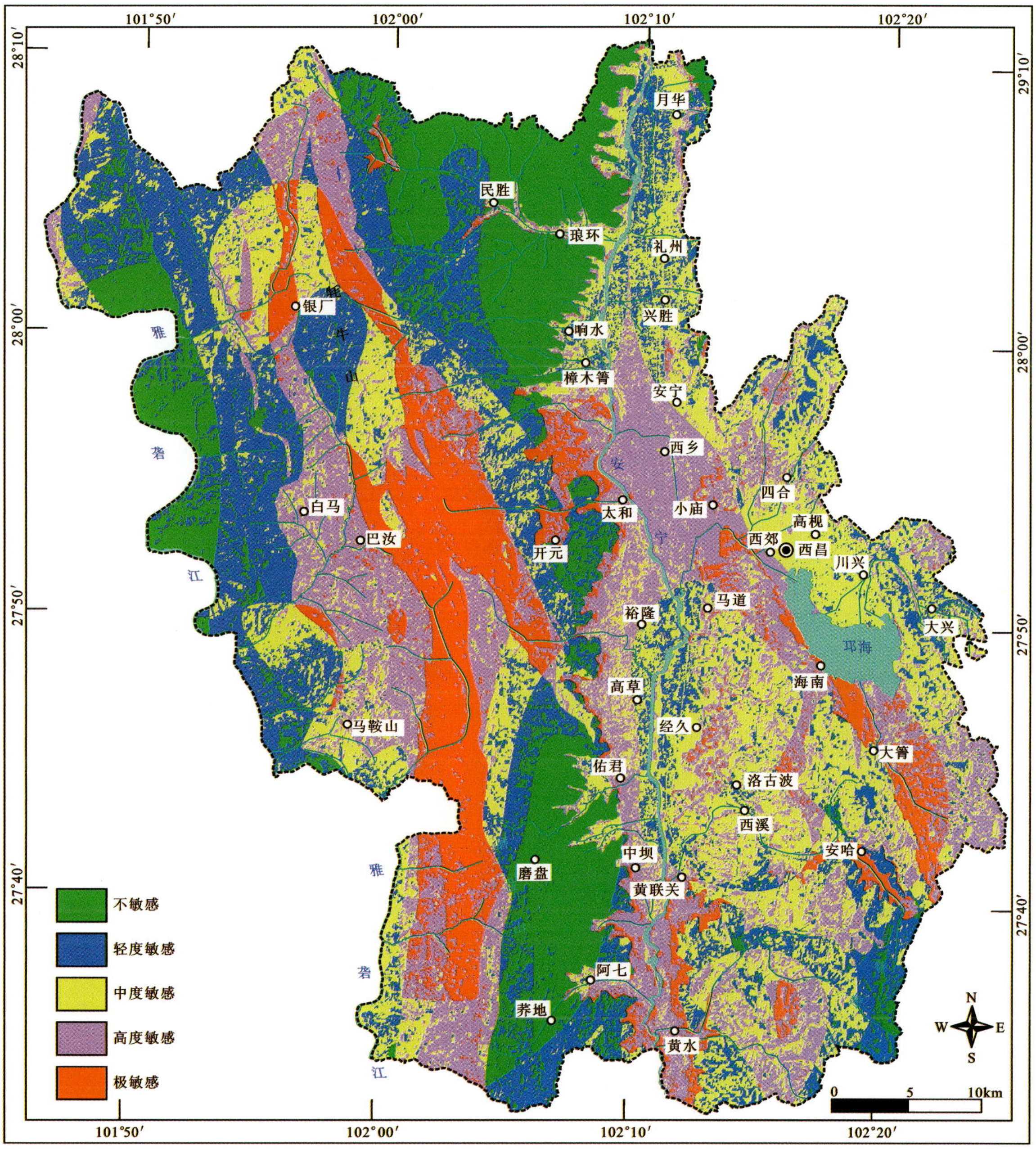

图 4-14 西昌市地质灾害敏感性综合评价图

通过统计，西昌市地质灾害敏感性整体为较敏感，各敏感性等级相差不大，整体以中度—极敏感为主，三者合计 1 678.33km²，占市域面积的 63.21%（表 4－12）。

表 4－12 西昌市地质灾害敏感性统计表

敏感性等级	面积（km²）	占市域面积比例（%）
不敏感	405.73	15.28
轻度敏感	570.93	21.50
中度敏感	758.86	28.58
高度敏感	623.34	23.48
极敏感	296.14	11.15
合计	2 655.00	100.00

三、西昌市生态环境敏感性评价

（一）权重计算与综合评价

特定生态环境问题敏感性评价只反映了某一特定生态环境问题的敏感性，它只代表区域生态环境敏感性的某一方面。要将生态环境敏感性的区域差异综合地反映出来，还需要在特定生态环境问题敏感性评价的基础上，进行区域生态环境敏感性综合评价。由于每一特定生态环境问题对区域生态环境的影响大小不同，在进行综合评价时应当赋予其不同的权重，根据各特定生态环境问题的敏感性综合指数，运用加权方法在地理信息系统软件中生成区域生态环境敏感性综合评价图并进行综合评价。

首先，构建西昌市生态环境敏感性决策分析层次结构模型（图 4－15）。

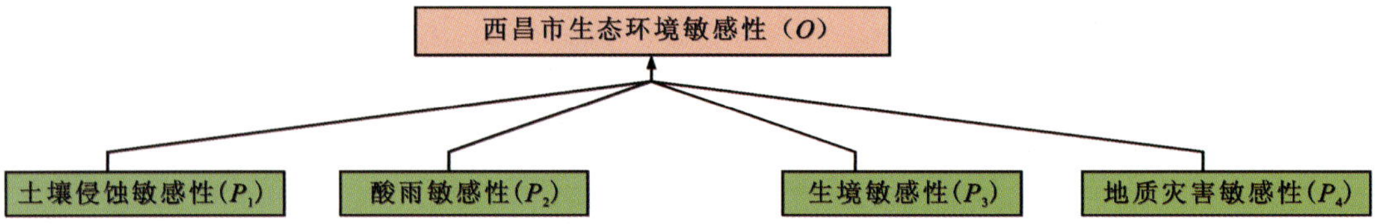

图 4－15 西昌市生态环境敏感性决策分析层次结构模型

O. 总目标——西昌市生态环境敏感性；P_1. 土壤侵蚀敏感性；P_2. 酸雨敏感性；P_3. 生境敏感性；P_4. 地质灾害敏感性

根据西昌市的实际情况，通过分析认为：P_1 比 P_2 更重要，P_1 比 P_3 重要一点，P_1 比 P_4 稍微重要一点，P_3 比 P_2 稍微重要一点，P_4 比 P_2 更重要，P_4 比 P_3 重要一点。由此，构建 $O—P$ 判断矩阵，并在 MATLAB 中计算，得出 $O—P$ 判断矩阵及层次排序（既是层次单排序，也是层次总排序），结果见表 4－13。

表 4－13 西昌市生态环境敏感性判断矩阵与层次排序表

O	P_1	P_2	P_3	P_4	W	排序
P_1	1	4	3	2	0.458 6	1
P_2	1/4	1	1/2	1/3	0.093 4	4
P_3	1/3	2	1	1/3	0.143 2	3
P_4	1/2	3	3	1	0.304 8	2

注：$\lambda=4.081\ 3$，$CI=0.027\ 1$，$RI=0.90$，$CR=0.030\ 1(<0.10)$。

由表 4－13 中可知，$\lambda=4.0813$，$CI=0.0271$，$RI=0.90$，$CR=0.0301$，CR 远小于 0.10，判断矩阵的一致性较好；土壤侵蚀敏感性权重最大，为 0.458 6，地质灾害敏感性权重次之，为 0.304 8；生境敏感性权重再次之，为 0.143 2；酸雨敏感性权重最小，为 0.093 4。

在地理信息系统中，把 4 个特定生态环境问题敏感性评价图分别赋予上述计算出来的权重（表 4－13），按照式（4－1）进行计算，得出西昌市生态环境敏感性综合指数；然后按照表 4－14 的敏感性分级标准进行分级，得到西昌市生态环境敏感性评价图（图 4－16）。

表 4－14 西昌市生态环境敏感性分级表

敏感性等级	不敏感	轻度敏感	中度敏感	高度敏感	极敏感
分级标准（SS）	1.0～2.0	2.0～4.0	4.0～6.0	6.0～8.0	＞8.0

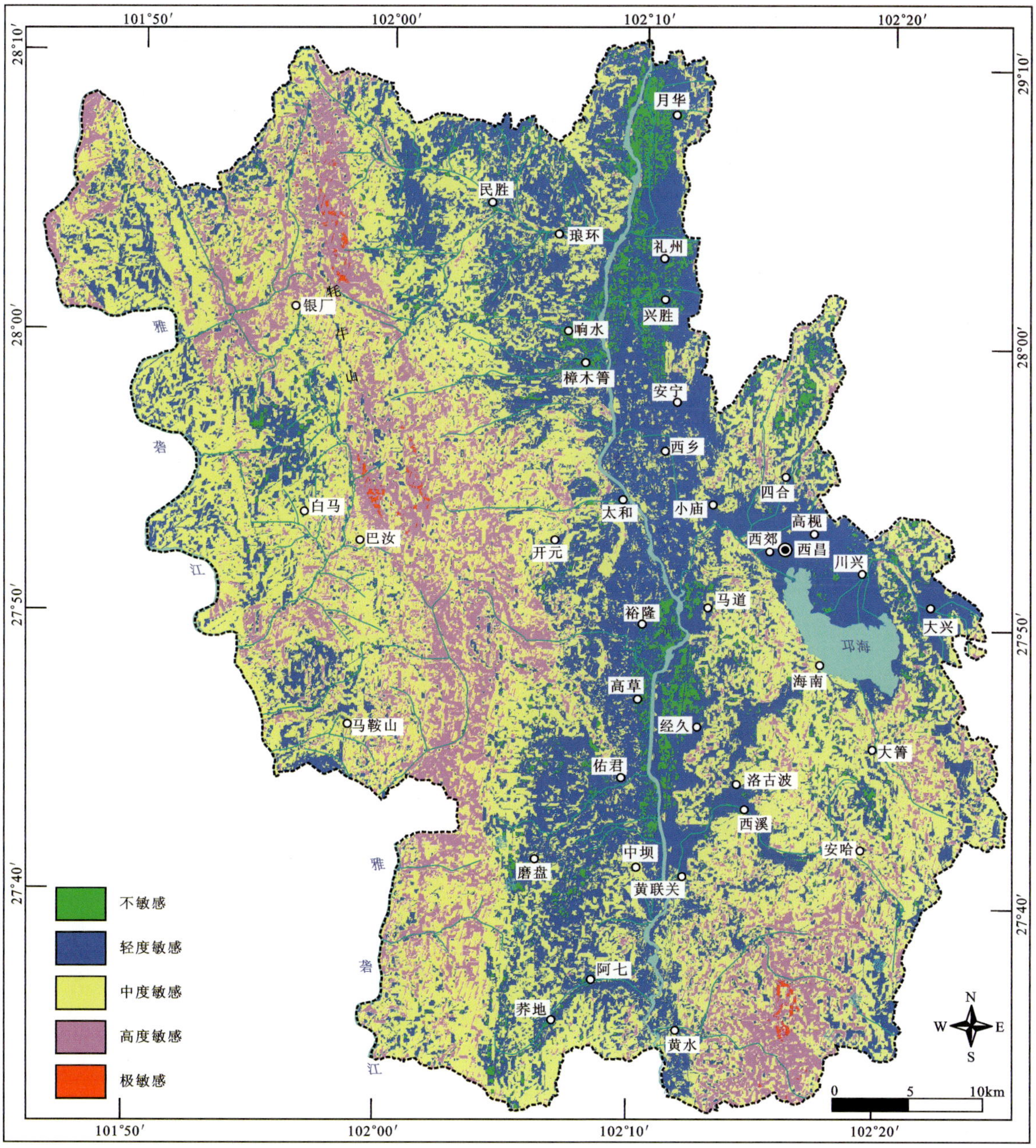

图 4－16 西昌市生态环境敏感性评价图

（二）西昌市生态环境敏感性分级与分布

西昌市生态环境敏感性共分为5个等级，即不敏感、轻度敏感、中度敏感、高度敏感与极敏感，各敏感性等级面积与占西昌市面积百分比见表4－15。

通过统计，整体来说西昌市生态环境较为敏感，中度敏感—极敏感区面积为1 654.65km^2，占市域面积的62.32%，生态环境敏感的区域占比还是较大；全市生态环境不敏感的区域只有2.73%，主要分布于安宁河谷和邛海盆地；轻度敏感区也主要分布在这一地区，面积为927.77km^2，占比34.94%。综合上述，西昌市生态环境整体较为敏感。

表4－15　西昌市生态环境敏感性统计表

敏感性等级	面积（km^2）	占市域面积比例（%）
不敏感	72.60	2.73
轻度敏感	927.77	34.94
中度敏感	1 278.00	48.14
高度敏感	371.83	14.00
极敏感	4.82	0.18
合计	2 655.00	100.00

第三节　生态系统服务功能重要性评价

一、生态系统服务功能重要性评价概述

（一）生态系统服务功能重要性评价内涵

区域生态系统服务功能重要性评价，是针对区域典型生态系统类型及其空间分布的特点，评价区域内不同地区生态系统提供各项生态服务功能的能力及其对区域社会经济发展的作用与重要性，明确每一项生态服务功能重要性的空间分布特征以及各项生态服务功能重要性的总体区域分异规律，为划分生态功能区提供依据。

（二）生态系统服务功能重要性评价方法

区域生态系统服务功能重要性评价是针对区域内生态系统提供的各项生态服务功能，按照其对区域社会经济发展的作用与重要性划分出不同等级，明确不同生态服务功能的空间分布特征。生态服务功能重要性等级一般分为4级，即极重要、重要、比较重要、一般。不同区域应根据本区生态系统的特点，选择相应的生态服务功能进行重要性评价，明确不同生态服务功能的空间分布；然后将各项生态服务功能分布进行综合，提出综合生态服务功能重要性分区，以反映生态服务功能的区域分异规律，并用具体数据和图件支持评价结果。

西昌市生态系统服务功能重要性评价内容包括：生物多样性保护、水源涵养、水土保持、营养物质保持与饮用水源保护、生态系统产品提供、自然与人文景观保护等，最后综合各项生态系统服务功能评价要素，得出西昌市生态系统服务功能综合评价结果。

二、生态系统主导服务功能重要性评价

(一)生物多样性保护重要性评价

生物多样性是所有生物种类、种类遗传变异和它们生存环境的总称,包括所有不同种类的动物、植物和微生物,以及它们所拥有的基因及它们与生存环境所组成的生态系统。生物多样性包括了物种多样性、遗传多样性和生态系统多样性 3 个基本层次。生物多样性是人类赖以生存和发展的物质基础,生物多样性不仅为人类提供了食物、能源、材料等基本需求,同时对于维持生态平衡、稳定环境、保持土壤肥力、保证水质以及调节气候等生态系统服务功能具有关键性的作用。生物多样性保护重要性评价主要是评价区域内不同地区对生物多样性保护的重要程度,重点评价生态系统对生物多样性保护的重要性。

1. 评价指标选取

西昌市生物多样性与区域内生态系统的多样性密切相关。西昌市地处亚热带,气候类型为温暖湿润的中亚热带山地气候,形成了多样化的生态系统,生物多样性正是源于生态系统的多样性。显然,不同的生态系统能够容纳的生物物种的数量是不同的,其对生物多样性保护的重要性也不同。因此,评价指标的选取主要由生态系统类型来确定,并综合考虑优势生态系统类型、特殊生态系统类型和特殊生境等因素,最终确定西昌市生物多样性保护重要性评价指标(表 4-16)。

表 4-16　西昌市生物多样性保护重要性评价分级表

生态系统类型	重要性	分级赋值(C)
常绿针、阔叶林生态系统($Ⅰ_1$)	极重要	7
疏林灌丛生态系统($Ⅱ_2$)和灌木林生态系统($Ⅱ_3$)	重要	5
草地生态系统(Ⅱ)和陆地水生生态系统(Ⅵ)	比较重要	3
农田生态系统(Ⅲ)、农村生态系统(Ⅳ)、城镇生态系统(Ⅴ)	一般	1

2. 生物多样性保护重要性评价

以西昌市土地利用/覆盖遥感解译图为基础数据,按表 4-16 中的分级赋值标准进行分类赋值,然后转换为栅格图像,得到西昌市生物多样性保护重要性评价图(图 4-17)。

3. 生物多样性保护重要性空间分布格局

西昌市生物多样性保护重要性共分为 4 个等级,即一般、比较重要、重要与极重要。

通过统计,西昌市生物多样性保护重要性中重要、极重要等级合计 1 568.83km^2,占市域面积的 59.09%(表 4-17),接近 60%。从西昌市生物多样性保护重要性空间分布来看,极重要区域主要分布在邛海流域、螺髻山、牦牛山和磨盘山一带,生物多样性保护比较重要区以阔叶林、针阔混交林、针叶林和湖泊湿地等生态系统为主。

(二)水源涵养重要性评价

生态系统涵养水分是生态系统为人类提供的重要服务功能之一。生态系统涵养水源功能主要表现为:截留降水、增强土壤下渗、抑制蒸发、缓和地表径流与增加降水等功能。这些功能主要以“时空”的形

式直接影响河流的水位变化。在时间上，它可以延长径流时间，或者在枯水位时补充河流的水量，在洪水时减缓洪水的流量，起到调节河流水位的作用；在空间上，生态系统能够将降水产生的地表径流转化为土壤径流和地下径流，或者通过蒸发、蒸腾的方式将水分返回大气中，进行大范围的水分循环，使大气降水在陆地进行再分配。

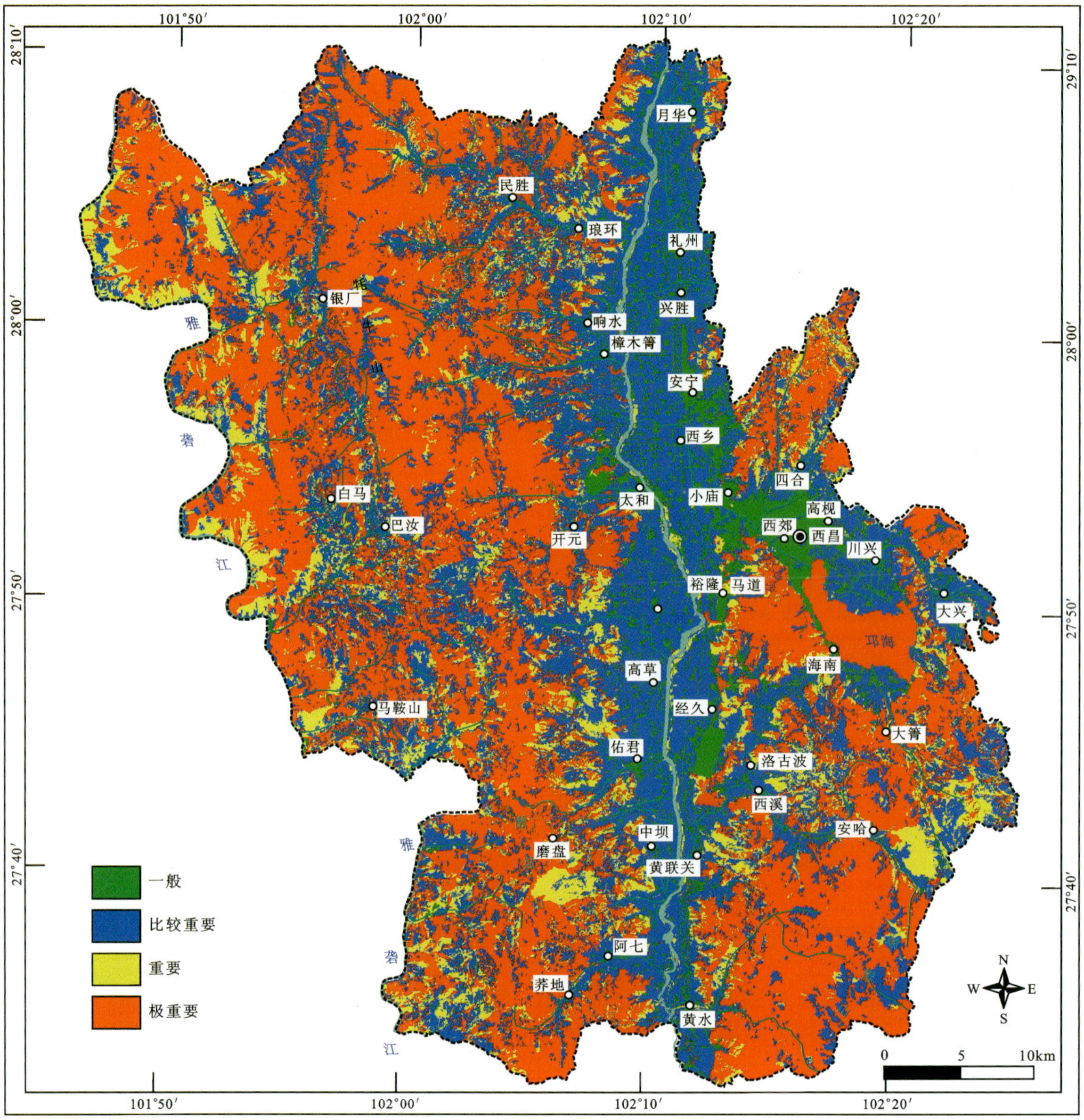

图 4-17　西昌市生物多样性保护重要性评价图

表 4-17　西昌市生物多样性保护重要性统计表

重要性等级	面积（km^2）	占市域面积比例（%）
一般	155.56	5.86
比较重要	930.61	35.05
重要	328.87	12.39
极重要	1 239.96	46.70
合计	2 655.00	100.00

1. 评价指标选取

影响生态系统水源涵养能力的主要因子有年降水量、流域面积和生态系统类型。

降水量分布指标是区域生态系统水源涵养和径流调节功能重要性评价的一个重要指标。降水量体现了水源补给量的大小，降水量和降水强度大的区域，若地表覆盖以森林植被为主，则生态系统水源涵养能力强，能形成较大的径流量，能在洪水期起到削减和延缓洪峰的作用。河流流域面积是区域生态系统水源涵养和径流调节功能重要性评价的另一个重要指标。区域生态系统水源涵养服务功能重要性评价，主要是根据评价地区生态系统水源涵养功能对整个流域水资源的贡献及径流调节作用来评价，以区域内河流的流域范围为基本评价单元。

生态系统类型从某种意义上来说，是区域生态系统水源涵养和径流调节功能重要性评价的最重要的指标。研究表明，不同的生态系统类型，因植被类型及其结构、地表层覆盖状况，以及土壤理化性质存在差异，它的涵养水源和调节径流（消减洪峰与增加枯水流量）的能力是不同的。

2. 水源涵养单因子重要性评价

1）降水量

根据西昌市降水特征，选择年降水量为评价指标，年降水量分级见表 4－18。

表 4－18 西昌市水源涵养重要性评价年降水量单因子分级表

重要性等级	年降水量（mm）	分级赋值（C）
极重要	＞1200	7
重要	1100～1200	5
比较重要	1000～1100	3
一般	＜1000	1

以西昌市降水量等值线图为基础数据，在地理信息系统中按表 4－18 中的分级标准进行分级并赋值，然后转为栅格图像，得到西昌市水源涵养重要性降水量单因子评价图（图 4－18）。西昌市水源涵养降雨量单因子重要性分为一般、比较重要、重要和极重要 4 个等级，牦牛山—磨盘山和螺髻山以重要、极重要为主，其他区域为一般—重要。

2）流域面积

西昌市域内水系发达，境内支流水系均属雅砻江与安宁河支流，其中面积大于 50km^2 的有 14 条，主要分布在安宁河流域（表 4－19）。

表 4－19 中河流流域面积总计 2473km^2，占市域面积的 93.15％，为境内主要河流，且流域面积大部分在 50～200km^2 之间。因此，以流域面积 50km^2、200km^2 为重要划分标准，流域面积在 200km^2 以上的河流水源涵养功能的重要性大，水源涵养功能重要性等级为极为重要；而流域面积在 200km^2 以下的河流，因流域面积小，水源涵养功能的重要性不大，水源涵养功能重要性等级为一般到重要（表 4－20）。

以西昌市 DEM 为基础数据，在地理信息系统中进行水文分析，得到西昌市汇水盆地图，然后转换为矢量，并按表 4－20 中的分级标准进行分级并赋值，然后转为栅格图像，得到西昌市水源涵养重要性流域面积单因子评价图（图 4－19）。西昌市水源涵养生态系统类型单因子重要性分为一般、比较重要、重要和极重要 4 个等级，牦牛山—磨盘山与螺髻山一带极重要，雅砻江、安宁河及其主要支流与邛海极为重要。

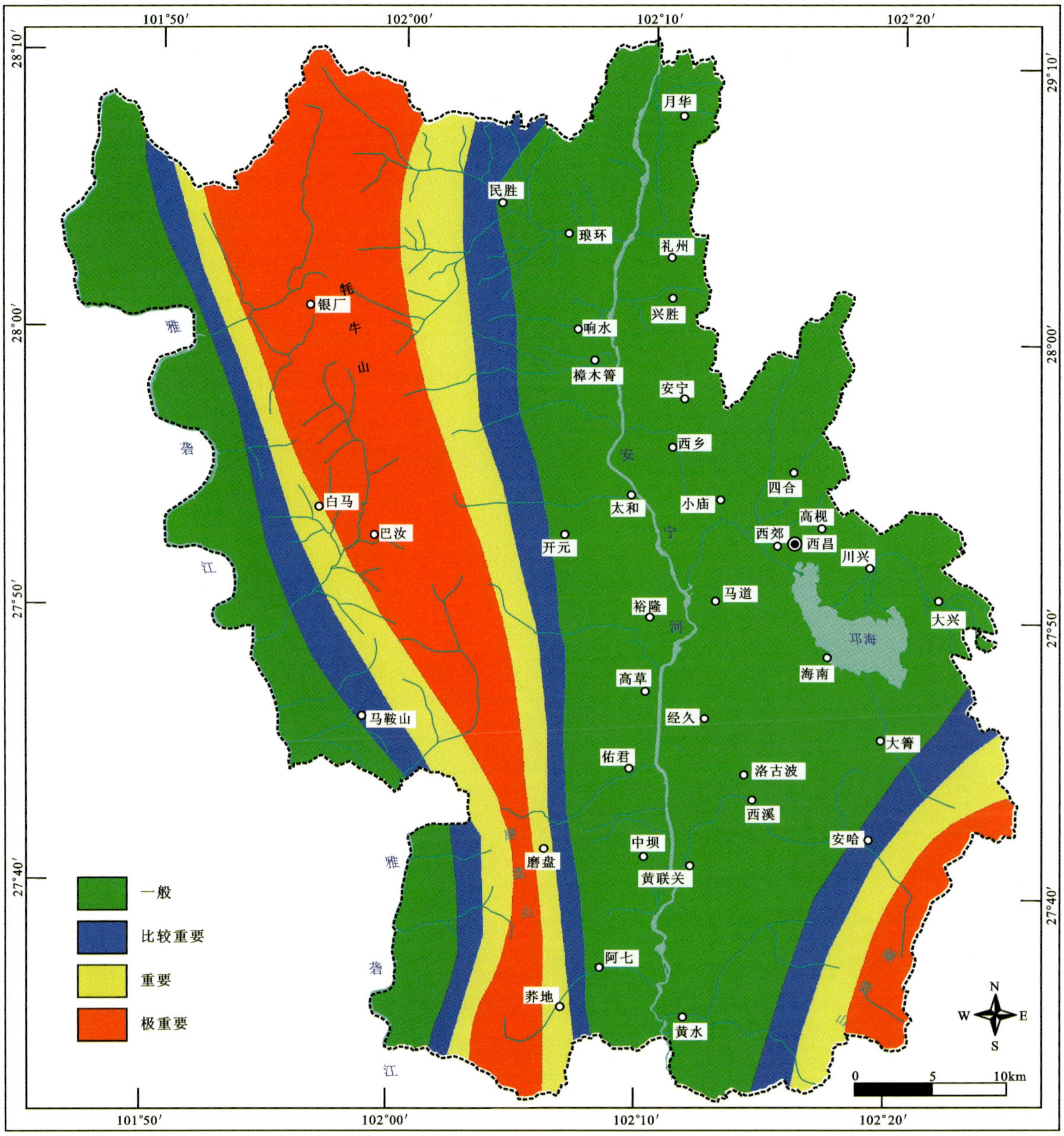

图 4-18　西昌市水源涵养重要性降水量单因子评价图

表 4-19　西昌市流域面积大于 50km² 河流统计表

水系	河名	汇水面积(km^2)	水系	河名	汇水面积(km^2)
安宁河	海河	770.4	安宁河	拖琅河	263.7
	东河	208.4		大沟	54.5
	西河	165.3		破石头沟	57.5
	南安河	52.2		保城河	54.8
	热水河	161.4		阿七沟	62.0
	西溪河	175.4	雅砻江	呷榴河	165.6
	黄水河	108.7		大桥河	173.1

表 4-20 西昌市水源涵养重要性评价流域面积单因子分级表

重要性等级	流域面积(km²)	分级赋值(C)
极重要	＞200	7
重要	100～200	5
比较重要	50～100	3
一般	＜50	1

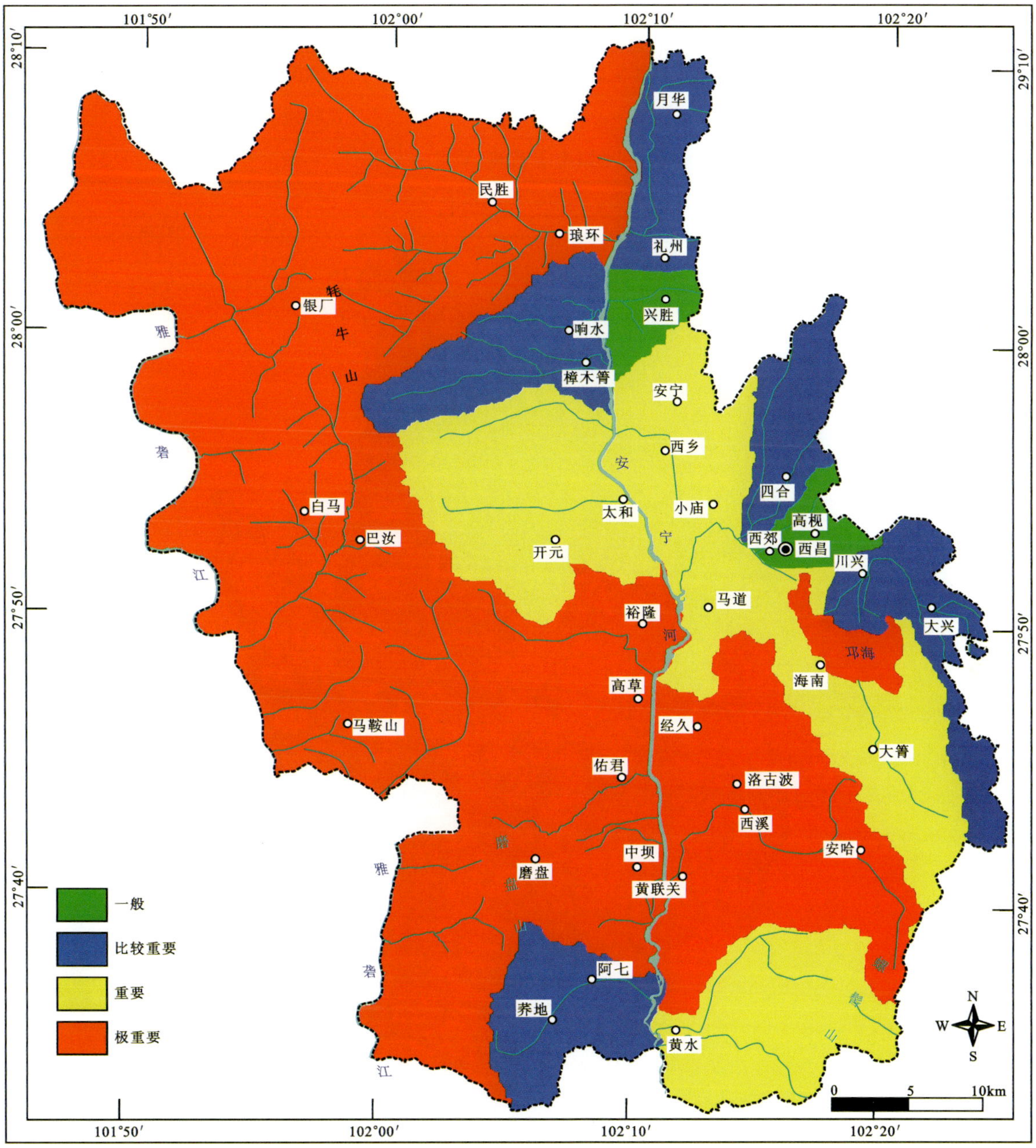

图 4-19 西昌市水源涵养重要性流域面积单因子评价图

3)生态系统类型

一般认为,在涵养水源和调节径流功能方面,森林＞灌丛＞草地。森林生态系统具有巨大的涵养水源和调节径流的功能,森林的复杂主体结构,能对降水层拦截,可将地表径流更多地转化为地下径流。

因此，森林在雨季能一定程度上削弱洪峰流量，延缓洪峰到来时间，延长径流输出时间；在旱季则可增加枯水流量，缩短枯水期长度，达到“削洪补枯”的作用（任海等，2002）。根据西昌市生态系统类型，最终确定西昌市水源涵养重要性生态系统类型评价指标见表 4－21。

以西昌市土地利用/覆盖遥感解译图为基础数据，按表 4－21 中的分级赋值标准进行分类赋值，然后转换为栅格图像，得到西昌市水源涵养重要性生态系统类型单因子评价图（图 4－20）。

表 4－21　西昌市水源涵养重要性生态系统类型评价分级表

生态系统类型	重要性	分级赋值(C)
常绿针、阔叶林生态系统（I_1）和陆地水生生态系统（Ⅵ）	极重要	7
疏林灌丛生态系统（I_2）和灌木林生态系统（I_3）	重要	5
草地生态系统（Ⅱ）	比较重要	3
农田生态系统（Ⅲ）、农村生态系统（Ⅳ）、城镇生态系统（Ⅴ）	一般	1

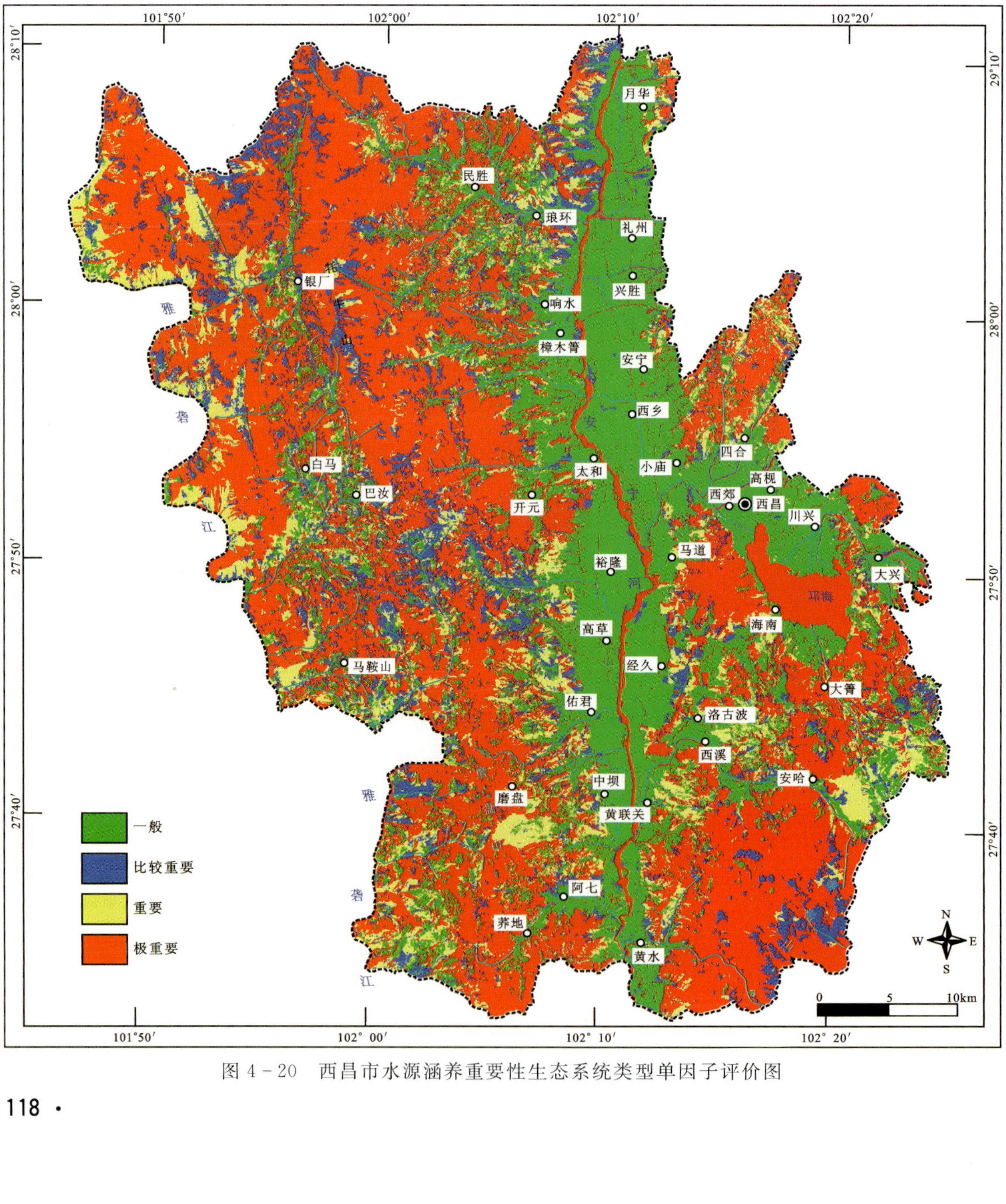

图 4－20　西昌市水源涵养重要性生态系统类型单因子评价图

3. 西昌市水源涵养重要性评价

从单因子分析得出的水源涵养重要性，只反映了某一因子的作用程度，要将水源涵养重要性的区域差异综合地反映出来，还需要进行水源涵养重要性综合评价。由于在不同区域年降水量、流域面积、生态系统类型对水源涵养的重要性不同，在进行综合评价时，应当对单因子赋予不同的权重，运用加权方法进行评价。

1)权重计算

首先，构建西昌市水源涵养重要性决策分析层次结构模型(图 4－21)。

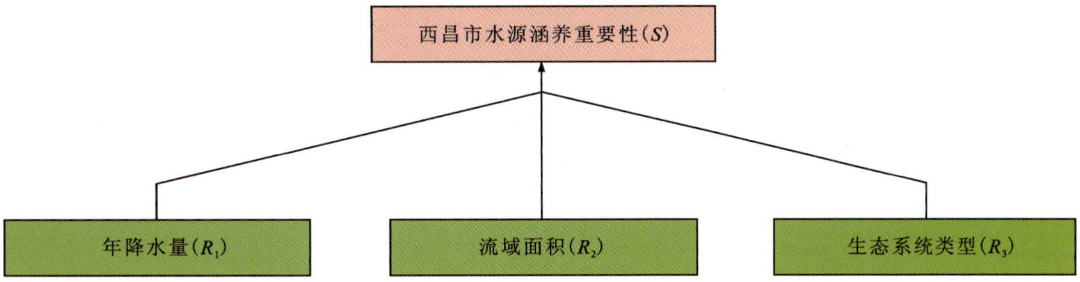

图 4－21　西昌市水源涵养重要性决策分析层次结构模型

S. 总目标——西昌市水源涵养重要性；R_1. 年降水量单因子重要性；

R_2. 流域面积单因子重要性；R_3. 生态系统类型单因子重要性

根据西昌市的实际情况，通过分析认为：R_2 比 R_1 重要一点，R_3 比 R_1 更重要，R_3 比 R_2 重要一点。由此，构建 S—R 判断矩阵，并在 MATLAB 中计算，得出 S—R 判断矩阵及层次排序(既是层次单排序，也是层次总排序)，结果见表 4－22。

表 4－22　西昌市水源涵养重要性判断矩阵与层次排序表

S	R_1	R_2	R_3	W	排序
R_1	1	1/3	1/5	0.104 7	3
R_2	3	1	1/3	0.258 3	2
R_3	5	3	1	0.637 0	1

注：$\lambda=3.038\ 5$，$CI=0.019\ 3$，$RI=0.58$，$CR=0.033\ 2(<0.10)$。

由表 4－22 中可知，$\lambda=3.038\ 5$，$CI=0.019\ 3$，$RI=0.58$，$CR=0.033\ 2$，CR 远小于 0.10，判断矩阵的一致性较好，生态系统类型单因子重要性权重最大，为 0.637 0，排序第一；流域面积单因子重要性权重次之，为 0.258 3，排序第二；年降水量单因子重要性权重最小，为 0.104 7，排序最末。

2)水源涵养重要性评价

在地理信息系统中，把 3 个水源涵养重要性评价图分别赋予上述计算出来的权重，按照式(4－3)进行计算，得出西昌市水源涵养重要性综合指数，然后按照表 4－23 的水源涵养重要性分级标准(SS)进行分级，得到西昌市水源涵养重要性评价图(图 4－22)。

表 4－23　西昌市水源涵养重要性分级表

重要性等级	一般	比较重要	重要	极重要
分级标准(SS)	1.0～2.0	2.0～4.0	4.0～6.0	>6.0

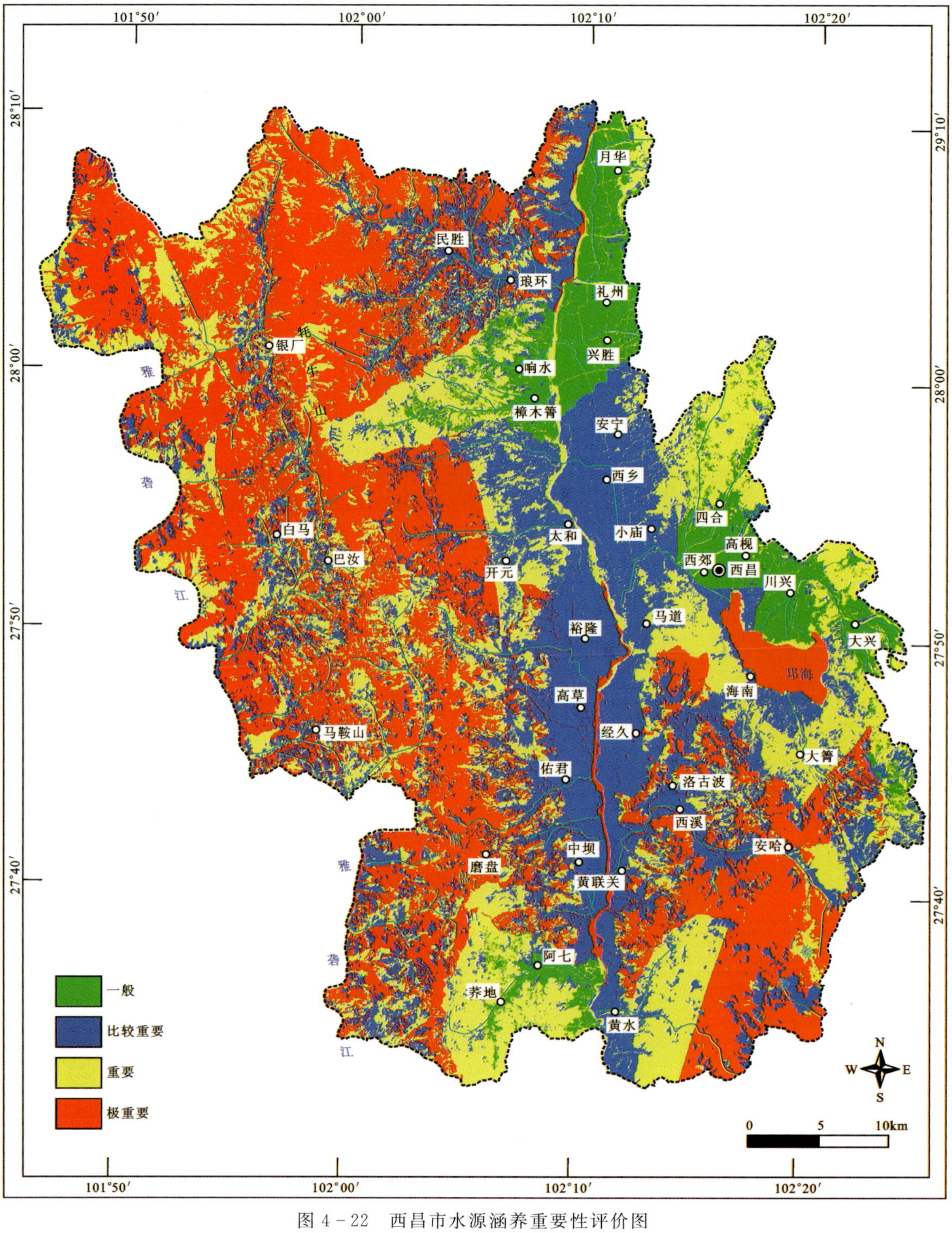

图 4－22　西昌市水源涵养重要性评价图

4. 西昌市水源涵养重要性分布格局

西昌市水源涵养重要性共分为 4 个等级，即一般、比较重要、重要与极重要。

通过统计，西昌市水源涵养重要性以重要、极重要为主，二者合计 1 745.10km^2，占市域面积的 65.73%（表 4－24）。西昌市地处长江上游的金沙江流域，不论从长江流域还是从当地而言，水源涵养都显得较重要。从西昌市水源涵养重要性空间分布来看，极重要区域主要分布于邛海流域、螺髻山、牦牛山和磨盘山一带。

表 4－24　西昌市水源涵养重要性统计表

重要性等级	面积(km^2)	占市域面积比例(%)
一般	200.15	7.54
比较重要	709.75	26.73
重要	744.93	28.06
极重要	1 000.17	37.67
合计	2 655.00	100.00

(三)水土保持重要性评价

1. 水土保持重要性评价分级

生态系统水土保持重要性评价，是在土壤侵蚀敏感性评价的基础上，根据区域内土壤侵蚀状况对恢复生态系统水土保持功能的重要性进行评价。评价指标与分级标准见表 4－25。

表 4－25　西昌市水土保持重要性评价分级表

评价指标	重要性等级			
	一般	比较重要	重要	极重要
土壤侵蚀强度	轻微、轻度	中度	强	极强、剧烈
土壤侵蚀敏感性	不敏感	轻度敏感	敏感	高度敏感、极敏感
赋值(C)	1	3	5	7
分级标准(SS)	1.0～4.0	4.0～8.0	8.0～12.0	>12.0

以西昌市土壤侵蚀强度图和西昌市土壤侵蚀敏感性评价图为基础数据，按表 4－25 中的分级标准进行分级赋值并重分类，得到西昌市水土保持重要性土壤侵蚀强度单因子评价图(图 4－23)和西昌市水土保持重要性土壤侵蚀敏感性单因子评价图(图 4－24)，西昌市水土保持土壤侵蚀强度单因子重要性分为一般、比较重要、重要和极重要 4 个等级(图 4－23)，以一般为主，重要和极重要区主要分布于牦牛山—磨盘山与螺髻山一带；西昌市水土保持土壤侵蚀敏感性单因子重要性分为一般、比较重要、重要和极重要 4 个等级(图 4－24)，以极重要为主，极重要区主要分布于牦牛山—磨盘山与螺髻山一带，其他区域以一般和比较重要为主。然后采用加权评价方法，按表 4－25 中的分级标准进行分级赋值并重分类，得到西昌市水土保持重要性评价图(图 4－25)。

2. 水土保持重要性分布格局

西昌市水土保持重要性共分为 4 个等级，即一般、比较重要、重要与极重要。

通过统计，西昌市水土保持重要性略微表现为“两头轻、中间重”，一般和极重要占比较小，而比较重要和重要占比较大，二者合计 1 850.73km^2，占市域面积的 69.71%(表 4－26)。西昌市地处长江上游的金沙江流域，不论从长江流域的泥沙输入量还是就当地防止水土流失、保持水土而言，水土保持都显得较重要。从西昌市水土保持重要性空间分布来看，极重要区域主要分布在牦牛山、磨盘山东坡和西坡，即雅砻江左岸和安宁河右岸山坡地带。

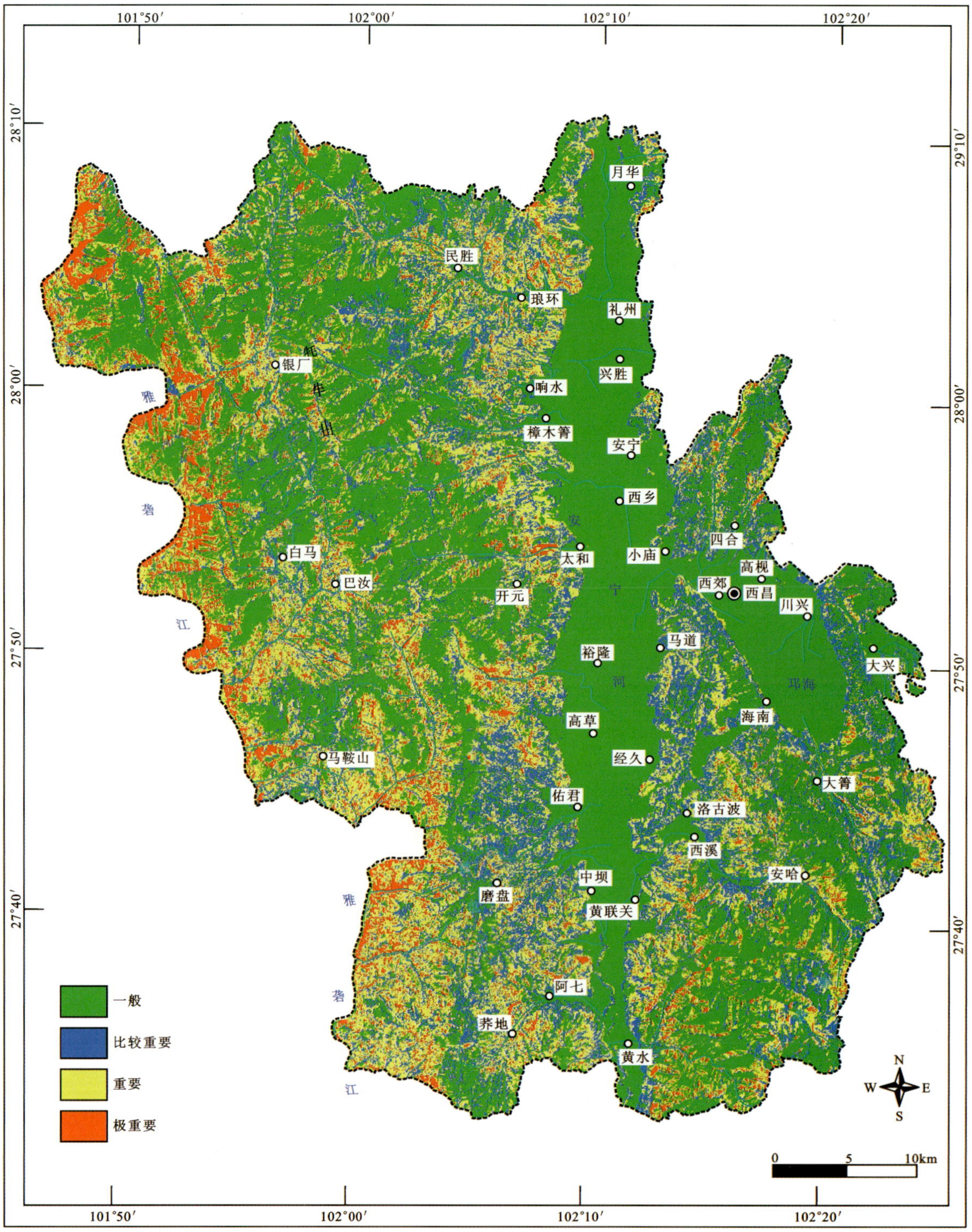

图 4-23　西昌市水土保持重要性土壤侵蚀强度单因子评价图

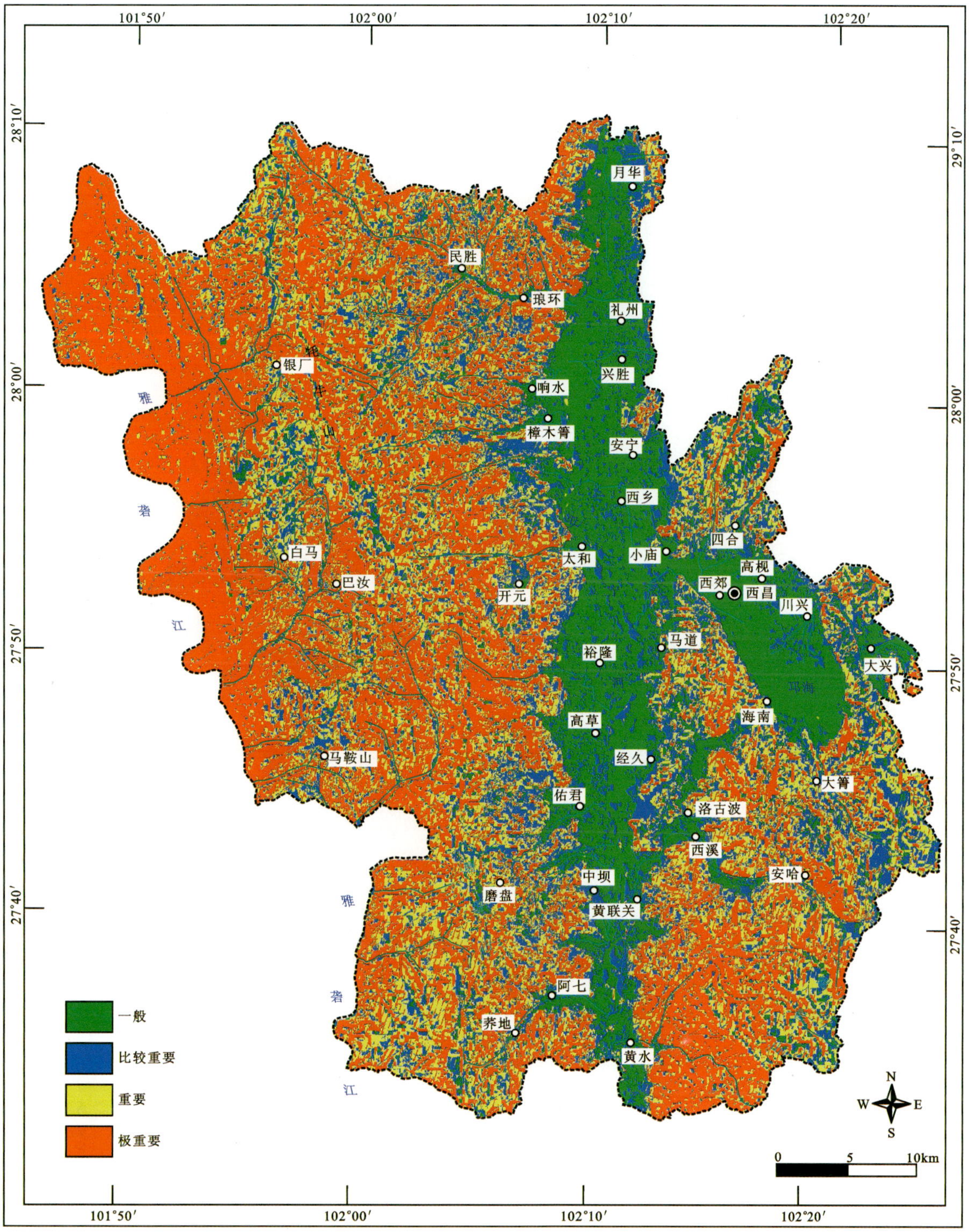

图 4－24　西昌市水土保持重要性土壤侵蚀敏感性单因子评价图

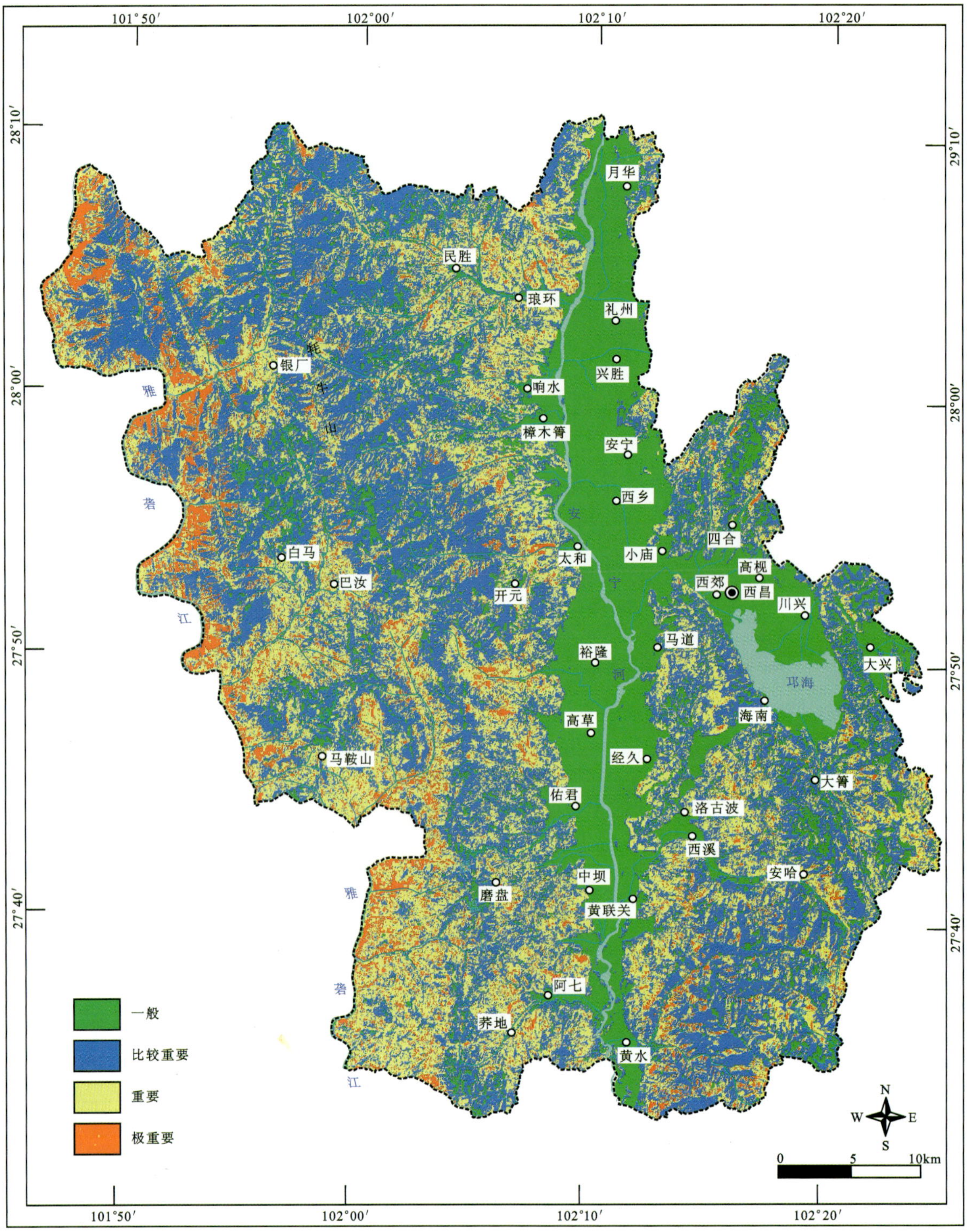

图 4－25　西昌市水土保持重要性评价图

表 4-26 西昌市水土保持重要性统计表

重要性等级	面积(km^2)	占市域面积比例(%)
一般	637.44	24.01
比较重要	1 016.03	38.27
重要	834.70	31.44
极重要	166.82	6.28
合计	2 655.00	100.00

(四)营养物质保持与饮用水源保护重要性评价

1. 营养物质保持与饮用水源保护重要性评价

营养物质保持和饮用水源保护重要性评价，主要根据评价地区 N、P、K 等元素流失及污染物排放，可能对水库、饮用水源取水区、湖泊等湿地造成富营养化和水质改变后果的严重程度来进行评价。

选择西昌市主要的水库、饮用水源地，根据它们的等级与集水区域，来评价营养物质保持和饮用水源保护重要性，评价指标与分级标准见表 4-27。以西昌市土地利用/覆盖遥感解译图为基础数据，按表 4-27 中的分级标准进行分级赋值，并转换为栅格图像，得到西昌市营养物质保持与饮用水源保护重要性评价图(图 4-26)。

表 4-27 西昌市营养物质保持与饮用水源保护重要性评价分级

水库、饮用水源地等级	重要性	分级赋值(C)
县城饮用水源地、大型水库	极重要	7
中型水库	重要	5
小型水库、一般湖泊湿地	比较重要	3
其他	一般	1

2. 营养物质保持与饮用水源保护重要性分布格局

西昌市营养物质保持与饮用水源保护重要性共分为 4 个等级，即一般、比较重要、重要和极重要。

通过统计，西昌市营养物质保持与饮用水源保护重要性一般区域面积为 2 570.49km^2，占市域面积的 96.82%；比较重要区域面积为 11.13km^2，占市域面积的 0.42%，主要分布于雅砻江与安宁河各支流及小型坑塘水库；重要区域面积为 46.54km^2，占市域面积的 1.75%，主要分布于雅砻江与安宁河干流、主干渠及中型水库；极重要区域面积为 26.84km^2，占市域面积的 1.01%，主要为邛海。从西昌市营养物质保持与饮用水源保护重要性空间分布来看，邛海作为城区主要饮用水源地，它的重要性地位最为重要，需要特别加以保护(表 4—28)。

(五)生态系统产品提供重要性评价

生态系统的产品提供功能是生态系统服务功能的重要组成部分，也是人类赖以生存的重要条件之一。生态系统通过第一性生产与次级生产，合成与生产了人类生存所必需的有机质及产品。生态系统为人类提供的产品主要包括粮食、肉类、鱼贝类、木材、燃料、纤维、生物化学物质和基因资源等。这些产品维持了人类的最基本的生活，也为其他产业的生产提供了产品基础。

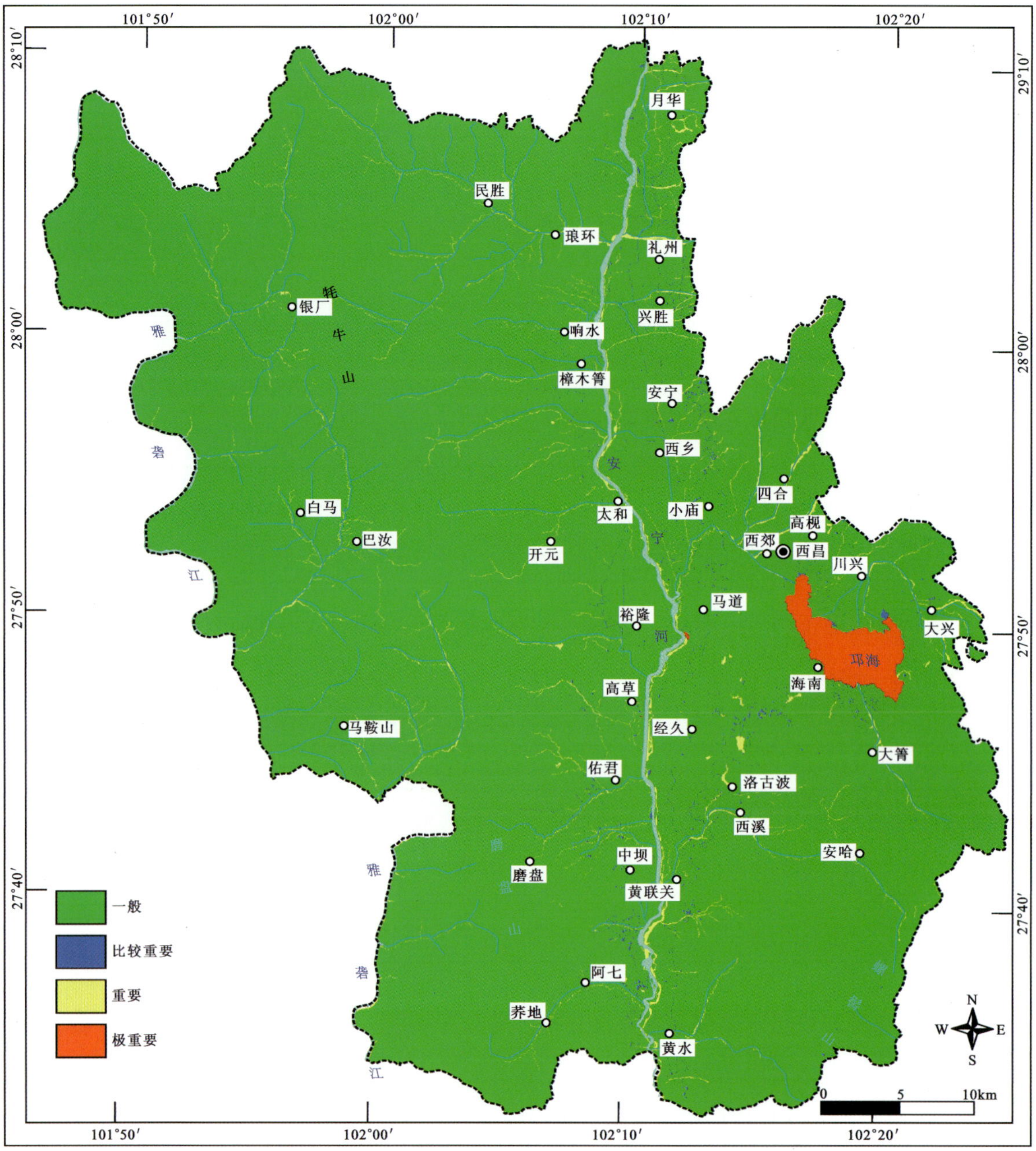

图 4-26　西昌市营养物质保持与饮用水源保护重要性评价图

表 4-28　西昌市营养物质保持与饮用水源保护重要性统计表

重要性等级	面积(km^2)	占市域面积比例(%)
一般	2 570.49	96.82
比较重要	11.13	0.42
重要	46.54	1.75
极重要	26.84	1.01
合计	2 655.00	100.00

1. 生态系统产品提供重要性评价分级

不同生态系统所提供的产品不同，相似系统的产品提供能力也各有高低。评价区域生态系统的产品提供能力可采用市场价值法进行评价，选择最直接的产品提供功能，即农、林、牧、渔等产品的能力作为分级依据，以单位面积第一产业产值来表示区域生态系统产品提供能力的大小。分级指标参见表 4 -29。

表 4 - 29　西昌市生态系统产品提供重要性评价分级

单位面积第一产业产值（万元/km^2）	重要性	分级赋值(C)
>400	极重要	7
200～400	重要	5
100～200	比较重要	3
<100	一般	1

单位面积所用的面积是指直接参与第一产业生产的土地面积，即在土地总面积中除去居民点、工矿用地、交通用地和未利用土地的其他土地利用类型的面积，主要包括耕地、园地、林地、草地及水域等的面积。据《关于西昌市 2018 年国民经济和社会发展计划执行情况及 2019 年计划的报告》（西昌市发展改革和经济信息化局，2019），2018 年西昌市第一产业产值为 46.12 亿元，平均为 173.71 万元/km^2。

以乡镇行政管辖范围为基本评价单元，以西昌市土地利用/覆盖遥感解译图和行政区划图为基础数据，应用地理信息系统对各乡镇的单位面积第一产业产值进行计算，再根据表 4 - 29 中的分级标准进行分级赋值，得出西昌市生态系统产品提供重要性评价图（图 4 - 27）。

2. 生态系统产品提供重要性分布格局

西昌市生态系统产品提供重要性共分为 4 个等级，即一般、比较重要、重要、极重要。

通过统计，西昌市生态系统产品提供重要性一般区域面积为 1 699.01km^2，占市域面积的 63.99%（表 4 - 30），一般区域主要分布在西昌市境内的山地地带，农业生产条件较差，第一产业相对不发达；比较重要—极重要区域主要分布在安宁河谷和邛海盆地，该区域地形平坦，灌溉条件好，农业发达。

（六）自然与人文景观保护重要性评价

1. 自然与人文景观保护重要性评价分级

自然与人文景观是指区域内对人类文明进步具有非常重要贡献的自然景观与人文遗迹等，主要包括风景名胜区、森林公园、地质公园和自然保护区等。自然与人文景观由多种生态系统类型构成，为人类提供的服务功能十分丰富，不仅包括调节气候和水文、生物多样性维持、土壤保持、营养物质储存与循环等服务功能，而且具有景观美学与精神文化功能以及休闲娱乐服务功能。对区域自然与人文景观保护重要性进行评价，主要根据区域各类自然与人文景观的分布，以级别作为重要性分级依据（表 4 - 31）。

以西昌市自然与人文景观分布图为基础数据，根据分级标准（表 4 - 31）进行分级赋值，得到西昌市自然与人文景观保护重要性评价图（图 4 - 28）。

2. 自然与人文景观保护重要性分布格局

西昌市自然与人文景观保护重要性共分为 3 个等级，即一般、比较重要、极重要。

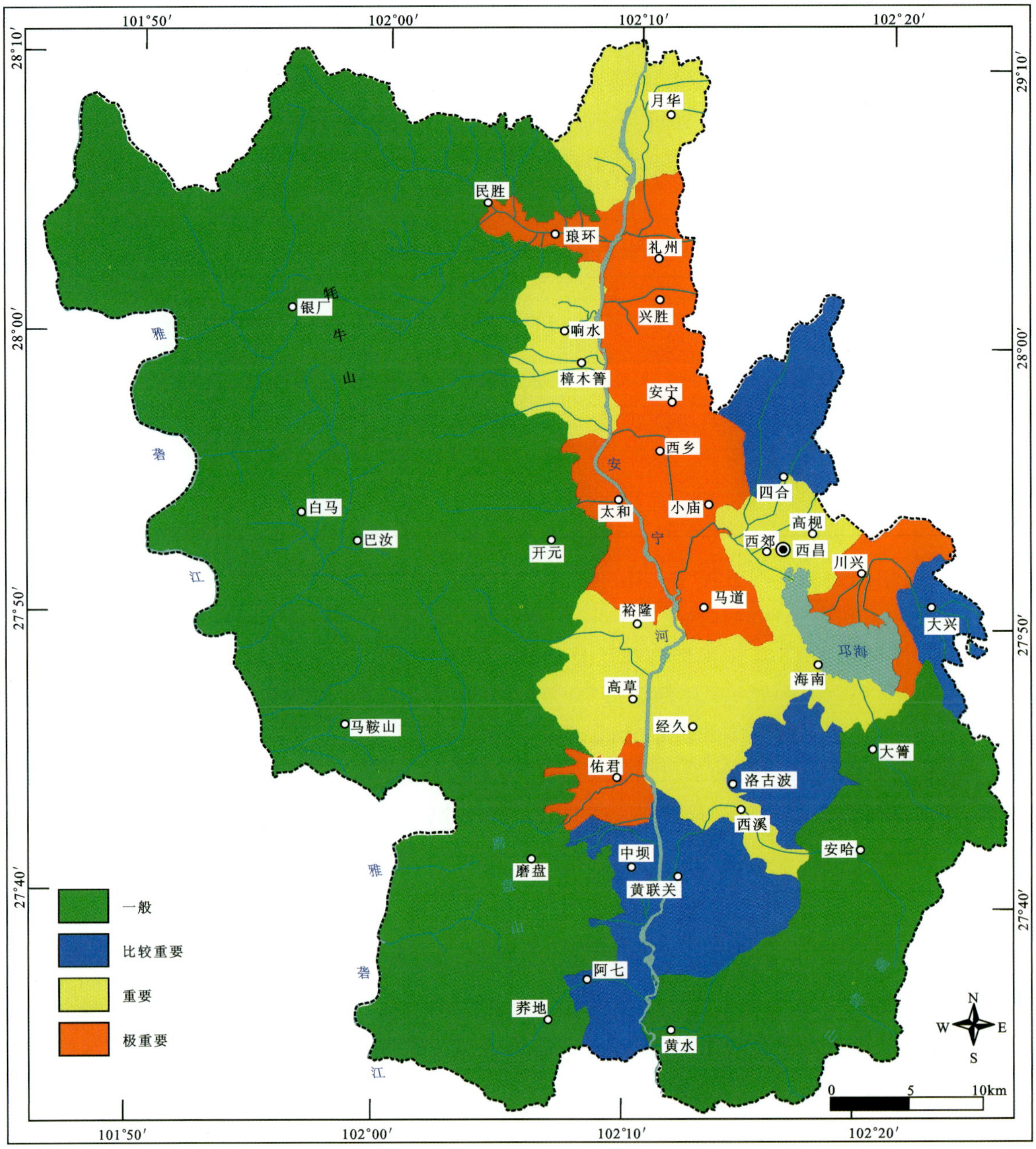

图 4－27　西昌市生态系统产品提供重要性评价图

表 4－30　西昌市生态系统产品提供重要性统计表

重要性等级	面积(km^2)	占市域面积比例(%)
一般	1 699.01	63.99
比较重要	267.56	10.08
重要	364.76	13.74
极重要	323.67	12.19
合计	2 655.00	100.00

表 4-31 自然与人文景观保护重要性评价分级

自然与人文景观级别	重要性	分级赋值
国家级风景名胜区、森林公园、地质公园、自然保护区	极重要	7
省级风景名胜区、森林公园、自然保护区	重要	5
市县级风景名胜区、森林公园、自然保护区	比较重要	3
其他地区	一般	1

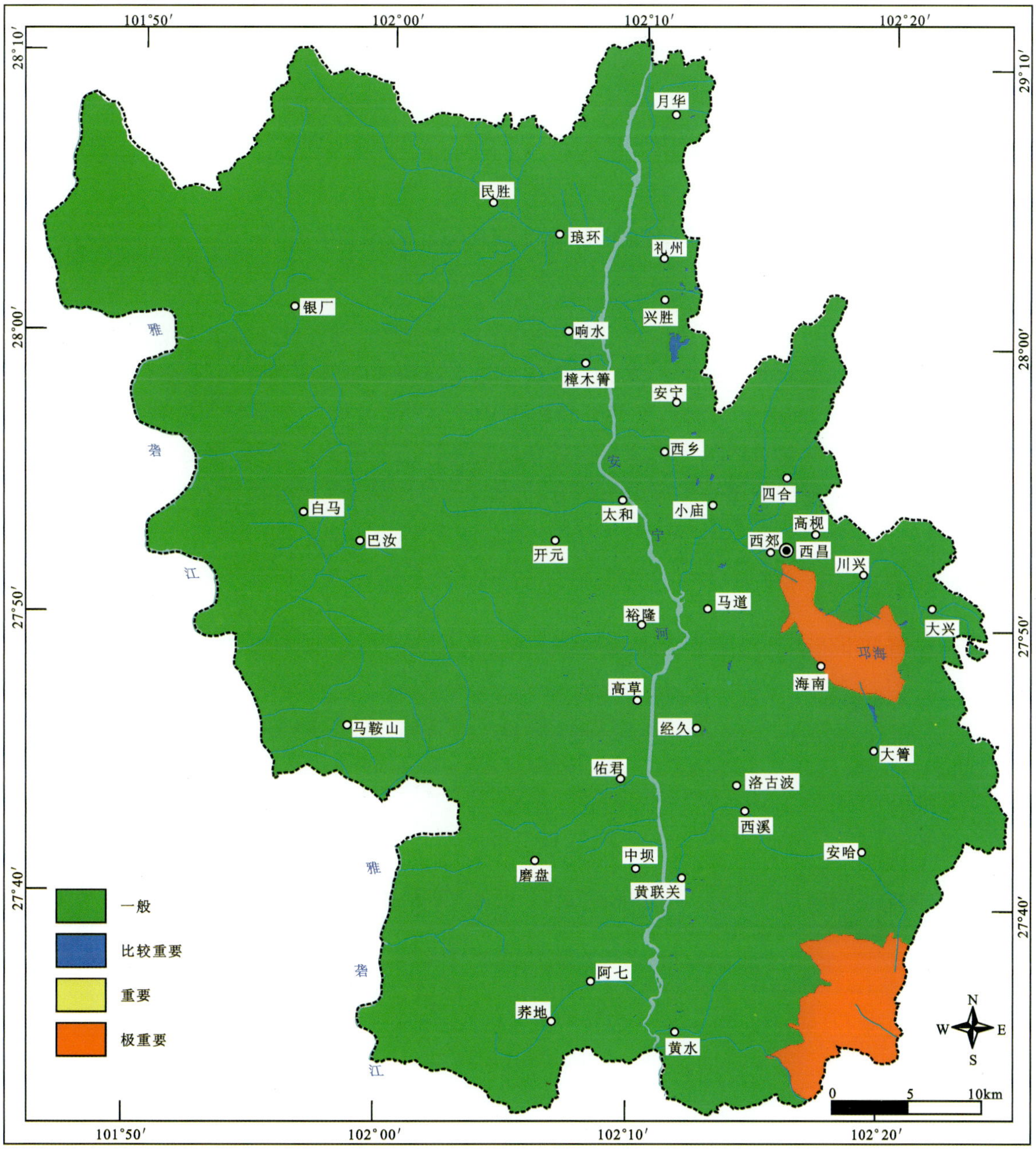

图 4-28 西昌市自然与人文景观保护重要性评价图

通过统计，西昌市自然与人文景观保护重要性一般区域面积为 2 556.29km²，占市域面积的 96.28%（表 4－32），全市绝大部分地区为重要性一般区域；比较重要的区域面积为 4.84km²，占市域面积的0.18%，主要分布在市内几个人文景观区；极重要的区域面积为 93.87km²，占市域面积的 6.05%，为国家级风景名胜区——邛泸风景名胜区和螺髻山风景名胜区。

表 4－32　西昌市自然与人文景观保护重要性统计表

重要性等级	面积（km²）	占市域面积比例（%）
一般	2 556.29	96.28
比较重要	4.84	0.18
重要	0	0
极重要	93.87	3.54
合计	2 655.00	100.00

三、西昌市生态系统服务功能重要性评价

特定生态系统服务功能重要性评价，只反映了某一特定领域内生态系统服务功能的重要性，它只代表区域生态系统服务功能重要性的某一方面。要将生态系统服务功能重要性的区域差异综合地反映出来，还需要在特定生态系统服务功能重要性评价的基础上，进行区域生态系统服务功能重要性综合评价。由于每一特定服务功能对区域生态系统服务功能重要性的影响大小不同，在进行综合评价时，应当对其赋予不同的权重。根据各特定生态系统服务功能的重要性指数，运用加权方法在地理信息系统软件生成区域生态系统服务功能重要性综合评价图，并进行综合评价。

（一）权重计算

首先，构建西昌市生态系统服务功能重要性决策分析层次结构模型（图 4－29）。

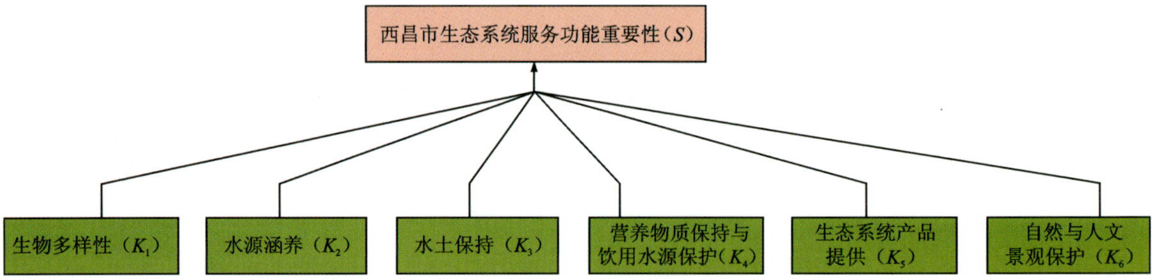

图 4－29　西昌市生态系统服务功能重要性决策分析层次结构模型

S. 总目标——西昌市生态系统服务功能重要性；K_1. 生物多样性保护重要性；K_2. 水源涵养重要性；K_3. 水土保持重要性；K_4. 营养物质保持与饮用水源保护重要性；K_5. 生态系统产品提供重要性；K_6. 自然与人文景观保护重要性

根据西昌市的实际情况，通过分析认为：K_2比 K_1重要一点，K_3比 K_1重要一点，K_4比 K_1更重要，K_5比 K_1更重要一点，K_6比 K_1稍微重要一点，K_3比 K_2重要一点，K_4比 K_2稍微重要一点，K_5比 K_2稍微重要一点，K_6比 K_2重要一点，K_4比 K_3重要一点，K_5比 K_3稍微重要一点，K_6比 K_3重要一点，K_5比 K_4重要一点，K_6比 K_4重要一点，K_6比 K_5重要一点。由此，构建 S—K 判断矩阵，并在 MATLAB 中计算，得出

$S—K$判断矩阵及层次排序(既是层次单排序,也是层次总排序),结果见表 4-33。

表 4-33 西昌市生态系统服务功能重要性判断矩阵与层次排序表

S	K_1	K_2	K_3	K_4	K_5	K_6	W	排序
K_1	1	1/3	1/3	1/5	1/3	1/2	0.051 9	6
K_2	3	1	1/3	1/2	1/2	3	0.132 0	4
K_3	3	3	1	1/3	1/2	3	0.183 0	3
K_4	5	2	3	1	3	3	0.353 0	1
K_5	3	2	2	1/3	1	3	0.207 1	2
K_6	2	1/3	1/3	1/3	1/3	1	0.073 0	5

注:$\lambda=6.419\ 3$,$CI=0.083\ 9$,$RI=1.24$,$CR=0.067\ 6(<0.10)$。

由表 4-33 中可知,$\lambda=6.419\ 3$,$CI=0.083\ 9$,$RI=1.24$,$CR=0.067\ 6$,CR 小于 0.10,判断矩阵的一致性较好。营养物质保持与饮用水源保护重要性权重最大,为 0.353 0,排序第一,说明西昌市境内最重要的是饮用水源保护;生态系统产品提供重要性权重为 0.207 1,排序第二,说明生态系统产品提供比较重要;水土保持重要性权重为 0.183 0,排序第三,说明西昌市水土保持比较重要;水源涵养重要性权重为 0.132 0,排序第四;自然与人文景观保护重要性权重为 0.073 0,排序第五;生物多样性保护重要性权重为 0.051 9,排序最末。

(二)西昌市生态系统服务功能重要性评价

在地理信息系统中,把 6 个特定生生态系统服务功能重要性评价图分别赋予上述计算出来的权重(表 4-34),按照式(4-3)进行计算,得出西昌市生态系统服务功能重要性综合指数,然后按照表 4-34 的重要性分级标准(SS)进行重分类,得到西昌市生态系统服务功能重要性评价图(图 4-30)。

表 4-34 西昌市生态系统服务功能重要性分级表

重要性等级	一般	比较重要	重要	极重要
分级标准(SS)	1.0~2.0	2.0~3.0	3.0~4.0	>4.0

(三)西昌市生态系统服务功能重要性分级与分布

西昌市生态系统服务功能重要性共分为 4 个等级,即一般、比较重要、重要、极重要。

通过统计,西昌市生态系统服务功能重要性以比较重要占绝大多数,面积为 2 305.96km^2,占市域面积的 86.85%;其次为一般,面积为 290.87km^2,占市域面积的 10.96%;再次为重要,面积为 58.01km^2,占市域面积的 2.19%,主要分布于邛海及周边;而极重要面积为 0.16km^2,仅占市域面积的 0.01%,可忽略不计(表 4-35)。

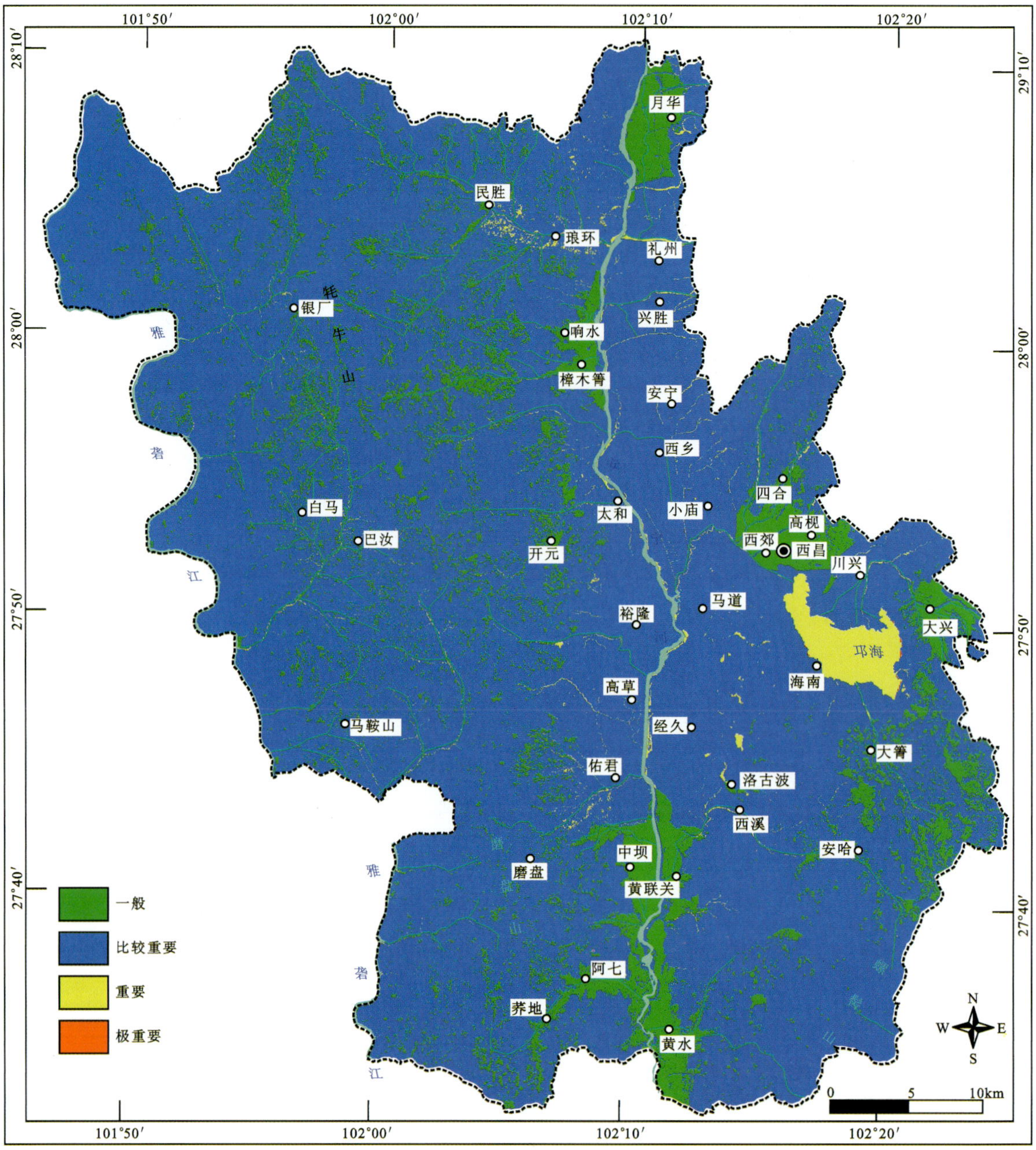

图 4-30　西昌市生态系统服务功能重要性评价图

表 4-35　西昌市生态系统服务功能重要性空间分布统计表

重要性等级	面积(km²)	占市域面积比例(%)
一般	290.87	10.96
比较重要	2 305.96	86.85
重要	58.01	2.19
极重要	0.16	0.01
合计	2 655.00	100.00

第四节　生态功能区划

一、区划原则与方法

（一）区划原则

生态功能区划应遵循的基本原则通常有相似性与差异性原则、主导因素原则、区域共扼性原则、与区域社会经济建设和可持续发展相结合原则及便于管理原则等。根据生态环境现状、生态环境敏感性和生态系统服务功能重要性的分异特点，为使西昌市特定的生态环境地域分异规律在区划中得到反映，本书制订西昌市生态功能区划的 4 个原则。

1. 生态环境结构与生态功能结构的区内相对一致性和区间差异性原则

一方面，由于西昌市为山地地形，生态环境和所影响的社会经济活动以及二者相互作用所形成的生态功能往往在不远的距离内就有较大变化，因而生态建设的具体内容有较大的区别。每一个区均可能包含多种生态功能及多种具体的建设项目，而同一种生态功能及相应的同一类生态建设内容又可能在多区同时出现。另一方面，在地貌控制下，特别是由不断重复的山间盆地景观构成的相似镶嵌体空间结构，又使一定区域内有其特定的不断重复的生态环境结构组合和生态功能结构组合。因此，在生态功能区划中更合适的做法应是以生态环境和功能结构的区内相对一致性与区间差异性作为分区的依据。

2. 自然生态过程与自然-社会经济相互作用过程的共扼性原则

西昌市的生态功能特征是由自然环境因素和人类社会经济活动长期相互作用而形成的，而且在大的宏观区域分异上，自然生态区域和社会经济区域是基本一致的；在较小范围内，社会经济作用以不同的程度影响和改变自然生态过程，但也是在特定的自然基础上相互作用的。因此，在生态功能区划中，应把两个过程的共轭关系作为区域划分的依据。

3. 区域相关性和共轭性原则

在西昌市，地域之间生态过程的关联非常密切。这种密切的关联主要是由两个因素决定的，一是自然空间结构所决定的相对独立完整的水系，构成了水系上、下游之间自然生态过程和自然-社会共轭生态作用的关联，为反映流域生态过程与功能空间关联这一特征，并适应生态系统的研究、工程建设、环境影响评价和管理的需要，可以在相似生态环境结构和功能结构的基础上，按水系流域划分亚区；二是由于地貌格局所主导影响的交通干线沿线区域形成了产业和城镇密集分布的产业走廊带，在这些产业走廊带中高强度的社会经济活动使区域之间受人类活动较强影响的生态过程和生态功能密切关联。为此，在生态功能区划中要关注和体现沿交通干线社会经济带的特定生态功能特点。

4. 尽可能地保持乡镇地域的完整性原则

在进行生态功能区划时，应尽可能地保持乡镇地域的完整性。这是因为：一方面，是为了方便环境管理部门进行管理；另一方面，西昌市生态环境结构的一个重要特征是山间盆地镶嵌体结构，这种结构在相当大的程度上影响着人们的社会经济活动及历史过程，大部分乡镇级行政单元与这种山间盆地的汇水区域相吻合，充分利用乡镇级行政单元与基本景观生态单元相吻合这一特点，在区划中尽可能地保持乡镇地域的完整性，是科学性和实践性统一的体现。

（二）区划方法

遵照生态功能区划的目标和原则，根据对西昌市生态环境地域分异特点的认识，为使生态功能区划具有较强的实用性和可操作性，西昌市生态功能区划采用自上而下、定性分析与定量指标相结合的分区方法。采用自上而下的方法进行分区，就是生态功能区划自上而下进行四级区划分，即一级区（生态区）、二级区（生态亚区）、三级区（生态功能区）和四级区（生态功能小区）。

二、西昌市生态环境分异特点

西昌市生态环境综合体的分异特征是由自然环境因素和人类社会经济活动长期反复的相互作用而形成的。自然环境因素是生态系统形成、演化及分异的物质基础，人类社会经济活动在很大程度上也受这一基础的影响，但同时又以越来越强的作用力反馈于自然环境，从而改变着生态环境特点、生态过程以及生态功能。不论是自然环境因素还是社会经济因素均存在较大的地域差异，二者的结合构成全市生态系统类型及组合结构、生态过程和生态功能的区域分异特点。

（一）生态环境分异特点

1. 自然环境整体具相对独立性

西昌市四周群山环绕，安宁河谷平原及邛海盆地镶嵌其中，中部地势比较平坦开阔。由于四周群山环绕，受河流及深切河谷隔绝，加之多山地地形，西昌市在地貌上和水系上成为相对独立的地理单元。而相对独立的地貌、水系及相应的气候、土壤和植被，使得西昌市生态环境表现出较强的相对独立性，气候、地形地貌和生物生态环境特征都具有一定的独立性。

2. 自然环境存在明显的地域差异和紧密的空间关联

西昌市主要地貌类型为山地，地貌的空间格局对区域生态环境条件的空间格局起着主导性的控制作用。一方面，在平面上山区沟谷深切，地形崎岖，形成了“四周中高山、中间河谷盆地（平原）”的地貌格局，形成了不同的生态系统；另一方面，在垂向上形成了景观生态明显的垂直分异，并使生态环境纬向和经向的地域分异规律隐含在垂直结构的变化之中。由于山体造成的热量条件和水热平衡状况的垂直分异，作为生态环境中心环节的生物气候条件不可能都连片分布。从而使西昌市既是一个县级行政区，又是一个相对独立的综合自然区。与相对独立性相关联的另一面是区域内自然环境的整体性和空间关联性。生态系统除了所共有的生态因子之间的紧密关联外，是以小盆谷为基本景观单元的镶嵌体，通过河流水系而在一定的地域上呈串珠状相互关联的体系。

3. 社会经济发展空间分布特征仍保留着自然环境的烙印

人是社会经济活动的主体，而人的社会经济生活，特别是农耕时代的社会经济活动首先要选择利于垦殖、利于交通和利于产业发展的土地，其后的繁衍和集聚也必然在这些区域进行。西昌市为相对较宽阔的盆（谷）地和缓丘台地地区，垦殖条件相对较好，交通相对便利，成为人口与经济活动的集聚区。相反，区内的深切峡谷、山地深谷区，不利于人口与经济活动的集聚。因此，西昌市的人口、社会经济密度和特点的地区差异，仍然与自然环境的地区差异基本一致。

4. 社会经济活动又反过来以越来越强的作用力干扰自然生态过程

人类社会经济活动的区域差异以不同的方式和强度影响或改变西昌市生态系统的生态过程与功能。首先是土地利用的地域差异及变化通过土地覆盖和物质能量循环影响区域的生态过程。最突出的是西昌市土壤侵蚀的集中分布区并不是出现在坡度大、土层薄、降水强度大、土壤侵蚀自然潜力最大但人口稀少的深山区,而是集中分布在坡度不大、风化壳深厚、降水强度也不大的盆(谷)地外围山地的半山区。在经济发展水平还不高的时期,由于盆(谷)地密集人口生产与生活对薪炭能源的巨大需求,导致外围坡地植被反复遭到破坏,生态系统土壤保持功能极大地减弱,造成严重的水土流失。

综上所述,西昌市的自然环境区域分异在很大程度上奠定了社会经济活动区域分异的基础,而不同区域社会经济活动又以不同的方式和强度反作用于自然生态过程,自然环境因素和社会经济活动相互作用控制着区域生态过程的分异及发展方向。因而,宏观尺度上的自然环境和人为社会经济活动的区域分异及生态作用是基本一致的。在各个大的自然-社会经济区域内,由于自然因子的差异以及人为社会经济活动特点的不同,在二者的相互作用下形成了许多性质和功能定位不同的生态功能小区。这些区域具有不同的生态建设方向、目标和任务。这些生态环境地域分异特点是进行生态功能小区划分的重要依据。

(二)生态环境敏感性分异特点

根据西昌市生态环境敏感性级别和空间分布特点,对西昌市生态环境敏感性进行了分区,划分为相对不敏感区和相对敏感区 2 个大类共 3 个区,各区的概况见表 4－36(图 4－31a)。

表 4－36 西昌市生态环境敏感性分区描述表

编号		面积(km^2)	分布地域	主要生态环境问题
相对不敏感区	$Ⅰ_1$	1 035.64	主要分布于安宁河谷与邛海盆地及周边	土壤侵蚀敏感性等级为不敏感;生境敏感性等级为不敏感;地质灾害敏感性等级为高度—极敏感;酸雨敏感性等级为中—高度敏感。主要生态环境问题为地质灾害较频发、潜在农业面源污染与工业污染
相对敏感区	$Ⅱ_1$	1 319.05	牦牛山、磨盘山及东、西两坡	土壤侵蚀敏感性等级为高度—极敏感;酸雨敏感性等级为中—高度敏感;地质灾害敏感性等级为高度—极敏感;生境敏感性等级为大部分不敏感,局部高度敏感。主要生态环境问题为水土流失严重、地质灾害频发、酸雨沉降,需要加强水土保持,保护地质环境
	$Ⅱ_2$	300.31	螺髻山西坡、大箐梁子	土壤侵蚀敏感性等级为高度—极敏感;酸雨敏感性等级为中—高度敏感;地质灾害敏感性等级为高度—极敏感;生境敏感性等级为高度敏感。主要生态环境问题为水土流失严重、地质灾害频发、酸雨沉降,需要加强水土保持,保护地质环境,保护生物栖息环境

（三）生态系统服务功能重要性分异特点

根据西昌市生态系统服务功能重要性级别和空间分布特点，对西昌市生态系统服务功能重要性进行了分区，划分为相对不重要区和相对重要区 2 个大类共 2 个区，各区的概况见表 4－37（图 4－31b）。

表 4－37　西昌市生态系统服务功能重要性分区描述表

编号		面积（km^2）	分布地域	主导生态服务功能
相对不重要区	I_1	37.40	邛海及周边	生物多样性保护重要性等级为极重要；水源涵养重要性等级为极重要；饮用水源地保护重要性等级为极重要；自然景观保护重要性等级为极重要；水土保持重要性等级为不重要；生态产品提供重要性等级为不重要。主导生态服务功能为生物多样性保护、水源涵养、饮用水源地保护、自然景观保护
相对重要区	II_1	2 617.60	除邛海外西昌市全境	生物多样性保护重要性等级为极重要；水源涵养重要性等级为极重要；水土保持重要性等级为大部分重要—极重要；生态产品提供重要性等级为安宁河谷重要—极重要，其他地区不重要；饮用水源地保护重要性等级为大部分不重要、局部重要；自然景观保护重要性等级为大部分不重要，局部极重要（螺髻山景区）。主导生态服务功能为生物多样性保护、水源涵养、水土保持、自然景观保护

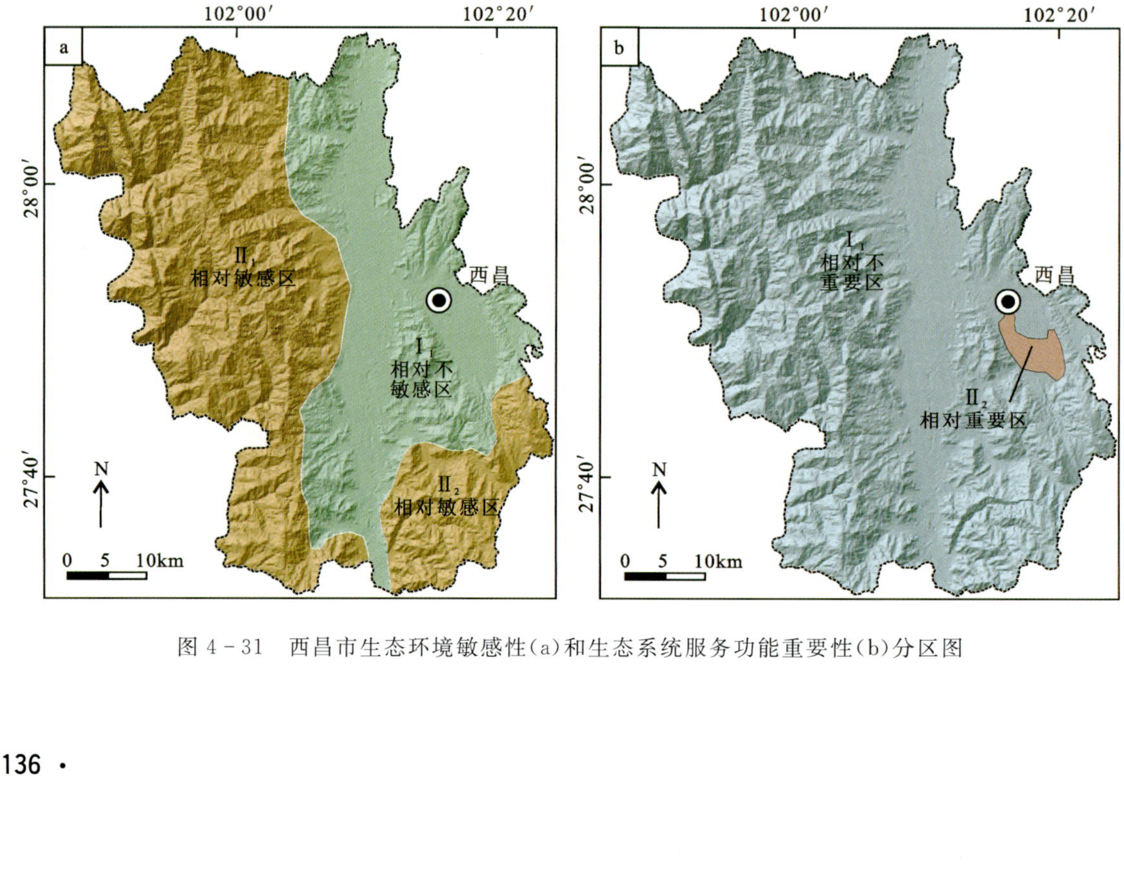

图 4－31　西昌市生态环境敏感性（a）和生态系统服务功能重要性（b）分区图

三、西昌市生态功能区划

西昌市生态功能区划分3步进行，首先进行一级区、二级区划分，然后再进行三级区划分，最后进行四级区划分。

（一）一级区、二级区划分

1. 分区依据和指标

一级区，即生态区，以生物气候因素、相应的人类社会经济活动特点的相似性和差异性为划分依据；二级区，即生态亚区，它的划分是在一级区（生态区）的框架下，以地貌特征、主要生态系统类型、生态环境结构、社会经济活动特点的相似性和差异性为划分依据。

2. 一级、二级区划分

由于生态区和生态亚区都是大区域、宏观性分区，主要适用于省级生态功能分区，市（县）域单元面积有限，无法单独划分为若干个生态区或生态亚区，而是作为生态区或生态亚区的一部分。因此，本次西昌市一级、二级区的划分主要沿用四川省生态功能区划中的划分。

根据四川省生态功能区划中的划分，西昌市属于川西南-滇中北山地常绿阔叶林生态区，跨沙鲁里山南部亚高山半干旱、半湿润暗针叶林生态亚区和川西南山地偏干性常绿阔叶林生态亚区。

（二）三级区划分

1. 分区依据和指标

三级区，即生态功能区，主要以景观生态结构和生态功能结构的相对一致性，以及生态系统服务功能重要性和生态环境敏感性等指标为划分依据，划界时尽可能考虑乡镇行政边界的完整性。

2. 三级区划分

考虑到流域内生态系统之间、水系上下游之间自然生态过程、自然与人类社会共轭生态作用的关联，根据生态服务功能评价和生态环境敏感性评价结果，并参考西昌市土地利用图、农业区划图、林业规划图、城镇体系规划和区域规划图、乡镇级行政区划图等图件以及相关社会经济等资料，从生态环境保护和管理的需要出发，通过空间叠置分析，将西昌市划分为牦牛山-磨盘山水土保持与水源涵养生态功能区（Ⅰ）和安宁河流域城镇-农业生态功能区（Ⅱ）两个生态功能区（图4-32）。

（三）四级区划分

1. 分区依据和指标

四级区，即生态功能小区，划分主要以生态系统的主导服务功能为依据，划界时尽可能考虑乡镇行政边界的完整性。

2. 四级区划分

在三级区划分的基础上，以生态系统的主导服务功能为依据，同时考虑生态地质条件对于生态环境的制约与控制作用，将生态地质脆弱性评价结果引入生态功能区划，参与生态功能小区划分。

依据生态地质脆弱性等级不同，可划分为牦牛山-磨盘山水土保持与水源涵养生态功能区（Ⅰ）、安宁河流域城镇-农业生态功能区（Ⅱ），并将牦牛山-磨盘山水土保持与水源涵养生态功能区（Ⅰ）划分为银厂-荞地水土保持与水源涵养生态功能小区（$Ⅰ_1$）和巴汝-马鞍山生态地质环境保护生态功能小区（$Ⅰ_2$）。另外以生态系统的主导服务功能为依据，将安宁河流域城镇-农业生态功能区（Ⅱ）划分为6个生态功能小区，分别是安宁河谷农业生态功能小区（$Ⅱ_1$）、西昌城镇功能小区（$Ⅱ_2$）、四合水土保持功能小区（$Ⅱ_3$）、大箐梁子水土保持与水源涵养功能小区（$Ⅱ_4$）、邛海-泸山自然景观与水源保护功能小区（$Ⅱ_5$）、螺髻山西坡自然景观与生物多样性保护功能小区（$Ⅱ_6$）（图4-32），各生态功能小区概况见表4-38。

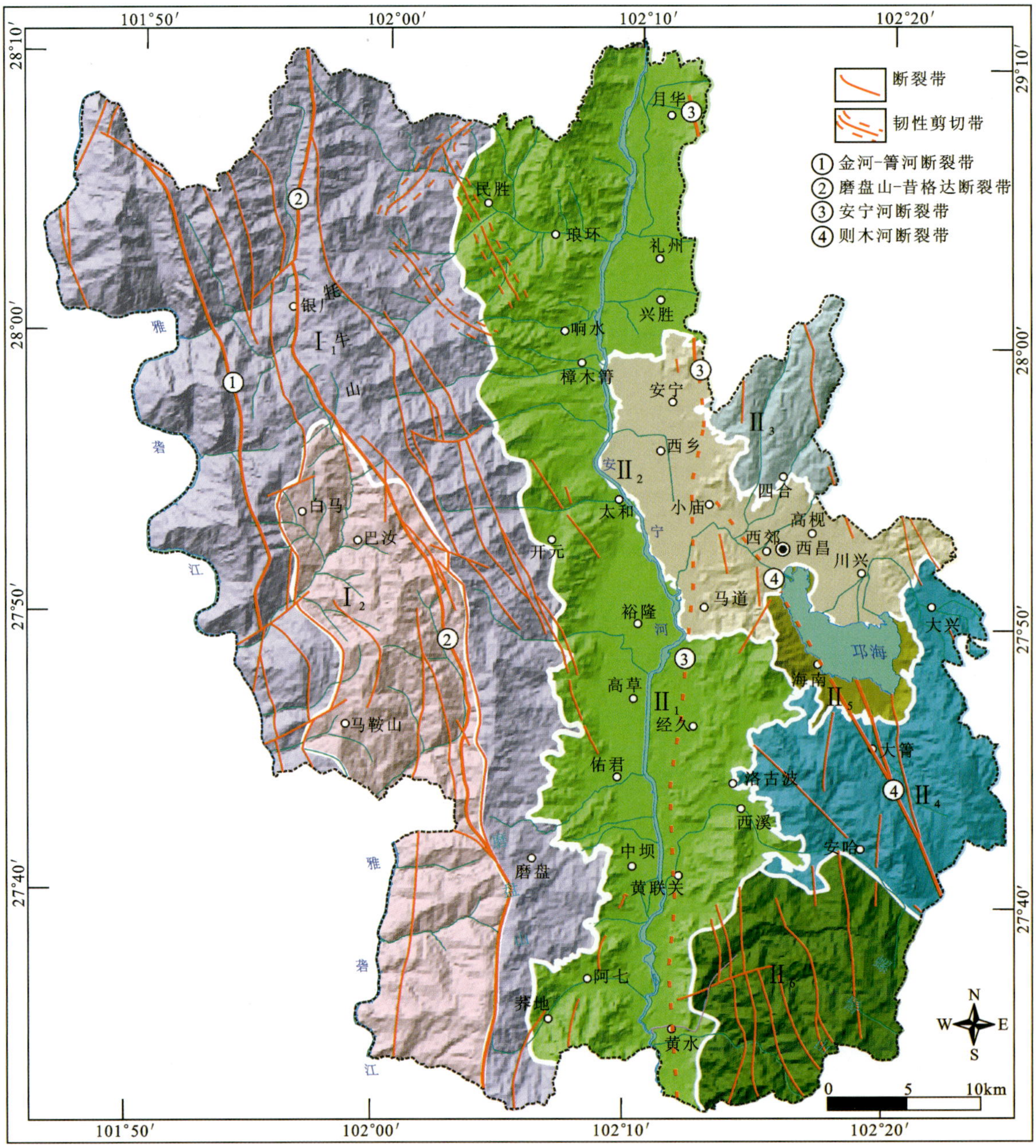

图4-32　西昌市生态功能区划图

$Ⅰ_1$.银厂-荞地水土保持与水源涵养生态功能小区；$Ⅰ_2$.巴汝-马鞍山生态地质环境保护生态功能小区；$Ⅱ_1$.安宁河谷农业生态功能小区；$Ⅱ_2$.西昌城镇功能小区；$Ⅱ_3$.四合水土保持功能小区；$Ⅱ_4$.大箐梁子水土保持与水源涵养功能小区；$Ⅱ_5$.邛海-泸山自然景观与水源保护功能小区；$Ⅱ_6$.螺髻山西坡自然景观与生物多样性保护功能小区

表 4－38　西昌市生态功能区划表

生态功能区	生态功能小区	面积（km^2）	面积占比（%）	分布地域	生态环境敏感性	主要生态环境问题	生态服务功能重要性	主导生态功能	生态保护与建设的重点	产业开发策略
牦牛山-磨盘山水土保持与水源涵养生态功能区（Ⅰ）	银厂-荞地水土保持与水源涵养生态功能小区（$Ⅰ_1$）	894.41	33.70	银厂、民胜、白马、开元、磨盘、荞地	土壤侵蚀敏感性等级为高度—极敏感；酸雨敏感性等级为中—高度敏感；地质灾害敏感性等级为高度—极敏感；生境敏感性等级为大部分不敏感，局部为高度敏感	水土流失严重、地质灾害频发、酸雨沉降	生物多样性保护极重要，水源涵养极重要，水土保持极重要，自然景观保护极重要	自然景观保护、水土保持、水源涵养、生物多样性保护	保护好森林林生态系统，维护森林生态系统的水源涵养、水土保持和生物多样性维持的功能，加强水土保持，保护地质环境，为西昌市的生态安全做出重要贡献	在保护前提下发展自身优势特色的产业，如生态林业、农业与特色有机食品生产
	巴汝-马鞍山生态地质环境保护生态功能小区（$Ⅰ_2$）	333.50	12.56	巴汝、马鞍山	土壤侵蚀敏感性等级为高度—极敏感；地质灾害敏感性等级为高度—极敏感；生境敏感性等级为大部分不敏感，局部为高度敏感	水土流失严重、地质灾害频发、植被退化	生物多样性保护极重要，水源涵养极重要，水土保持极重要，自然景观保护极重要	水土保持、水源涵养、地质环境保护	着重于生态恢复和水土流失治理，保护地质环境，降低地质灾害的发生频率，通过山地自然生态恢复与维护来增强水源涵养能力；加强生态公益林的建设和保育，对生态公益林逐步进行改造与建设，使其向常绿阔叶林演化，提高生态公益林的生态保护和水源涵养功效	以保护为主，适当发展生态林业

续表 4-38

生态功能区	生态功能小区	面积（km^2）	面积占比（%）	分布地域	生态环境敏感性	主要生态环境问题	生态服务功能重要性	主导生态功能	生态保护与建设的重点	产业开发策略
安宁河流域城镇-农业生态功能区（Ⅱ）	安宁河谷农业生态功能小区（$Ⅱ_1$）	730.98	27.53	月华、琅环、礼州、兴胜、响水、樟木箐、太和、裕隆、高草、经久、洛古波、西溪、中坝、佑君、阿七	土壤侵蚀敏感性等级为不敏感；生境敏感性等级为不敏感；地质灾害敏感性等级为高度—极敏感；酸雨敏感性等级为中—高度敏感	地质灾害较频发、潜在农业面源污染与工业污染	生态产品提供重要—极重要	农业开发	防治农业面源污染与工业污染	规模化、集约化农业生产
	西昌城镇功能小区（$Ⅱ_2$）	201.31	7.58	西昌主城区、安宁、小庙、西郊、马道、川兴、高枧	地质灾害敏感性等级为高度—极敏感；酸雨敏感性等级为中—高度敏感	地质灾害较频发、潜在工业污染	水源涵养重要	城镇与工商业开发	植树造林，生活污染与工业污染防治	加强绿化，建设园林城市
	四合水土保持功能小区（$Ⅱ_3$）	64.98	2.45	四合	地质灾害敏感性等级为高度—极敏感；土壤侵蚀敏感性等级为敏感	地质灾害较频发、水土流失较严重	水土保持重要	水土保持	加强植树造林、种草	发展生态林业、农业
	大箐梁子水土保持与水源涵养功能小区（$Ⅱ_4$）	194.72	7.33	大兴、安哈、大箐	土壤侵蚀敏感性等级为高度—极敏感；地质灾害敏感性等级为高度—极敏感	水土流失严重、地质灾害频发	水源涵养极重要，水土保持极重要	水土保持、水源涵养	保育好森林生态系统，维护森林生态系统的水源涵养、水土保持功能，加强水土保持，保护地质环境，为邛海的生态安全做出重要贡献	在保护前提下发展自身优势特色的产业，如生态林业、农业与特色有机食品生产

续表 4-38

生态功能区	生态功能小区	面积（km^2）	面积占比（%）	分布地域	生态环境敏感性	主要生态环境问题	生态服务功能重要性	主导生态功能	生态保护与建设的重点	产业开发策略
安宁河流域城镇-农业生态功能区（Ⅱ）	邛海-泸山自然景观与水源保护功能小区（$Ⅱ_5$）	59.51	2.24	海南乡、邛海周边	生境敏感性等级为轻度敏感		水源涵养、饮用水源地保护、生物多样性保护、自然景观保护重要—极重要	饮用水源地保护、生物多样性保护、自然景观保护	维护和恢复山地、湿地生态系统，加强水源保护，加强水质监测与污染防治，维护湿地生物物种、水源涵养功能和水土保持功能	生态旅游业
	螺髻山西坡自然景观与生物多样性保护功能小区（$Ⅱ_6$）	175.59	6.61	安哈、黄联关、黄水	土壤侵蚀敏感性等级为高度—极敏感；酸雨敏感性等级为中—高度敏感；地质灾害敏感性等级为高度—极敏感；生境敏感性等级为高度敏感	水土流失严重、地质灾害频发、酸雨沉降，局部野生动植物栖息地受到威胁	生物多样性保护极重要，水源涵养极重要，水土保持极重要，自然景观保护重要—极重要	加强水土保持，保护地质环境，保护生物栖息环境	着重于生态恢复和水土流失治理，保护地质环境，降低地质灾害的发生频率；陡坡地区森林生态系统水源涵养功能、水土保持功能对景区的自然景观的稳定和安全十分重要，必须通过山地自然生态恢复与维护来增强水源涵养能力；保护动植物种群	生态旅游业、生态林业

第五章 结论与建议

第一节 主要认识

一、构造运动及其演化是西昌市现今生态地质格局形成的主要驱动力

西昌市构造演化复杂，自古太古代以来，经历多期次的构造活动，形成现今复杂的一系列近北走向构造系统。构造控制着西昌市地层岩性的出露和区域地貌，并与风化、剥蚀、搬运作用等外营力一道塑造了西昌市现今的地貌形态，进而影响着地面坡度、地表的岩石类型、成土母质类型、土壤类型和植被类型等生态地质要素，间接控制着基岩→成土母质→土壤→植被这一生态地质谱系。换言之，由地球内营力形成的构造运动及其演化，是形成西昌市现今生态地质格局的最主要的驱动力。

1. 构造运动及其演化控制着基岩出露与分布

西昌市从前寒武系至第四系均有出露，以中生界和新生界为主，地层单元呈近南北向展布，与主体构造线一致。前寒武系以新元古界陆相火山岩和碳酸盐岩为主，零星分布在螺髻山地区；古生界（寒武系—石炭系）以海相碳酸盐岩、钙质碎屑岩和陆相玄武岩为主，主要分布在西部的雅砻江东岸地区、安宁河东岸的安哈地区；中生界（三叠系—白垩系）集中分布在安宁河东岸和西岸的牦牛山及磨盘山地区，其中三叠系以陆相砂质碎屑岩为主，侏罗系—白垩系以陆相泥质碎屑岩为主；新生界（古近系—第四系）主要分布在安宁河谷、邛海盆地及周边，以泥岩和松散堆积物为主。

岩浆岩主要分布在安宁河谷以西的牦牛山、磨盘山地区，以中酸性岩为主，少量超基性—基性岩石。变质岩主要分布在安宁河谷及其以西，大部分为低温变质岩，主要类型有变砂岩、板岩、大理岩、千枚岩等。

2. 建造单元与基岩岩性控制着成土母质→土壤→植被生态地质谱系

根据基岩岩性特征、矿物组合和化学成分特点等，采用“建造单元＋岩石大类＋风化物”对成土母质进行命名，将西昌市成土母质划分为新生代断陷盆地松散堆积风化物、中生代陆相盆地碎屑岩类风化物、中生代中酸性岩浆岩风化物、古生代基性岩浆岩风化物、古生代被动陆缘碳酸盐岩和碎屑岩风化物、前寒武纪中酸性岩类风化物和前寒武纪基性岩类风化物 7 个大类，并进一步分为第四纪冲洪积风化物、新近纪泥岩类风化物、侏罗纪—白垩纪泥岩类风化物、三叠纪砂岩类风化物、三叠纪泥质变质岩类风化物、三叠纪酸性岩类风化物、三叠纪中性岩类风化物、晚二叠世基性岩类风化物、震旦纪—二叠纪早期碳酸盐岩类风化物、寒武纪泥岩类风化物、前寒武纪火山碎屑岩类风化物、前寒武纪酸性岩类风化物、前寒武纪中性岩类风化物和前寒武纪基性岩类风化物 14 个类。

西昌市土壤分可为黑毡土、黄棕壤、棕壤、红壤、紫色土和水稻土6个土类，以水稻土、紫色土、红壤分布最为广泛。土壤发育分布明显受地质条件控制，土类分布与岩性单元展布一致。西昌市地层近南北向展布，岩浆岩呈团块状出露，导致土类总体呈条带状分布，局部呈团块状分布。在不同母质的影响下不同位置分布着不同的土壤。安宁河谷以东多为侏罗纪—白垩纪砂泥岩类风化物，经发育主要形成紫色土，同时在南部螺髻山等高海拔地区还有少量黑毡土和黄棕壤；中部的安宁河谷地区以第四纪松散沉积物经人工种植改造发育而来的肥沃水稻土为主；西部的牦牛山—磨盘山地区成土母质主要是前寒武纪酸性岩类风化物、震旦纪—二叠纪早期碳酸盐岩类风化物，同时还有少量三叠纪砂岩类风化物、三叠纪酸性岩类风化物、三叠纪中性岩类风化物、寒武纪中性岩类风化物等，发育的土壤类型较多，主要有黑毡土、棕壤、黄棕壤、红壤等，其中黑毡土、棕壤、黄棕壤主要分布在中—高海拔地区，而红壤的分布主要与中低海拔区三叠纪砂岩类、三叠纪中酸性岩、前寒武纪中酸性岩等的分布一致。

西昌市基岩、母质、土壤中元素的含量具有明显的继承性。土壤中的营养元素基本上直接受其成土母质的控制，具有明显的继承性。不同母质形成的土壤具有不同的元素含量，不同母质形成的相同土壤，在元素含量上也存在明显的差异性。土壤中元素种类及含量主要取决于基岩类型及其理化特征。同时，在同类成土母岩上形成的土壤，某些微量元素含量也变化较大。这可能是在成土过程中的生态环境条件改变，如雨水淋滤、微生物改造、人类活动影响所造成的。

西昌市植被的分布与土壤有着密切的联系，不同的土类中各类植被数量有较大差异，土类对整个西昌市植被分布有一定的控制作用。西昌市植被主要分布于水稻土、红壤、紫色土和黄棕壤4种土类之中，红壤中植被分布最多，棕壤和黑毡土中则相对较少。

二、基于地质建造单元的生态地质单元划分及其生态地质特征

根据西昌市地质背景和构造演化特征，西昌市地质建造单元可划分为7个大类和11个类，7个大类分别为新生代断陷盆地松散堆积建造、中生代陆相盆地碎屑岩建造、中生代中酸性岩浆岩建造、古生代基性岩浆岩建造、古生代被动陆缘碳酸盐岩和碎屑岩建造、前寒武纪中酸性岩浆岩建造及前寒武纪基性岩浆岩建造；11个类分别为第四纪陆相松散堆积建造、新近纪陆相泥质碎屑岩建造、侏罗纪—白垩纪陆相泥质碎屑岩建造、三叠纪陆相砂质碎屑岩建造、三叠纪中酸性岩浆岩建造、二叠纪基性岩浆岩建造、震旦纪—二叠纪早期海相碳酸盐岩建造、寒武纪泥质碎屑岩建造、前寒武纪中酸性岩浆岩建造、前寒武纪火山碎屑岩建造和前寒武纪基性岩浆岩建造。

不同地质建造单元的岩石类型和形成环境不同，形成不同的成土母质和土壤类型，并导致土壤元素分布有明显的差异，生长不同的植被，从而形成不同的生态地质特征。依据地质建造大类划分方案，西昌市可划分为7个生态地质单元，其生态地质特征简述如下。

1.新生代断陷盆地松散堆积生态地质单元

新生代断陷盆地松散堆积生态地质单元主要沿安宁河谷、流域、邛海西北侧分布，可进一步分为第四纪陆相松散堆积生态地质单元和新近纪陆相泥质碎屑岩生态地质单元两个次级生态地质单元。

该生态地质单元地貌类型为断裂控制的河谷和盆地，河谷和盆地海拔一般位于1500～2300m之间。断陷盆地在平面上呈长条形，盆地边缘到中心由山麓洪积物过渡到河流-湖泊沉积物，垂直上有河流冲积和洪积交互沉积记录。河谷呈近南北向宽狭相间展布，谷底宽阔平整。

第四纪陆相松散堆积次级生态地质单元主要由第四系山地多成因松散堆积物组成。第四系全新统冲积物岩石结构疏松，风化层较厚，质地较均匀、黏细，结构疏松，在不同环境下风化形成新积土、泥炭土和沼泽土等，不同的土壤经耕作熟化形成水稻土，土壤呈微酸性。新近纪陆相泥质碎屑岩次级生态地质

单元由昔格达组粉砂质泥岩、长石石英砂岩和砾岩所组成。砂泥岩风化形成的土壤一般为紫色土，经淋溶后呈弱酸性，富含 K、Mg 元素，而较贫乏有机质和 N 元素。总体来看，该生态地质单元河谷中的水稻土土层深厚，营养元素丰富，适合作物生长；紫色土土体浅薄，部分营养元素匮乏，影响植被及作物生长。

新生代断陷盆地松散堆积生态地质单元 Cu 元素含量属于适中—丰富；而 Mo、Mn 和 B 元素含量表现为稍缺—适中；Zn 元素含量总体偏低，但在太和镇附近 Zn 元素含量较为适中。总体来说，由于该生态地质单元内成土母质来源渠道较多，从而造成该生态地质单元内局部元素含量差异较大。

该生态地质单元区内水资源十分丰富。地表水有安宁河、西溪河等河流，还有邛海等断陷湖。地下水以盆地孔隙水和层间水为主，分布于河谷、河漫滩和Ⅰ级阶地。盆地边缘有地下水的排泄口，形成西溪、邛海等湿地。

地质灾害受安宁河等断裂控制，并沿断裂展布，属于地质灾害易发区。灾害类型有山崩、滑坡、泥石流等。第四系砂质黏土、黏质砂土、砂砾卵石等是泥石流的重要物源。

2. 中生代陆相盆地碎屑岩生态地质单元

中生代陆相盆地碎屑岩生态地质单元主要分布于安宁河东、西两侧，可进一步分为侏罗纪—白垩纪陆相泥质碎屑岩次级生态地质单元和三叠纪陆相砂质碎屑岩次级生态地质单元两个次级生态地质单元。侏罗纪—白垩纪陆相泥质碎屑岩次级生态地质单元大部分布在安宁河东岸地区，其次分布在安宁河西岸的磨盘—荞地，岩性以泥岩为主，含少量砂岩、砾岩，沉积环境为河流—湖泊相，沉积时代为侏罗纪—白垩纪。三叠纪陆相砂质碎屑岩次级生态地质单元主要分布在安宁河西岸的银厂、巴汝、马鞍山一带，其次为安宁河东岸的大箐、安哈地区，岩性以砂岩为主，含少量砾岩、泥岩和浅变质岩，沉积环境为河流-湖泊相，沉积时代为三叠纪。

中生代陆相盆地碎屑岩生态地质单元地貌类型为构造侵蚀剥蚀中山和山原，海拔一般在 1500～4000m 之间。中山受长期的强烈剥蚀和侵蚀，山势陡峻，峡谷、冲沟常见，而山原多属于中山舒缓的高地。

中生代陆相盆地碎屑岩生态地质单元内的地层主要属于红层的砂砾岩和泥岩，岩石中砂和粉砂的含量较高，岩石的固结程度相对较差，主要是泥质、铁质及钙质胶结不同粒径的砾石、砾粒、砂粒和黏粒胶结而成，主要矿物成分为石英，含部分长石。岩石裂隙发育，软硬不一，结构疏松，易风化解体，风化层较厚，砂砾粒含量高。该类岩石风化形成紫色土，紫色土土体浅薄，质地为重壤或中壤，经淋溶后呈弱酸性，富含 K、Mg 元素，而较贫乏有机质和 N 元素，影响植被及作物生长。植被以针叶林和农作物为主，山麓区有玉米、土豆、蔓箐等经济作物种植。

中生代陆相盆地碎屑岩生态地质单元 Cu 元素含量适中，仅西昌市西北部含量稍缺；Mo 元素含量总体上西高东低，在银厂、巴汝、荞地乡西部表现为适中—丰富，其他地区表现为稍缺；Zn 元素含量总体上表现为适中—丰富；Mn 元素总体上以安宁河为界呈现西北较为丰富而东部稍缺的趋势；B 元素含量表现为缺乏—稍缺。

该生态地质单元内地表水系较发育，有东河、西河、鹅掌河等河流；地下水主要类型为孔隙裂隙水，孔裂隙水以大气降水补给为主，水量受季节变化影响大，以裂隙水或层间孔隙水的形式排泄，对生态影响不大。三叠系—白垩系砂岩、砾岩、泥岩等由于岩石易风化，稳定性较差，滑坡、泥石流较多，是地质灾害多发的岩性组合，属于地质灾害中—高易发区。

3. 中生代中酸性岩浆岩生态地质单元

中生代中酸性岩浆岩生态地质单元分布在开元—太和以及荞地—阿七一带，由晚三叠世陆内环境的黑云母花岗岩、钠闪石英正长岩、角闪石英正长岩、钠闪正长岩等中酸性侵入岩组成。

地貌类型为构造侵蚀剥蚀中山，地势由北向南倾斜，地形起伏，山脉走向近于南北，中山地貌受长期的强烈剥蚀和侵蚀，山势较陡峻，冲沟常见。

该生态地质单元内花岗岩质地坚硬，由石英、长石和云母组成。矿物抗风化能力差异大，长石及云母先风化，而石英不易风化。风化层一般较薄，风化残积物体内各颗粒之间的黏结性及凝聚作用差，导致残积物结构松散、易受降水侵蚀发生流失，而石英颗粒和黏粒泻溜。花岗岩风化形成红壤或黄壤，土层一般较厚，质地多为轻壤或中壤土，在成土过程中，盐基淋滤、碱土金属残存不多，土壤中的硅酸盐因遭受破坏后 Si 元素逐渐迁移流失，Fe、Al 元素则相对富集。该类土壤在水土保持措施差的条件下，极易发生土壤侵蚀，使土壤肥力降低，土壤环境质量变差，并最终影响生态环境质量。植被主要是针叶林和针阔叶混交林。

从植物所需微量元素含量来看，该生态地质单元内的 Cu 元素含量适中，部分地区略高；Zn、Mo 元素含量适中，中部地区较丰富，南部稍缺；Mn 元素含量丰富而 B 元素含量明显缺乏。

地表水以零星分布的小水系为主，地下水主要为基岩裂隙水，裂隙水偏硅酸，径流途径短，以泉水形式排泄。花岗岩石坚硬，但所处区域的构造活动强烈，仍发育以泥石流为主的地质灾害，属于地质灾害高易发区。

4. 古生代基性岩浆岩生态地质单元

古生代基性岩浆岩生态地质单元分布在雅砻江东岸地区，以及安宁河谷西岸的太和、高草一带，由晚二叠世地幔柱成因的峨眉山玄武岩和晚二叠世辉长岩等组成。

地貌类型为中山地貌，相对高差较大。中山受长期的强烈剥蚀和侵蚀，山势较陡峻，峡谷、冲沟常见，地形的复杂多样，易形成不同的水热条件。中山出现垂直景观特征，而坡向、坡度和微地貌也对生物群落产生影响。

玄武岩在不同条件下风化形成棕壤、黄棕壤、红壤等，质地一般为壤质，保水性能强，呈中性或弱碱性，土壤 Al_2O_3、Fe_2O_3、P_2O_5、TiO_2、MnO 以及黏粒成分较高，SiO_2、Na_2O、K_2O 含量偏低，具有良好的宜林性。

该生态地质单元受基性岩浆岩控制，Cu、Mn 元素绝大多数表现为过量；Mo、Zn 元素全部表现为适中；B 元素整体上表现为稍缺—缺乏，而在水系附近含量略有升高。

地表水以沟谷小水沟为主；地下水类型为基岩裂隙水，地下水水位埋深较大，且为重碳酸型水。基岩裂隙水沿地势缓转折处及沟谷地带以泉水形式排泄，对生态影响不大。该生态地质单元内地质灾害受近南北向断裂控制，沿断裂两侧发育，主要为泥石流、滑坡、崩塌等，总体属于地质灾害中—低易发区。

5. 古生代被动陆缘碳酸盐岩和碎屑岩生态地质单元

古生代被动陆缘碳酸盐岩和碎屑岩生态地质单元可进一步分为震旦纪—二叠纪早期海相碳酸盐岩次级生态地质单元和寒武纪泥质碎屑岩次级生态地质单元两个次级次级生态地质单元。震旦纪—二叠纪早期海相碳酸盐岩次级生态地质单元分布在银厂乡、白马乡、巴汝乡以及马鞍山乡西部，在安宁河东岸的安哈地区亦有小面积分布，岩性组合以灰岩、白云岩为主，含少量泥灰岩、白云质泥岩等，沉积环境为被动大陆边缘的潟湖相、潮坪相和浅海陆棚相，沉积时代为晚震旦世—中二叠世。寒武纪泥质碎屑岩次级生态地质单元主要分布在安哈地区，岩性主要为石英砂岩、泥岩，沉积环境为被动大陆边缘的浅海陆棚相，沉积时代为中晚寒武世。

古生代被动陆缘碳酸盐岩-碎屑岩生态地质单元地貌类型主要为山地峡谷，中山及山间盆地交错分布。总体地势北高南低，一般相对高差为 1500～2000m。

该生态地质单元内碳酸盐岩较坚硬，强度较高，造岩矿物为方解石或白云石。岩石经风化溶蚀，碳酸钙受酸性水溶解、流失。风化物很薄，由岩石中的少量黏土矿物等残留堆积而成。衍生的土壤质地黏重，易板结，透水性差，表土层极易侵蚀。由于碳酸盐岩地区岩溶发育，上覆土体的水分易随溶洞或地下暗河流失，使土壤显得干旱缺水，植被生长缓慢且稀疏。砂泥岩由于矿物中含大量的石英，抗风化能力较强。风化残积物厚度较薄，多为原岩的碎屑残块堆积，砂质和砾石较多，可溶性成分和细粒物质流失，匮乏各种营养元素，导致所形成的土壤宜林性较差，在干旱地区造林不易成活。

该生态地质单元西部Cu、Mn元素主要表现为丰富—过量，东南部地区的Cu元素表现为稍缺，Mn元素适中；Mo元素在本生态地质单元主要表现出丰富—过量的趋势，西部山区的Mo元素总体过量，而东南部Mo元素含量较为适中；Zn元素含量总体上为适中，仅在银厂西南附近出现过量趋势；B元素含量整体稍缺。

地表水为沟谷小水系。地下水以碳酸盐岩岩溶水、碎屑岩孔隙裂隙水和基岩裂隙水为主。碳酸盐岩岩溶水主要储存在碳酸盐岩类地层中，一般以大泉、暗河的方式排出地表。碎屑岩孔隙裂隙水主要位于碎屑岩出露区，以大气降水补给为主，含水程度不一，干季、湿季水量变化大，以裂隙水或层间孔隙水的形式排泄。基岩裂隙水径流途径短，常沿地势缓转折处及沟谷地带以泉水形式出露，对生态影响不大。

砂岩、泥灰岩、泥岩在外力作用下极易解体形成大量松散碎屑物，易发生滑坡和泥石流。灰岩出露区易发生崩塌和岩溶塌陷，属于地质灾害高易发区。

6. 前寒武纪中酸性岩浆岩生态地质单元

前寒武纪中酸性岩浆岩生态地质单元可进一步分为前寒武纪中酸性火山碎屑岩次级生态地质单元和前寒武纪中酸性岩浆岩次级生态地质单元。前寒武纪中酸性火山碎屑岩次级生态地质单元分布在西昌市东南角地区黄水—安哈一带，以及月华乡北东角，岩性主要为流纹岩、英安岩、凝灰岩、凝灰质砾岩、凝灰质砂岩、凝灰质泥岩等。前寒武纪中酸性岩浆岩次级生态地质单元大部分分布在民胜、银厂、磨盘和荞地，由新元古代斜长花岗岩、英云闪长岩、花岗闪长岩、石英闪长岩、二长花岗岩、闪长岩等组成。

该生态地质单元地貌类型主要为中山及山间盆地，中山地貌受长期的强烈剥蚀和侵蚀，山势较陡峻，峡谷、冲沟常见。该生态地质单元地势北高南低，相对高差一般为1500～2000m。

该生态地质单元的花岗岩主要由石英、长石和云母组成，质地坚硬，易发生物理崩解，形成厚层的沙壤质或壤质风化物，形成的土壤类型主要为红壤、黄棕壤、棕壤和黑毡土，通透性良好，SiO_2、Na_2O、K_2O含量较高，Al_2O_3、Fe_2O_3、P_2O_5及黏粒成分较低，土壤呈弱酸性，易于微酸性及通气良好的树种生长，尤其是各种松、杉等针叶树种和果林生长。高海拔区土壤以黑毡土为主，气候条件较差，植被较少。

该生态地质单元中Cu元素整体含量稍缺，而南部地区黄水以东表现出明显的缺乏现象；Mo元素含量整体上稍缺，北部部分地区含量适中；Zn元素整体趋势适中，仅黄联关东南含量丰富；Mn元素整体含量丰富，在银厂东部小范围内过量，南部地区小范围稍缺；B元素含量整体缺乏。

该生态地质单元内地表水丰富等；地下水以基岩裂隙水为主，裂隙水偏硅酸。基岩裂隙水径流途径短，常沿地势缓转折处及沟谷地带以泉水形式出露。花岗岩虽然岩石坚硬，但所处区域的构造活动强烈，仍然发育以泥石流为主的地质灾害，属于地质灾害中—高易发区。

7. 前寒武纪基性岩浆岩生态地质单元

前寒武纪基性岩浆岩生态地质单元零星出露在西昌市北部，以及名胜、琅环一带。地貌类型为中山，相对高差较大，相对高差一般为1500～2000m。中山受长期的强烈剥蚀和侵蚀，山势较陡峻，峡谷、冲沟常见。

该生态地质单元由新元古代辉长岩组成。辉长岩的造岩矿物主要为辉石、角闪石等暗色矿物，因而风化十分迅速，形成较厚的风化层。风化层含有大量的Ca、Mg、P等元素，而亏损K、Na等元素。在较湿润的地区酸碱性呈中性反应，在干旱地区则呈弱碱性反应，宜林性良好，适合发展各种经济林木和对肥力条件要求比较高的针、阔叶树种。

从植物所需微量元素含量来看，本生态地质单元的Cu、Zn元素表现为稍缺—适中；B、Mo元素含量明显缺乏；Mn元素含量丰富，局部过量。该生态地质单元衍生的土壤可能缺乏B、Mo元素，而Mn元素含量丰富—过量。

该生态地质单元内地表水主要为水沟水，地下水类型为基岩裂隙水，地下水水位埋深较大，且为重碳酸型水。基岩裂隙水沿地势缓转折处及沟谷地带以泉水形式排泄，对生态影响不大。分区内地质灾害主要分布在安宁河断裂的东侧，主要为泥石流、滑坡等，其他地区基本没有地质灾害。

三、生态环境现状与主要生态地质问题

1. 生态环境现状

西昌市的生态系统类型可分为森林生态系统（Ⅰ）、草地生态系统（Ⅱ）、农田生态系统（Ⅲ）、农村生态系统（Ⅳ）、城镇生态系统（Ⅴ）和陆地水生生态系统（Ⅵ）6个大类。其中，森林生态系统可分为常绿针、阔叶林生态系统（$Ⅰ_1$），疏林灌丛生态系统（$Ⅰ_2$）和灌木林生态系统（$Ⅰ_3$）3个亚类；农田生态系统可分为湿地农田（水田）生态系统（$Ⅲ_1$）和旱作农田生态系统（$Ⅲ_2$）两个亚类，陆地水生生态系统可分为河流湿地生态系统（$Ⅵ_1$），水库、湖泊湿地生态系统（$Ⅵ_2$）两个亚类。

西昌市植被组合主要特征为在干热河谷发育稀树草丛，河谷盆地和阶地上栽培着各种热带、亚热带经济植物，中山山地分布着大面积的云南松和松栎混交林，局部沟谷地区保存有亚热带偏干性常绿阔叶林，亚高山有残存的冷杉林及冷杉、云杉混交林分布，高山分布有蒿草、杂草类高山草甸。

西昌市林地、草地、湿地为保持良好的生态环境和维系生态功能提供了基础，但也存在一些缺陷。西昌市森林覆盖率为46.0%，然而以次生林和人工林为主，林木生长状况不是很理想，森林的林龄结构亦不合理，天然林较少不利于生物多样性保护和森林生态系统的稳定及其生态功能的充分发挥，森林针叶化现象较普遍，作为地带性植被的阔叶林较少，且呈星岛状分布，维护生态系统稳定的景观生态廊道不畅，导致森林生态系统自我调节能力下降，生态功能减弱。西昌市现有草地植被主要是森林经人为过度砍伐后形成的，属森林逆向演替到低级单位的一种次生过渡植被类型，种类组成还含有森林群落的特性。如森林幼树及森林群落下层的植被，呈零星或成片分布在山地，草本植物生长较差，草地连片规模一般较小，不具有完整的系统结构和良好的功能，多数草地生产力较低，承载力也较低。西昌市湿地分布局限，邛海湿地目前存在水体富营养化、生物多样性受胁迫等潜在威胁。

2. 林地、草地、湿地变化趋势

西昌市林地、湿地和草地面积从1990年至2018年持续增加。在空间分布上，林地主要分布于安宁河谷四周山地，尤其以集中连片方式分布在牦牛山、螺髻山一带，形成西昌市主要林区；草地主要呈星岛状分布于牦牛山、螺髻山一带林地之间；湿地分布较局限，主要沿安宁河与邛海分布，类型以河流湿地与湖泊湿地为主。

3. 主要生态地质问题

近年来，西昌市社会经济高速发展，人口压力和生产活动的不断增强，对全市生态系统产生了较大的压力和威胁，存在着土壤侵蚀与水土流失较严重、地质灾害较频发、土地沙化较严重、森林生态系统功能降低、邛海流域生态功能退化等生态地质环境问题，需要引起重视。

四、生态地质脆弱性评价与生态功能区划

1. 生态地质环境评价

总体而言，西昌市生态地质环境较为脆弱，不脆弱—轻度脆弱和中度脆弱—高度脆弱各占一半左右，但没有极脆弱区域。不脆弱区域面积为 208.31km^2，仅占市域面积的 7.84%，主要分布于安宁河谷；轻度脆弱区域面积为 1 115.41km^2，占市域面积的 41.99%，主要分布于安宁河谷、安宁河谷右岸的月华华至黄水一带、邛海周围一带及白马—荞地一带；中度脆弱—高度脆弱区域面积合计1 332.52km^2，占市域面积的 50.17%，中度脆弱—高度脆弱区域分布集中，主要分布于市域西部的牦牛山一带和东南部的螺髻山一带。

全市可划分为 5 个生态地质脆弱性分区，其中 2 个生态地质轻度脆弱区，即安宁河谷生态地质轻度脆弱区（Ⅰ）和大箐生态地质轻度脆弱区（Ⅱ），1 个生态地质中度脆弱区，即巴汝-马鞍山生态地质中度脆弱区（Ⅲ），2 个生态地质高度脆弱区，即螺髻山西坡生态地质高度脆弱区（Ⅳ）和牦牛山生态地质高度脆弱区（Ⅴ）。

2. 生态环境敏感性评价

整体来说，西昌市生态环境较为敏感，中度—高度敏感区面积为 1 654.65km^2，占市域面积的 62.32%，生态环境敏感的区域占比较大；西昌市生态环境不敏感的区域只有 2.73%，主要分布于安宁河谷和邛海盆地，轻度敏感区也主要分布在这一地区。

土壤侵蚀敏感性以中度—极敏感为主，高度敏感和极敏感区域主要分布于西部的牦牛山、磨盘山和东南部的螺髻山一带；酸雨敏感性表现为"两头轻、中间重"，以轻度—高度敏感为主，全市大部分地区对酸雨沉降比较敏感；生境敏感性整体为不敏感，中度敏感和高度敏感区域主要分布于牦牛山和螺髻山一带；地质灾害敏感性整体为较敏感，各敏感性等级相差不大，整体以中度—极度敏感为主。

3. 生态系统服务功能重要性评价

西昌市生态系统服务功能重要性以比较重要占绝大多数，面积为 2 305.96km^2，占市域面积的 86.85%；其次为一般，面积为 290.87km^2，占市域面积的 10.96%；再次为重要，面积为 58.01km^2，占市域面积的 2.19%，主要分布于邛海及周边；而极重要面积为 0.16km^2，仅占市域面积的 0.01%。

生物多样性保护重要性以重要、极重要为主，极重要区域主要分布于邛海流域、螺髻山、牦牛山和磨盘山一带；水源涵养重要性以重要、极重要为主，西昌市地处长江上游的金沙江流域，不论从长江流域还是从当地而言，水源涵养都显得较重要，极重要区域主要分布于邛海流域、螺髻山、牦牛山和磨盘山一带；水土保持重要性略微表现为"两头轻、中间重"，一般和极重要占比较小，而比较重要和重要占比较大，西昌市地处长江上游的金沙江流域，不论从长江流域的泥沙输入量还是从当地防止水土流失、保持水土而言，水土保持都显得较重要，极重要区域主要分布在牦牛山和磨盘山东坡和西坡，即雅砻江左岸和安宁河右岸山坡地带；营养物质保持与饮用水源保护重要性重要区域主要分布于雅砻江与安宁河干流、主干渠及中型水库，极重要区域主要为邛海，邛海作为城区主要饮用水源地，它的重要性地位无出其右；生态系统产品提供重要性比较重要—极重要区域主要分布在安宁河谷和邛海盆地，地形平坦，灌溉条件好，农业发达；自然与人文景观保护重要性极重要的区域为国家级风景名胜区——邛泸风景名胜区和螺髻山风景名胜区。

4. 生态功能区划

西昌市属于川西南-滇中北山地常绿阔叶林生态区，跨沙鲁里山南部亚高山半干旱、半湿润暗针叶林生态亚区和川西南山地偏干性常绿阔叶林生态亚区，可进一步划分为牦牛山-磨盘山水土保持与水源涵养生态功能区（Ⅰ）和安宁河流域城镇-农业生态功能区（Ⅱ）2 个生态功能区。

依据生态地质脆弱性等级不同，将牦牛山-磨盘山水土保持与水源涵养生态功能区（Ⅰ）划分为银厂-荞地水土保持与水源涵养生态功能小区（$Ⅰ_1$）和巴汝-马鞍山生态地质环境保护生态功能小区（$Ⅰ_2$）。

以生态系统的主导服务功能为依据，将安宁河流域城镇-农业生态功能区（Ⅱ）进一步细分，划分为 6 个生态功能小区，即安宁河谷农业生态功能小区（$Ⅱ_1$）、西昌城镇功能小区（$Ⅱ_2$）、四合水土保持功能小区（$Ⅱ_3$）、大箐梁子水土保持与水源涵养功能小区（$Ⅱ_4$）、邛海-泸山自然景观与水源保护功能小区（$Ⅱ_5$）、螺髻山西坡自然景观与生物多样性保护功能小区（$Ⅱ_6$）。

第二节　国土空间利用与生态保护修复建议

1. 鉴于西昌市生态地质环境较为脆弱，对于不同的生态地质脆弱性分区，建议实行不同的生态保护与建设措施

安宁河谷生态地质轻度脆弱区（Ⅰ）：建议做好城区和郊区景观生态建设和保护，保护好邛海湿地及其水质，在保护的基础上，进行工农业综合开发。

大箐生态地质轻度脆弱区（Ⅱ）：建议保育好中亚热带常绿针叶、阔叶林生态系统，维护森林生态系统的水源涵养、水土保持和生物多样性维持的功能，为邛海的生态安全、水源保证做出重要贡献，以保护为主，适当发展生态林业。

巴汝-马鞍山生态地质中度脆弱区（Ⅲ）：建议维护和恢复山地森林生态系统，加强植树造林，以改善森林结构，提高水源涵养能力和水土保持能力，以保护为主，适当发展生态林业、牧业，重点维护和恢复山地森林生态系统，改善林业生态环境。

螺髻山西坡生态地质高度脆弱区（Ⅳ）：建议着重于生态恢复和水土流失治理，保护地质环境，降低地质灾害的发生频率，陡坡地区森林生态系统水源涵养功能对保证安宁河的稳定和安全十分重要，必须通过山地自然生态恢复与维护来增强水源涵养能力，以保护为主，适当发展生态林业。

牦牛山生态地质高度脆弱区（Ⅴ）：建议着重于生态恢复和水土流失治理，保护地质环境，降低地质灾害的发生频率，陡坡地区森林生态系统水源涵养功能对保证雅砻江的稳定和安全十分重要，必须通过山地自然生态恢复与维护来增强水源涵养能力，加强生态公益林的建设和保育，对生态公益林逐步进行改造与建设，使其向常绿阔叶林演化，提高生态公益林的生态保护和水源涵养功效，以保护为主，适当发展生态林业。

2. 建议在不同的生态功能小区，依据其主导生态服务功能开展不同的建设措施与发展策略

银厂-荞地水土保持与水源涵养生态功能小区（$Ⅰ_1$）：保育好森林林生态系统，维护森林生态系统的水源涵养、水土保持和生物多样性维持的功能，加强水土保持、保护地质环境，为西昌市的生态安全做出重要贡献，在保护前提下发展自身优势特色的产业，如生态林业、农业与特色有机食品生产。

巴汝-马鞍山生态地质环境保护生态功能小区（$Ⅰ_2$）：着重于生态恢复和水土流失治理，保护地质环境，降低地质灾害的发生频率，通过山地自然生态恢复与维护来增强水源涵养能力；加强生态公益林的

建设和保育，对生态公益林逐步进行改造与建设，使其向常绿阔叶林演化，提高生态公益林的生态保护和水源涵养功效，以保护为主，适当发展生态林业。

安宁河谷农业生态功能小区（$Ⅱ_1$）：防治农业面源污染与工业污染，开展规模化、集约化农业生产。

西昌城镇功能小区（$Ⅱ_2$）：植树造林，生活污染与工业污染防治，加强绿化，建设园林城市。

四合水土保持功能小区（$Ⅱ_3$）：加强植树造林、种草，发展生态林业、农业。

大箐梁子水土保持与水源涵养功能小区（$Ⅱ_4$）：保育好森林生态系统，维护森林生态系统的水源涵养、水土保持功能，加强水土保持，保护地质环境，为邛海的生态安全做出重要贡献，在保护前提下发展自身优势特色的产业，如生态林业、农业与特色有机食品生产。

邛海-泸山自然景观与水源保护功能小区（$Ⅱ_5$）：维护和恢复山地、湿地生态系统，加强水源保护，加强水质监测与污染防治，维护湿地生物物种、水源涵养能力和水土保持功能，可开展生态旅游业。

螺髻山西坡自然景观与生物多样性保护功能小区（$Ⅱ_6$）：着重于生态恢复和水土流失治理，保护地质环境，降低地质灾害的发生频率，陡坡地区森林生态系统水源涵养功能、水土保持功能对景区的自然景观的稳定和安全十分重要，必须通过山地自然生态恢复与维护来增强水源涵养能力，保护动植物种群，发展生态旅游业、生态林业。

第三节 讨 论

1. 生态地质图如何编制还有待进一步研究

基于建造单元的生态地质单元划分方案较好地体现了建造（构造）及其演化对于区域生态地质格局的控制作用，也直观地描述了基岩→成土母质→土壤→植被这一生态地质谱系，也方便总结生态地质特征，便于实际操作。

然而，从此划分方案的基础上编制生态地质图却还有很长的路要走。生态地质图的意义是什么？生态地质图如何编制？编图单元如何确定？什么样的表达方式；等等，都有待进一步研究。

2. 生态地质调查与评价对于生态功能区划的意义与作用有待进一步研究

基于在西昌市开展的生态地质调查与评价的实践，本书认为生态地质和生态地质脆弱性的内涵与概念比较清楚，对于生态地质脆弱性评价的指标体系、内容与评价方法也较为明确。然而，生态地质调查与评价之于生态功能区划的意义与作用是什么？或者说，如何通过生态地质调查与评价来为生态功能区划提供指导？尽管作为生态地质背景条件之一的地质灾害、地层岩性等素材，已经较好地在生态环境敏感性评价中得到了应用，但是这还远远不够。

从地球系统科学角度来看，生态地质调查所查明的生态地质条件和生态地质问题，无疑为生态环境的综合评价提供了大量的参考依据与素材。然而如何将这些素材引入到生态功能区划中，即如何更加紧密的把地质与生态联系起来，更好地将地质调查取得的成果服务于生态环境的保护与修复，值得进一步深入研究。

主要参考文献

陈定茂，谢绍东，胡泳涛，1998. 生态系统对酸沉降敏感性评价方法与进展[J]. 环境科学，19(5)：92-96.

陈开伟，2012. 西昌市天然林资源保护工程建设成效评价[J]. 宁夏农林科技，53(10)：85-86，123.

陈树旺，ANTONIA A，ZHUKOUSKAYA，等，2011. 铁岭地区生态地质研究[M]. 北京：地质出版社.

龚子同，张甘霖，2006. 中国土壤系统分类：我国土壤分类从定性向定量的跨越[J]. 中国科学基金，20(5)：293-296.

郝吉明，谢绍东，段雷，等，2001. 酸沉降临界负荷及其应用[M]. 北京：清华大学出版社.

贾立，郑超磊，胡光成，等，2017. "一带一路"及其毗邻区域地表蒸散发数据集(2015)[DB/OL]. 全球变化科学研究数据出版系统，DOI：10.3974/geodb.2017.04.11.V1.

李鹤，张平宇，程叶青，2018. 脆弱性的概念及其评价方法[J]. 地理科学进展，27(2)：18-24.

李莉，王晓婷，王辉，2010. 脆弱性内涵、评价与研究趋势综述[J]. 中国渔业经济，28(3)：161-169.

李小雁，马育军，2016. 地球关键带科学与水文土壤学研究进展[J]. 北京师范大学学报(自然科学版)，52(6)：731-737.

凉山州土壤普查办公室，1987a. 凉山州土壤[R]. 西昌：凉山州土壤普查办公室.

凉山州土壤普查办公室，1987b. 凉山州土种志[R]. 西昌：凉山州土壤普查办公室.

廖震文，蒋小芳，王生伟，等，2016. 上扬子陆块区成矿地质[M]. 武汉：中国地质大学出版社.

刘洪，黄瀚霄，欧阳渊，等，2020. 基于地质建造的土壤地质调查及应用前景分析——以大凉山区西昌市为例[J]. 沉积与特提斯地质，40(1)：102-117.

刘康，欧阳志云，王效科，等，2003. 甘肃省生态环境敏感性评价及空间分布[J]. 生态学报，23(12)：2711-2718.

刘永碧，赵建民，2004. 凉山州水土流失治理现状及对策[J]. 西昌农业高等专科学校学报，18(3)：4-5.

马文，龚杰，蒲珉锴，2017. 西昌市实施天然草原退牧还草取得的成效、存在问题及建议[J]. 草学，235(5)：81-83.

聂洪峰，肖春蕾，郭兆成，2019. 探寻生态系统运行与演化的秘密——生态地质调查思路及方法解读[J]. 国土资源科普与文化，6(4)：4-13.

欧阳志云，郑华，高志喜，等，2009. 区域生态环境质量评价与生态功能区划[M]. 北京：中国环境科学出版社.

欧阳志云，王效科，苗鸿，2000. 中国生态环境敏感性及其区域差异规律研究[J]. 生态学报，20(1)：9-12.

任海，黄平，张倩媚，等，2002. 广东森林资源及其生态系统服务功能[M]. 北京：中国环境科学出版社.

四川省地质调查院，2013. 中国地质调查局地质调查成果专报：攀西地区（西昌市）地质灾害详细调查报告[R]. 成都：四川省地质调查院.

四川植被协作组，1980. 四川植被[M]. 成都：四川人民出版社.

孙儒泳，孙庆芬，牛翠娟，等，2002. 基础生态学[M]. 北京：高等教育出版社.

孙向阳，2005. 土壤学[M]. 北京：中国林业出版社.

汤小华，2005. 福建省生态功能区划研究[D]. 福州：福建师范大学.

汪振立，2013. 生态地质[M]. 北京：地质出版社.

王果，2009. 土壤学[M]. 北京：高等教育出版社.

王堂尧，景志明，2013. 邛海湿地流域生物多样性评价[J]. 西昌学院学报（自然科学版），27(4)：22-25.

王万忠，焦菊英，1996. 中国的土壤侵蚀因子定量评价研究[J]. 水土保持通报，16(5)：1-20.

王瑛，胡世成，唐安琼，2009. 西昌市沙化土地现状、形成原因及治理对策[J]. 四川林业科技，30(1)：74-76.

卫晓锋，孙厚云，何新泽，等，2019. 浅山区生态环境地质调查评价探索——以承德市生态文明建设示范区为例[C]//中国矿物岩石地球化学学会第 17 届学术年会. 北京：地质出版社.

吴次芳，1992. 浙江省区域地质条件与土壤微量元素分布的关系及其在成土母质类型划分上的意义[J]. 土壤通报，23(2)：61-63.

西昌市发展改革和经济信息化局，2019. 关于西昌市 2018 年国民经济和社会发展计划执行情况及 2019 年计划的报告[R]. 西昌：西昌市发展改革和经济信息化局.

西昌市统计局，2020. 2019 年西昌市国民经济和社会发展统计公报[R]. 西昌：西昌市统计局.

熊梅，谭光仪，2006. 西昌市建设节水型社会形势浅析[J]. 西昌学院学报（自然科学版），20(1)：76-78.

徐建华，2006. 计量地理学[M]. 北京：高等教育出版社.

杨建锋，张翠光，2014. 地球关键带：地质环境研究的新框架[J]. 水文地质工程地质，41(3)：98-104.

张红实，赵勇，杨军，等，2013. 西昌邛海湿地生态重建模式初探[J]. 四川林勘设计(2)：14-24.

张景华，高慧，欧阳渊，等，2018. 贵州省黔西县土壤侵蚀敏感性评价[J]. 中国水土保持科学，16(2)：88-94.

张腾蛟，刘洪，欧阳渊，等，2020. 中高山区土壤成土母质理化特征及主控因素初探：以西昌市为例[J]. 沉积与特提斯地质，40(1)：118-127.

中国植被编辑委员会，1980. 中国植被[M]. 北京：科学出版社.

中华人民共和国国务院，1989. 国家重点保护野生植物名录[J]. 植物杂志(05)：3-5.

中华人民共和国国务院，1996. 中华人民共和国野生植物保护条例[J]. 新法规月刊(12)：19-22.

周修萍，1996. 我国东部七省生态系统对酸沉降的相对敏感性[J]. 农村生态环境 12(1)：1-5.

BRADY N C, WEIL R R, 2017. The nature and properties of soils[M]. 15th Edition. Place of Publication Unknown: Pearson Education Limited.

CAI Y J, DING W X, ZHANG X L, et al, 2010. Contribution of heterotrophic nitrification to nitrous oxide production in a long-term n-fertilized arable black soil[J]. Communications in soil science and plant analysis, 41(19): 2264-2278.

CHENG H, CAO Z P, CHEN Y F, et al, 2008. Dynamics of soil microbial biomass carbon, mineral nitrogen and nitrogen mineralization in long-term field experiment, northern China[J]. Journal of sustainable agriculture, 32(2): 287-302.

COLEMAN D C, CROSSLEY D A, HENDRIX P F, 2004. Fundamentals of soil ecology[M].

2nd Edition. Nether lands: Elsevier Academic Press.

LU H Y, AN Z S, 1998. Paleoclimatic significance of grain size of loess-palaeosol deposit in Chinese Loess Plateau[J]. Science in China, 41(6): 626-631.

XU W F, YUAN W F, CUI L L, et al, 2019. Responses of soil organic carbon decomposition to warming depend on the natural warming gradient[J]. Geoderma (343): 10-18.

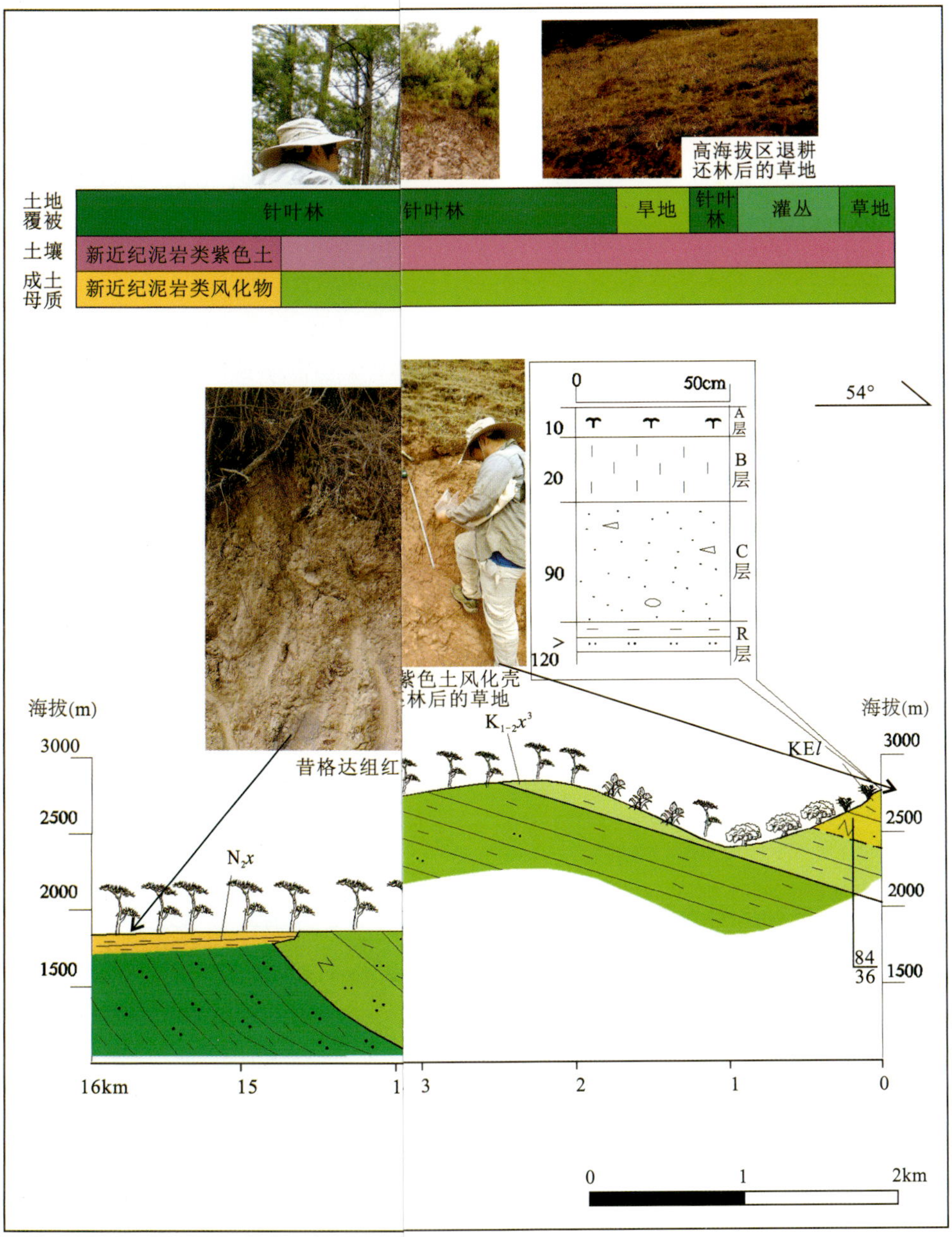
高海拔区退耕
还林后的草地
土地
覆被
针叶林
针叶林
旱地
针叶
林
灌丛
草地
土壤
新近纪泥岩类紫色土
成土
母质
新近纪泥岩类风化物
0
50cm
54°
10
20
90
120
A
层
B
层
C
层
R
层
紫色土风化壳
林后的草地
昔格达组红
海拔(m)
3000
2500
2000
1500
N_2x
$K_{1-2}x^3$
KEl
84
36
16km
15
1
3
2
1
0
0
1
2km

组；

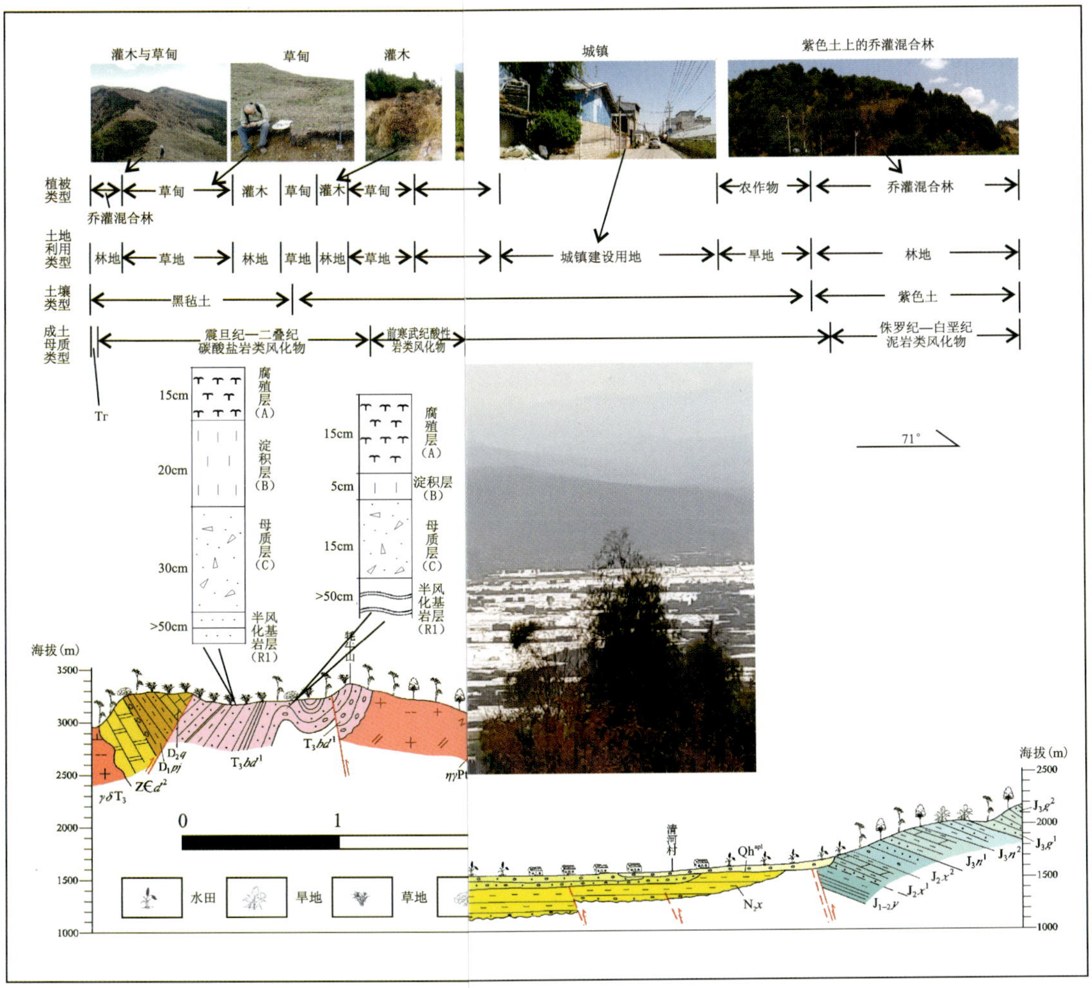

Q扌组二段；J_2x^1.上侏罗
纺震旦系—寒武系灯影

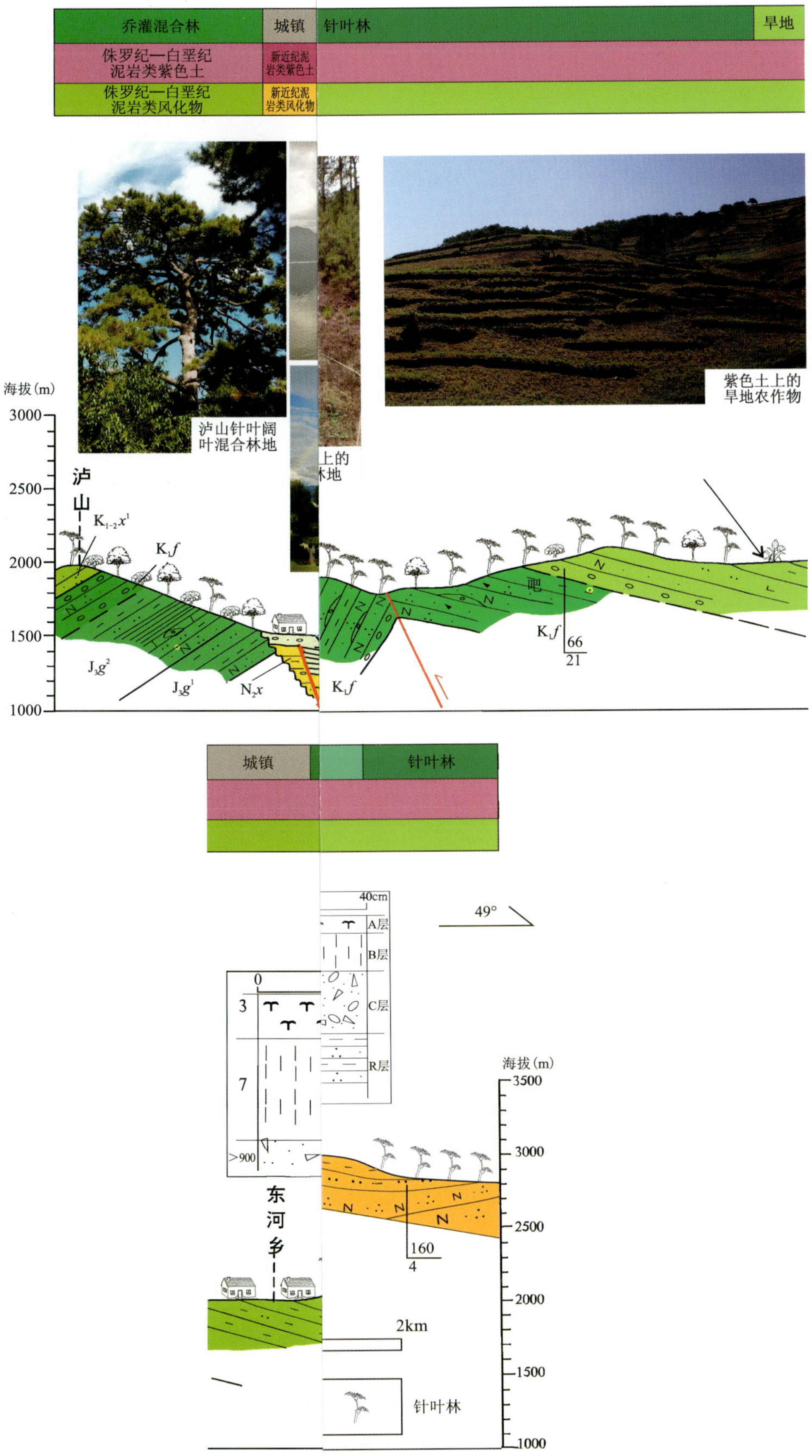
乔灌混合林
城镇
针叶林
旱地
侏罗纪—白垩纪
泥岩类紫色土
新近纪泥
岩类紫色土
侏罗纪—白垩纪
泥岩类风化物
新近纪泥
岩类风化物
泸山针叶阔
叶混合林地
上的
林地
紫色土上的
旱地农作物
海拔(m)
3000
2500
2000
1500
1000
泸
山
$K_{1-2}x^1$
K_1f
J_3g^2
J_3g^1
N_2x
K_1f
K_1f
66
21
城镇
针叶林
40cm
A层
B层
C层
R层
0
3
7
>900
49°
东
河
乡
海拔(m)
3500
3000
2500
2000
1500
1000
160
4
2km
针叶林

统飞天山组；